자연과학입문

자연과학입문

차 례

"철학에서 과학을 훔치다"

오늘날 65억 전 세계 인구의 1/5을 차지하고 있는 중국의 문화 · 문명의 초석을 이룬 계기가 춘추전국시대(BC 500년경)를 살았던 공자(孔子)나 맹자(孟子)와 같은 소위 위인들의 철학과, 인도로부터 들어온 불교 사상(AD 500년)의 두 가지이며, 이 두 가지가 현재까지의 중국 사회의 주류를 이루고 있다고 한다면 이해가 되겠는가?

뿐만 아니라 자연과학에 관심이 많은 학생들에게 18세기를 살았던 뉴턴이나 돌턴, 다윈과 같은 학자들의 신념이 없었다면, 그 당시 2000년 동안 서양세계를 지배해왔던 아리스토텔레스(BC 400경)의 주장처럼 인류는 단지 4종류의 원소로만 자연을 이해하는 영장류로만 살고 있을지도 모른다고 한다면 어떤 반론이 나올까?

이처럼 과학은 몇몇 고집스런 학자들에 의해 발견된 후 거듭되는 논쟁을 통해 우리 앞에 마치 감춰둔 신의 보물을 찾아낸 콜럼버스의 '신대륙'처럼 경이로움을 선물하고 있다. 그럼에도 불구하고 우리들은 늘 새로운 '신의 보물'에 목말라하고 있는 것도 사실이다.

과학은 인류의 탄생과 함께 아니 어쩌면 인류 탄생 그 오래전부터 이미 대 자연 속에 내재되어있었는지도 모를 일이다. 단지 우리보다 앞선 아리스토텔레스 또는 뉴턴, 돌턴이 '신의 보물'을 먼저 찾아냈을 뿐 아직도 보물찾기는 계속되고 있는 것인지도 모를 일이다.
그럼에도 불구하고 이러한 모든 과학문화가 누군가의 주장처럼 이를 관리하는 소수의 전문가 집단에 의해 '참'과 '거짓'으로 구분되고, 해석되어 오늘 날까지 진화해왔다고 한다면 이 또한 과학자들에게는 자신들의 '신의 영역'에 대한 도전이 될 것임이 자명하다.
이러한 논쟁에 불씨를 던진 사람은 다름 아닌 '과학 혁명의 구조'의 저자인 토마스 쿤이었다. 그는 "과학자들은 자연 현상의 보다 넓은 영역에 대해 자신의 동기와 관심을 설명하고 문제를 풀어나가기 위해서는, 이미 알려진 지식을 통해 보다 편하게 접근하거나, 아니면 이러한 기존의 정리 혹은 방법을 포기하고 새로운 Paradigm을 선택하여야만 한다"고 주장한다. 그럼에도 불구하고 현실적으로 우리 사회가 앓고 있는 폐쇄성 중 하나가 바로 이러한 Paradigm에 지나치게 의존하고 있다는 것이다.

따라서 과학이란 큰 테두리 안에서도 각각의 영역에 대한 어떠한 외부 시도조차도 쉽게 수용하고 인정하지 않으려는 반목은 어쩌면 과학이 보다 진일보하기위한 협력을 이끌어내야 한다는 당위성을 보여주는 대목이라고 할 수도 있다.

특히 초기학문을 쫒는 젊은 대학생들에게 있어서 교과서 적인 절차와 목표를 앞 둔 상황에서, 다행히 수행 결과가 예상결과에 비교적 근접한다면 성공한 것이지만, 만일 수준에 미치지 못한다면 실패한 것이라고 한다면, 그리고 이와 같은 논리가 교과서적 이론이 거짓이기 때문이 아니라 본인의 잘못이나 수행절차 상의 오류로 당연하게 해석될 수밖에 없는 것이 우리 과학세계가 앉고 있는 현실이라고 귀 뜸 해준다면....
이러한 경험에 대해서 대학생들은 이념과학과 현실과학사이의 괴리로부터 생각과 눈을 돌려 과감하게 '판'을 깰 줄 아는 신념과 패기를 가져야 할 것이며, 나가서 21세기를 더욱 빛내게 할 재목으로써 보다 높이 그리고 보다 크게 세상을 바라보아야 할 대학생들에게 이러한 도전은 보다 나은 세상을 만들기 위해서도 반드시 필요하다는 생각이 든다.

이에 본 책은 자연과학을 단순한 기술과학에서만 바라보지 않고 기존의 주류학문으로써의 틀과 생각을 바꿀 수 있는 신념을 엳 볼 수 있는 계기가 되었으면 하는 바람으로 철학에서의 과학의 탄생과 과학을 해석 할 수 있는 방법론 그리고 물리, 화학, 생물 등 자연과학분야에서 Paradigm을 실천한 과학자들을 중심으로 엮은 자연과학 기초입문서로서 기획되었다.

이 책이 나오기 까지 기획단계에서부터 색다른 자연과학 입문서의 필요성을 고집할 때 많은 어려움 속에서도 출판을 맡아주신 녹문당 김중현 사장님, 그리고 자연과학과 과학철학분야에 대해 많은 조언과 관심을 보여주신 서울대학교 조원래 교수님과 고귀한 자료 인용을 허락해 주신 많은 분들께도 깊이 감사 말씀 드립니다.

끝으로 이런 감사에도 불구하고 이 책이 많은 과제와 결함을 앉고 있음을 절실하게 통감하며, 더 많은 노력과 더 많은 자료를 토대로 지속적으로 보완해 나갈 것을 다짐합니다.

자연과학 입문

Introductory Natural Science

과학이란 200년 전에도 300년 전에도 분명 시대의 주류로써 인류의 생활과 사상뿐 만아니라 종교를 통한 통치개념의 수단으로도 존재하고 있었으며, 심지어는 당시의 법을 계량화 할 수 있는 도구로까지 정치적 부흥을 도와가며 밀착관계를 유지하며 지속적으로 발전해 올 수 있었다. 이러한 사례는 오늘날 65억 전 세계 인구의 1/5을 차지하고 있는 중국의 문화와 문명이 2500년의 역사 속에 2가지 철학과 사상이 발전의 초석이 되었다는 데서 찾아 볼 수 있다. 그 첫 번째로는 진나라가 춘추전국시대를 통일할 당시 공자나 맹자와 같은 소위 위인들의 철학이며, 두 번째로는 인도로부터 들어온 불교 사상이 현재의 중국을 만든 원동력이라고 한다면 과연 믿겠는가. 사실 과학의 혜택을 입고 그 윤택함속에 살고 있는 우리가 인식하고 있는 '첨단'이라는 '기술'은 어쩌면 뉴턴이나 다윈이 발견하지 못했을 뿐 자연 속에 인류와 함께 내재되어 현재에 이르러서야 비로

공자(B.C. 552~B.C.479)

맹자(B.C. 372~B.C.289)

자연과학(natural science)
자연현상을 연구대상으로 하는 과학으로 일반적으로 과학이라고도 한다. 과거에는 자연현상이 재현가능하다는 특성에 따라, 자연과학은 실험이 가능하고, 정밀한 수리적 방법으로 현상들 사이에 함수관계를 확정할 수 있는 등 방법면에서도 특징이 있었다. 그러나 현재는 사회과학에서도 같은 방법을 채택하려고 하여, 심리학 · 인류학 · 지리학 등에서는 자연과학과 사회과학의 경계가 분명하지 않은 경우가 있다.

소 노벨상 수상자들과 같은 과학자들에게 확인되었을 수 도 있을 것이다. 이처럼 과학은 이미 오래전부터 몇몇 고집스런 과학자들에 의해 발견된 후 거듭되는 발전을 통해 우리 앞에 마치 감춰둔 신의 보물을 찾아낸 콜럼버스(Columbus Christopher, 1451~1506)의 '신대륙' 처럼 경이로움을 선물하고 있다. 그러나 우리들은 이미 많은 과학자들의 업적들에도 불구하고 늘 새로운 '신의 보물'에 목말라하고 있다.

과학을 뜻하는 영어 단어 'science'는 '지식(knowledge)'이라는 뜻의 라틴어 'scientia'에서 왔으며, 이는 '안다(I know)'는 뜻의 접두사 'scio-'에서 나왔다. 이는 또다시 '분별하다' 혹은 '구분하다'라는 뜻의 인도-유럽 어근에서 나왔으며, '그가 잘라낸다(he cuts off)'는 뜻의 산스크리트어 'chyati', '찢다(to split)'라는 뜻의 그리스어 'schizein', 같은 뜻의 라틴어 'scindere'와 관계가 있다. 중세로부터 계몽주의 시대까지, 'science'나 'scientia'는 모든 종류의 체계적이거나 정확하게 기록된 지식을 가리켰으며, 따라서 그 무렵에 과학이란 철학이라는 단어의 넓은 의미로부터 구별되지 않았다. 프랑스어, 스페인어, 포르투갈어 및 이탈리아어 등의 몇몇 언어에서는 현재까지도 이 구별이 명확히 이루어지지 않고 있다.

이처럼 고대로 부터의 철학은 '자연 철학'과 '윤리 철학'으로 나뉘어 있었다. 1800년대에 자연 철학(natural philosophy)이라는 명칭은 서서히 자연 과학(natural science)이라는 명칭으로 대체되었으며, 자연과학은 점차 물리학과 생물학 등의 현재 존재하는 분야들로 세분화되었다.

따라서 자연철학이 빠진 고대철학은 오늘 날 과학적 탐구의 과정에 포함된 요소(관찰과정 · 논증형식 · 형이상학적 전제 등)를 설명하고, 형식논리학과 실제로 통용되는 방법론 · 형이상학 등의 관점에서 그 요소들의 타당성을 검토하는 순수한 철학적 영역을 구축하게 되었다.

그 후, 자연과학은 20세기 들어서면서 부터는 전문적인 정보를 갖춘 '의료과학(Scientific medicine)', '기술과학(Scientific engineering)'과 같은 확고한 과학의 한 분야로서 자리를 굳혔다.

고대그리스의 자연철학

그리스 자연철학의 기초에는 자연계의 질서에 대한 그리스인의 강한 신념을 반영하고 있었으며, 자연의 통일성과 합리성을 추구하였다.

자연학(physica)

고대 그리스철학에서 자연(physis)을 연구하는 철학의 한 부문으로 자연철학이라고도 하며, 그리스어의 피시케(physikē)에서 온 말이다. 'physis'란 우주에서 생성하는 모든 것이 거기에서 생기는 본원(archēprincipium)으로 그것은 생성하는 것의 구성원리(생성과정 · 출생)이기도 하다. 특히 오늘날 물리학을 의미하는 피직스(physics)란 말은 라틴어의 'physica'에서 유래되었다.

사회과학(Sozialwissenschaft)

인간의 공동생활을 가리키는 것으로서 사회의 개념이 처음으로 사용된 것은 17세기 무렵 근대 유럽을 지배하여 온 근대 자연법론을 통해서였다. 18세기에 들어서 경험적 사회론의 전개하면서부터 본격적으로 대두하기 시작하였으며 자연과학이 자연의 여러 현상을 과학적 · 체계적으로 연구하는 반면에, 사회과학은 인간 사회의 여러 현상을 과학적 · 체계적으로 연구하는 모든 경험과학을 의미한다.

오늘날 과학철학자들은 대체로 존재론적인 경향을 갖는 입장과 인식론적인 경향을 갖는 입장으로 나뉜다. 전자의 경우 과학이 다루는 실체의 문제에 관심을 보이는 반면, 후자의 철학자는 자연현상과•인간의 행동을 탐구하기 위해 채택된 개념과 방법을 분석하고 평가하는 데 주력한다. 일반적이고 추상적인 수준에서 과학철학은 형이상학과 인식론으로부터 분명히 구분되지는 않는다. "과학철학에서 논리적 분석방법만 올바른 것인가", "과학철학의 주제가 어느 지점에서 인지심리학이나 과학사, 인식론의 주제와 중복되지 않는가" 하는 문제를 둘러싸고, 과학철학자들은 논리학을 제외한 어느 학문분야와도 연계하지 않으려는 입장과 폭넓은 역사적 연관을 고려하려는 입장으로 나누어져 있다.

따라서 철학적 영역과 확실하게 구분되는 자연세계에서 보편적 진리나 법칙의 발견을 목적으로 한 체계적 지식을 총칭하는 과학이란 말은 어떤 가정 위에서 일반적으로 일정한 인식목적을 가지고 합리적인 연구결과에서 얻어지는 광범위한 체계적 지식간의 학문적 체계를 뜻하며, 협의로서 '자연과학(Natural science)'을 과학으로 부르기도 한다. 이에 비해 과학의 또 다른 축을 형성하고 있는 '사회과학(Social science)'은 인간들의 행동과 그들이 이루는 사회를 과학적인 방법으로 연구 하는 학문분야를 통칭한다.

근대 자연 과학에서 사용된 방법론은 크게 두 가지로 구분된다. 그 하나는 사유와 지식의 근원을 경험으로 보고, 경험적 관찰과 실험을 통해 여러 가지 사례들의 공통점을 추출함으로써 어떤 일반적인 원리를 발견하는 '귀납법(Inductive method)'이다. 다른 하나는 사유와 지식의 근원을 이성으로 보고, 이미 확인된 어떤 자명한 원리로부터 개개 사물의 이치를 논리적 추론을 통해 알아내는 '연역적 방법(Deductive method)'이다. 이것에 기초한 사상들이 바로 근대 철학의 두 줄기인 경험론과 합리론이다. 경험론의 시조라고 할 수 있는 영국 철학자 베이컨(Francis Bacon, 1561~1626)은 특히 자연 과학적 지식의 유용성을 강조하였다. 그는 인간이 자연에 대하여 알아낸 지식을 통해 자연을 지배하고 그 생활 방식도 개선할 수 있다고 믿었으며, 그러한 믿음을 "아는 것이 힘이다(knowledge is power)"라는 말로 표현하였다.

베이컨(Francis Bacon, 1561~1626)

귀납법(歸納法, inductive method)

귀납(induction)이라는 말은 '이끌려가다'는 뜻을 지닌 라틴어 'inductio, inducere'에서 비롯되었다. 곧 귀납은 개개의 구체적인 사실이나 현상에 대한 관찰로서 얻어진 인식을 그 분야 전체에 대한 일반적인 인식으로 이끌어가는 절차이며, 인간의 다양한 경험, 실천, 실험 등의 결과를 일반화하는 사고방식이다.

데카르트(René Descartes, 1596~1650)

연역법(演繹法, deductive method)

연역(deduction)이란 이미 알고 있는 하나 또는 둘 이상의 명제를 전제로 하여 명확히 규정된 논리적 형식들에 근거해 새로운 명제를 결론으로 이끌어내는 추리의 방법이다.

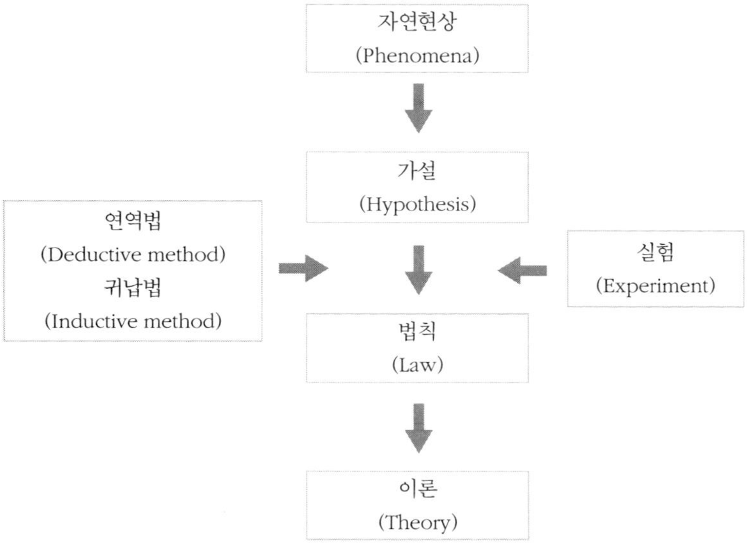

자연과학분야는 인류가 경험주의와 방법론적 자연주의에 근거하여 실험을 통해 얻어낸 자연계에 대한 지식들로 이루어져 있기 때문에 과학자들은 자연계에서 관찰되는 수많은 '현상(Phenomena)' 들을 대상으로 과학적 방법론에 따라 '가설(Hypothesis)' 을 세우고, '실험(Experiment)' 을 통해 하나의 '이론(Theory)' 으로 설명하려는 시도를 거듭하게 된다.

과거에는 자연현상이 재현가능하다는 특성에 따라, 자연과학은 실험이 가능하고, 정밀한 수리적 방법으로 현상들 사이에 함수관계를 확정할 수 있는 등 방법면에서도 특징이 있었다. 그러나 최근에는 연구대상에 따른 분류보다는 연구 방법 또는 방법론의 차이에 따라 그 과학을 특징짓고 있다는 생각이 지배적이다. 연구에는 실험설비가 필요한 까닭에 그 연구는 대부분 대학이나 연구소에서 이루어지며, 또 종합적인 협력연구가 필요하게 되어 기술까지 포함시켜서 중요한 연구과제는 거대과학으로 바뀌고 있다.

따라서 이러한 첨단과학 또는 종합과학으로까지 일컬을 만큼 거대과학으로 발전한 자연과학은 일반적인 과학적 지식이 갖춰야 할 제반 조건들이 그랬듯이, 자연과학 또한 체계적이고 객관적인 제반 조건들을 만족해야 할 것이다.

가설(假說, hypothesis)
일련의 현상을 설명하기 위하여 어떤 학설을 논리적으로 구성하는 명제를 말하며, 현실적 조건에서는 증명하거나 검증하기 어려운 사물, 현상의 원인 또는 합법칙성에 관하여 예측하는 것을 말한다.
가설은 주로 귀납적 추리를 통하여 이미 알려진 · 개별적 자료들을 대비유추하고 일반화한 데 기초하여 설정된다. 그리고 그것은 주로 연역적 추리를 통하여 가설로부터 끌어낸 논리적 귀결이 현실과 부합되는가 하는 것이 검증됨으로써 진리로 확증된다. 과학의 법칙도 처음에는 가설이었던 것이 실험과 증명으로 많은 사상에 대한 훌륭한 설명이 거듭됨에 따라 점차 법칙이 된 것이 많다. 가설은 기지의 경험적 진리나 개념에 의하여 새로운 명제나 개념을 산출해 내는 것이므로 가설의 제기는 가장 창조적인 영위로 볼 수 있다

① **논리적**(logical)

과학적 지식은 사고의 원리에 따라 개념, 판단, 추리의 형식을 갖는다. 따라서 단순한 직관이나 경험이 아니고 개념화되고 판단된 것이며, 타당성과 객관성을 가져야 한다.

② **개괄적**(generalized)

과학적 지식은 어떤 특별한 사항만이 아니고, 같은 종류의 사항을 하나로 총괄하여 어느 것에도 통하는 점을 명백히 하고 잘 관찰하여야 한다.

③ **방법적**(methodical)

과학적 지식은 일정한 방법에 따라 연구되고, 그 결과는 꼭 일정한 순서에 따라 정연하게 정리되어야 한다.

④ **합리적**(rational)

과학적 지식은 상상과 우연이 아니고 반드시 어떤 이유, 근거에 입각한 추리 법칙에 따라 연역 혹은 귀납된 결론, 즉 이치에 맞아야 한다.

⑤ **체계적**(systematic)

과학적 지식은 반드시 서로 관련하고, 일정한 방침에 따라 조직된 것이어야 한다. 실제로 모든 사물, 사상 간의 관계를 규명하며, 이것을 체계화하는 작업이 과학이다.

⑥ **통일적**(unifying)

과학적 지식은 개괄적, 방법적, 체계적이므로 통일성이 잇고, 또한 통일적 원리를 갖고 있어야 한다. 그러나 어떤 범위의 부분적 통일에 만족하는 것이 좁은 의미의 과학이고, 궁극적 절대적인 통일을 구하는 것은 철학이다.

과학이 다루는 방법과 실체에 관한 문제는 고대 그리스의 자연철학에서 시작된다. B.C. 600년경 이오니아 지방과 남부 이탈리아 지방에서 처음으로 전통적인 신화적 관점을 넘어서 자연을 합리적으로 설명하려는 시도가 있었다.

소크라테스 이전의 자연철학자들의 입장은 엘레아 학파를 이끌었던 파르메니데스의 "존재를 불변의 실재로 인식" 하는 존재론으로부터 "우리가 경험하는 모든 것은 생성 변화한다"고 주장한 에페소스 지방의 헤라클레이토스에 이르기까지 다양하게 전개되었다.

엘레아학파(Eleatics)

이탈리아 남부 엘레아에서 일어난 학파이며, 날카로운 논리적 사고를 특징으로 내세우고 있다. 그들은 진실한 의미에서 있는 것은 불생불멸(不生不滅)의 에온(有=eon)뿐이라고 하는 일원론의 입장에서, 많은 것의 존재와 운동변화의 존재를 부정하였고, 현상계의 다양한 모습과 그 운동변화를 지각하는 우리의 감각을 미망이라고 하였다. 엘레아 학파에는 에파르메니데스와 그의 제자인 제논, 그리고 멜리소스, 크세노파네스 등이 있다.

그 후 플라톤과 아리스토텔레스는 실제 사례에 대해 더 정확히 고려하기는 했지만 그들의 견해 역시 존재론적 · 인식론적 · 경험적 요소들이 뒤섞여 있기는 마찬가지였다.

이처럼 자연에 관한 문제는 비로소 플라톤의 '티마이오스'와 아리스토텔레스의 '물리학'에 이르러서야 다루어지기 시작하였지만, 여기서 다루어지고 있는 문제는 순수하게 형이상학적이라고 할 수도 경험적이라고 할 수도 없는 성격을 띠고 있다.

현재의 자연과학은 16세기의 코페르니쿠스, 갈릴레이에 의하여 처음으로 정립되었고, 뉴턴에 의하여 집대성된 것을 계승 발전시켜 오늘에 이르고 있지만, 근대과학의 출현으로 상징되었던 뉴턴의 '프린키피아(Principia)'도 '자연철학의 수학적 원리(Philosophiae Naturalis Principia Mathematica)'라는 뜻을 내포하고 있듯이, 당시 자연 현상에 대한 연구들도 엄격히 말한다면 '자연철학(philosophy of nature)'이라고 불러야 할 것이다.

그러나 중세에 와서는 신이 지구주위에 해와 달과 별을 만들어 운동한다고 생각하였다. 따라서 코페르니쿠스의 지동설이 이단이었고, 갈릴레이가 지동설 때문에 재판을 받아야 했다. 이 두 사람의 반항이 자연철학의 오류를 지적하여 자연과학의 기점을 이룩하는 계기가 되었다.

현재 자연과학에 속하는 많은 분야들은 자연현상을 주로 연구하는 경험과학이고, 그 바탕에 실재를 예상하나, 실제 그 자체의 연구는 아니다. 즉, 물질세계를 설명하고 이해하려는 학문으로서 반증을 하지 못한 확고한 경험적 사실을 근거로 한 보편성과 객관성, 합리성이 요청되는 지식체계지만 생명분야나 환경생태와 같은 분야에서는 아직도 철학적 · 종교적 합의와 연계를 통해서 설득력을 얻을 수밖에 없는 것 또한 그 한계점으로 지적되고 있다.

자연 과학의 방법론

과학적 연구라는 것이 현상을 단지 객관적으로 기술하는 것이 아니라 일정한 틀(패러다임)이라는 도구를 통해서만 해석하는 것이라는 종래의 주장에 따른다면 과학자는 미지의 자연세계를 탐구하고 연구하기 위하여 어쩔 수없이 과학적 방법을 응용할 수밖에 없다. 소위 '정상과학' 이라는 비교적 안정된 테두리 안에서 자연을 억지하고, 특수한 범위로 국한된 해석을 통해서 자연을 보고자 한다면 어쩔수없이 우리는 과학적 방법과 그 절차를 밟아야 할 것이다. 그러나 이것을 답습이 아닌 새로운 발견을 위한 탐구라고 가정한 다면, 과학적 방법은 교육을 통해 접근하는 것 또한 효과적일 수 있다. 따라서 다음과 같은 기존의 다섯 가지 단계로 구성된 과학적 방법과 절차를 탐구하는 것 또한 필요하다.

1. 관찰과 실험

자연과학의 연구는 관찰(observation)과 실험(experiment)을 거쳐 개괄(generalization)로 종결되는 것으로서 그 연구의 기초가 되는 것이 관찰과 실험이다. 아리스토텔레스도 모든 설명에는 관찰이 앞서지 않으면 안 되고, 이론은 개개의 인식에 입각하지 않으면 안 된다고 강조하고 있다. 관찰은 정해진 목적 하에 사물, 사상을 관찰하는 것으로써, 말하자면 의식적으로 주의하여 경험하는 것이다. 뿐만 아니라 사상도 역시 그 다양함이 천태만변한 것이기 때문에 막연히 대하는 것만으로는 원하는 답을 구할 수 없을 것이다. 따라서 반드시 어떤 목적을 가지고 관찰하지 않으면 안 된다. 이때 특히 주의할 것은 객관적으로는 있는 그대로의 사실을 관찰하고 주관이나 선입관에 사로잡히지 않아야 한다. 이와 동시에 수많은 여러 가지 사상 중에서 원하는 연구목적과 잘 부합되고 비교적 쉽게 선택할 수 있어야 한다.

특히 실험은 관찰하려 하는 자연현상에 인위적인 변경을 가하거나 또는 인위적인 상황 하에서 자연현상을 일으키게 하여 이것을 관찰하는 것이다. 따라서 이러한 경우에는 실험용 기계의 힘을 빌리거나 특별한 분석 장치를 쓰는 것이 일반적이기 때문에, 엄밀한 의미에서 실험은 자연 그대로의 상태에서 관찰하는 것이 아니라 인위적 상황 하에서 관찰한다는 의미에서 관찰과 구별된다고 할 수 있을 것이다.

실험이 관찰에 비하여 더 우수한 것은 자연현상이 복잡하여서 특정된 목적을 위한 관찰이 불편하기 때문이며, 한편 실험의 경우는 일정한 목적 하에 복잡한 현상도 선택적으로 분석하고 간소화할 수 있다는 점, 또한 목적에 알맞은 실험을 몇 번이고 되풀이할 수 있는 장점이 있기 때문이다. 오늘날의 과학연구에서는 가능한 한 단순한 관찰 행위 보다는 기계나 특별한 장치를 사용하는 실험을 통하여 보다 정확한 연구 결과를 얻고자 한다. 따라서 과거에 비해 오늘날 소위 처단 과학에서의 위대한 발견들로 일컬어지는 업적들은 모두 이와 같은 면밀한 실험관찰의 성과라고 볼 수 있다.

2. 자료의 수집과 정리

관찰과 실험은 자연과학 전체를 통하여 그 연구의 기초가 되는 것이다. 이 관찰경험에 의하여 얻은 내용을 곧 자료(data)라 한다. 따라서 자료의 수집은 자연과학연구의 제 1단계이고 그 정밀도는 관찰자의 주의와 기술 여하에 달려 있기 때문에, 수집은 가능한 한 정확하고 완전하게 수행되어야 할 것이다.

제 2단계로서는 자료를 여러 가지 관점에서 충분한 시간을 갖고 면밀하게 정리하여 분류해야한다. 이때 자료들은 연구 목적에 따라 상호관계, 연속관계 등에 주의하여 선택해야 할 것이다. 만약 선택을 잘못하거나 부주의한 정리분류를 할 때에는 예기치 않은 잘못에 빠지게 되는 수도 있다. 실제로 쉽게 간과하기 쉬운 사례를 보다 신중하게 검토함으로써 놓칠 뻔했던 중요한 문제를 규명할 수 있었던 실례들을 우리 주변에서 얼마든지 찾아 볼 수 있다.

또한 자료의 정리에 있어서 통계학적인 수단방법을 가능한 한 적용하는 것이 좋을 것이다. 따라서 오차를 줄이고 보다 정확한 결과를 얻기 위해서는 보간법(interpolation)과 같은 방법을 사용하는 것이 바람직하다. 실험에서 얻은 자료의 수는 실험횟수의 수이기 때문에 원하는 연구목적을 위해 모집단을 충분히 만족시킬 수 있다고는 할 수 없

보간법(Interpolation)
둘이상의 변수값에 대한 함수값을 알고서, 그것들 사이의 변수값에 대한 함수값이나 그 근삿값을 구하는 방법으로써, 내삽법이라고도 한다.

기 때문에, 자료를 통해 얻은 결과는 단순히 모집단의 특성을 일부분 대표하는데 그 칠 수밖에 없다. 따라서 이와 같은 한계를 극복하기 위해서는 모집단의 일부분으로써 모집단의 대표성을 나타낼 수 있는 통계적 과정을 거치는 것이 때로는 매우 유용한 연구 방법의 하나로 볼 수 있으며, 이를 일반화 또는 개괄이라고 한다.

3. 추론

자료를 수집 정서하고 이것을 개괄하여 얻은 인식(개념)은 아직 진리라고는 할 수 없다. 진리에 이르기까지에는 몇 가지 개념에서 판단하여 보다 높은 수준의 개념을 이끌어낼 수 있는 사고 작용이 필요하고 이를 추리(reasoning) 또는 추론이라 한다. 이때 기지의 인식개념은 전제이고 새로운 개념(판단)은 결론이다. 우리들의 지적인 요구는 언제나 모든 것의 이유와 귀결을 알려고 한다. 따라서 추리는 그 이유 또는 귀결에 따르는 판단이라고 할 수 있다. 이처럼 경험을 통하여 얻은 개개의 인식에서부터 보편적 법칙을 구성하려는 것을 목적으로 하고 있는 자연과학의 연구에서는 반드시 추리하고 일정한 논리적 과정을 거치지 않으면 안 된다.

추리의 양식에는 유추(analogy), 귀납(induction), 연역(deduction)의 세 가지가 있다. 그리고 추리는 순수한 논리적인 직접추리로부터 두 개 또는 그 이상의 판단을 전제로 하여 상호관계에서 결론을 이끌어내는 간접추리(삼단논법)로 발전하고 있다.

유추(=유비) 또는 비론 이라고도 하며 유사점을 토대로 하여 추리를 하기 때문에 전제와 결론과의 관계가 부분과 부분과의 관계이고 특수한 사실에서 특수한 결론을 이끌어내는 추리이다.

귀납은 귀납적 추리를 약한 것이며 귀납적 삼단논법이라고도 하고 연역적 추리에 맞서는 추리로서 특수사실로부터 일반사실, 즉 보편적인 법칙 또는 원리를 이끌어내는 추리이다. 귀납추리에 의하여 개개의 사실에서 이끌어내는 일반법칙은 연역적 추리의 전제로 쓰인다. 이때 전제가 확실해야 연역된 결론이 확정되는 것이므로 거꾸로 연역된 결론은 귀납추리의 결론의 확실성을 증명하는 것이 된다. 즉 귀납적 추리는 연역적 추리의 뒷받침이 없이는 필연적인 것이 될 수 없으므로 이 두 가지는 서로 상호 보완하여야만 비로소 사고작용이 완성되는 것이다.

푸앵카레[Jules-Henri Poincaré, 1854.4.29~1912.7.17]

프랑스의 수학자 · 물리학자 · 천문학자 · 과학사상가. 수학에서는 수론 · 함수론 · 미분방정식론에 업적을 남겼으며, 물리학에서는 전자기파론 · 양자론 · 상대성이론에 공헌하였고, 그 밖에 과학 비평면에서도 활약하였다

연역은 연역적 추리를 뜻하며, 전체적 지식 또는 보편적 원리로부터 부분에 관한 지식 또는 특수한 관계나 사실을 이끌어내는 추리이다. 즉 대전제 중에 숨어 있는 지식을 결론에 나타내게 하는 것이므로 그 결론은 형식적으로 필연적 확실성을 가지고 있는 것이다.

이 추리는 2개의 전제와 1개의 결론인 3개의 판단으로 되어 있으므로 삼단논법 또는 삼단추리법이라고 한다. 이 추리는 자연과학에서 종종 사용되며, 특히 수학적 연구에서 주로 연역적 추리에 따른 문제 해결방식을 선호한다.

프랑스의 유명한 수학자인 푸엥카레(Jules Henri Poincaré, 1854~1912)는 "모든 자연과학은 경험에서 출발한다."고 말했다. 뿐만 아니라 플라톤(Platon, B.C.428/427~B.C.348/347)은 "기하학을 모르는 사람은 아카데미아(Akademeia)에서 나가라"고 할 만큼 고대자연철학자들에게 있어서도 수학은 가장 중요한 학문으로 취급되고 있었다.

연역법은 귀납법을 기다리고 귀납법은 연역법에 의지한다. 이 두 가지 추리에 의하여 확실한 과학의 연구가 가능하게 된다."라고 말하였다.

4) 가설(hypothesis), 상상(imagination), 개괄(generalization)

가설(hypothesis)은 자연과학연구에서의 참다운 결론, 즉 법칙에 도달하는 전제수단으로서 설정하는 것이다. 따라서 가설은 현상을 통일적으로 설명할 수 있게 가상되어 있어야 하며, 현상과 근본적 인과성을 반드시 포함하고 있어야 한다. 불필요하거나 또는 불필요하다는 사실이 밝혀진 것(예 ; Ather의 존재와 같은 가설)이 또는 어떤 체계 내에서 나타나는 현상의 모든 것을 설명할 수 없는 것(예 ; 빛의 입자설)은 가설로 해서는 안 된다. 가설은 적어도 실험에 의하여 그 타당성을 증명해 나갈 수 있는 것(예 ; 원자구조에 관한 원자설)이어야 한다.

특수한 과학에서는 가설이 연구의 방법이고 또한 목적이 될 때도 있다. 그러나 가설은 법칙과는 달라 경험에서 귀납된 것이 아니므로 경험에 의하여 그 진위를 결정할 수 없다. 또한 모든 과학은 경험에서 출발하는 것이므로 경험에 환원되지 않는 요소는 과학의 발달에 해로우며 과학의 기초를 불안하게 만든다고 생각한다. 그러나 올바른 과학적 의미의 가설은 여러 가지 법칙을 통일하고 더욱 이것을 포괄하여 상호관계를 검토하는데 편리한 것이다.

자연과학을 연구함에 있어 가설을 어떻게 세울 것인가? 우리들은 실험관찰에 있어서 언제나 그 결과에 대하여 미리 예상을 하는데 이와 같은 경우의 가정을 작업가정이라 할 수 있으며 만약 작업가정에 의한 실험결과가 예상한 바와 일치한다면 그 예상은 참다운 것이라고 생각할 수 있다. 실험은 한번만으로 그치는 것이 아니다. 더욱 색다른 면에서도 해보고 몇 번이고 되풀이하여 예상한 바의 확실성을 점점 굳어지게 한다. 만일 실험관찰이 예상이 맞지 않을 때에는 또 다른 예상을 세워 관찰실험을 해야 할 것이다. 자연과학의 여러 법칙이 이와 같이 발견된 예는 천체운동에 대하여서만도 케플러의 행성운동의 법칙, 뉴턴의 만유인력의 법칙 등이 있다.

실험관찰을 통하여 예상했던 가정(assumption)뛰어넘어 거의 진실이라고 확신될 때, 비로소 정리(theorem) 또는 법칙(law)으로서 인정되는 것이다. 그러나 때로는 가설(hypothesis)로까지 발전하지 못한 채, 다만 개념으로만 그칠 때가 있다. 물리학이나 화학에 있어서 그 현상을 통일하기 위하여 시도되었던 개념들 중 이와 같은 과정에 있는 경우도 적지 않다. 또 한 우리들의 경험에는 한도가 있기 때문에 가설을 세우고 연구를 진행하는 때도 적지 않다. 따라서 연구 목적에 가장 가까운 가설을 수립하는 것이 무엇보다도 과학의 연구에 우선적으로 고려되어야 할 것이다.

상상(imagination)은 외계의 자극에 따르지 않고 의식으로 나타난 형상(imagine)이고 직관적이지만, 감정요소가 들어 있다는 점에서 사고 작용과는 다른 것이다. 정신현상에서 볼 때 과학과 상상은 그 성질이 전연 다른데도 불구하고 과학연구에 대하여 상상이 어떠한 역할을 하고 있는가를 조사하였더니 의외로 밀접한 관계를 가졌음을 알 수 있었다. 뉴턴이나 돌턴의 상상력이 만유인력이나 원자설을 만들었으며 이와 같은 상상력은 과학에 있어서 극히 중요하고 또 불가결한 것이다. 상상이란 과학적 정신에 어긋난다고 배척할 것이 아니다. 따라서 상상력을 완전히 통제되지 않은 일종의 잠재적 추리작용이라는 측면에서 자연과학연구에 이용하는 것이 필요하다.

개괄(generalization)은 어떤 개념이 적용되는 사물의 범위 또는 전체를 뜻하며, 이 보다 많은 사물을 포괄하는 것이다. 관찰 또는 실험에서 얻은 결과로부터 바로 인과관계를 발견하고 보편적인 법칙 또는 원리에 도달하는 경우는 쉽지 않다. 따라서 이를 수행하기 위하여 수많은 현상을 어떤 특정한 공통된 특징으로써 개괄하여 이것을 동일한 기준으로 일괄하고, 더 나가서 다른 부류의 현상들 간의 공통된 특징도 함께 포함하는 보다 넓은 부류로써 개념을 확장한다.

이렇게 하여 점점 공통의 영역을 넓혀가면 나중에는 보편적 법칙에까지 도달할 수 있을 것이다. 이 고차적인 공통사항이 비교적 단순할 때는 그것이 원리 또는 법칙이 될 수 있으나, 그렇지 못하면 법칙, 원리에 도달치 못하여 개괄의 단계에서 머무는 경우가 많다. 사회학이나 생물학에서 이와 같은 개념을 많이 볼 수 있다.

5. 기술(description), 설명(explanation), 정의(definition)

관찰 또는 실험에 의하여 얻은 결과는 정확히 기술되지 않으면 안 된다. 기술(description)에 있어서는 특성을 식별하며 유사점이 있을 때는 공통의 속성을 동일한 항에 모아 보편적 속성을 명백히 함과 아울러 보편과 특수와의 관계에 따라 같은 동일 계열의 계통을 조직한다. 이와 같이 하는 것을 분류라고 한다. 동물학, 광물학에서는 이와 같은 분류적 기술을 사용하기 때문에 이들 학문을 기술적 과학 또는 분류과학이라 한다. 이때 기술되는 개개의 사물은 다만 논리적 관계에서 이루어지며 몰가치적으로 취급된다. 그러므로 가치적 견지에서는 그 사물의 특수성에 중점을 두어 관찰하고 기술할 때도 있다. 이와 같은 기술을 개성기술이라 하고 역사학과 그 외의 문화과학의 기술이 이에 속한다.

설명(explanation) : 기술은 과학연구의 기초로서 매우 중요한 것이기는 하나 과학은 그러한 사물의 기술만으로는 만족할 수 없다. 기술은 요컨대 특수한 사실에 그칠 뿐 특수한 사실 이상의 지식이 될 수는 없다. 우리들은 특수한 사실을 기초로 하여 그들 사실 사이에 있을 수 있는 관계를 구하고 또는 이들 모든 것에 적용되는 보편적 법칙 또는 원리를 발견하여 이것에 의하여 특수사실의 존재이유와 그 근거를 밝히고 또한 그 특수개성을 전체와 관련시켜 이해하기 위한 충분한 이유를 밝혀주는 것을 기술과 구별하여 설명이라 한다. 물리학과 화학은 설명을 주로 하므로 설명적 과학이라 한다. 그러나 모든 과학은 체계적이고 통일적인 것을 목적으로 하기 때문에 기술적 과학에서도 설명적으로 기술되므로 이것 또한 설명적 기술이라 할 수 있다.

정의(definition) : 과학적 지식을 명확히 판명하고 서로가 올바르게 관계되어 있고 통일된 체계를 나타내고 있으므로 개념도 또한 명료하고 정확하지 않으면 안 된다. 정의의 목적은 이 개념의 의의를 결정짓는 것으로서 그 정의하려는 개념이 다른 것과 구별될 수 있는 특징 등을 들 수 있어야 한다. 말하자면 인간의 정의로서 "사람은 이성적 동물이다."의 정의에 있어서 이성적은 차별, 동물은 유개념이다. 정의가 나타내는 의의는 모호하여서는 안 된다. 또 소극적이 아니고 적극적이어야 한다. 정의를 만들 때 어떤 개념을 들어 점차 그 특질을 나타내는 방법의 분석적 정의와 어떤 사물을 들어 점차 개념을 구성하는 방법의 종합적 정의와의 두 가지가 있다. 또한 정의에는 어떤 개념의 언사의 해석에만 그치는 유명적 정의와 실질적 정의에 있음은 두말 할 것도 없다. 또한 앞에서 말한 정의의 종류는 다만 비교상의 차이만을 말하였을 뿐이다. 형이상학적으로 완전한 정의는 사물 그 자체의 본질을 표현하지 않은 것이면 안 된다.

과학, 고대철학을 훔치다

소크라테스 이전의 철학자들(philosophos)

과학이란 200년 전에도 300년 전에도 분명 시대의 주류로써 인류의 생활과 사상뿐 만아니라 종교를 통한 통치개념의 수단으로도 존재하고 있었다. 심지어는 당시의 법을 계량화 할 수 있는 도구로까지 정치적 부흥을 도와가며 밀착관계를 유지하며 지속적으로 발전해 올 수 있었다.

이러한 사례는 오늘날 65억 전 세계 인구의 1/5을 차지하고 있는 중국의 문화와 문명이 2500년의 역사 속에 2가지 철학과 사상이 발전의 초석이 되었다는 데서 찾아 볼 수 있다. 그 첫 번째로는 진나라가 춘추전국시대를 통일할 당시 공자나 맹자와 같은 소위 위인들의 철학이며, 두 번째로는 인도로부터 들어온 불교 사상이 현재의 중국을 만든 원동력이라고 한다면 과연 믿겠는가.

사실 과학의 혜택을 입고 그 윤택함속에 살고 있는 우리가 인식하고 있는 '첨단'이라는 '기술'은 어쩌면 뉴턴이나 다윈이 발견해내지 못했을 뿐 자연 속에 인류와 함께 내재되어 현재에 이르러서야 비로소 노벨상 수상자들과 같은 과학자들에게 확인되었을 수 도 있을 것이다.

이처럼 과학은 이미 오래전부터 몇몇 고집스런 과학자들에 의해 발견된 후 거듭되는 발전을 통해 우리 앞에 마치 감춰둔 신의 보물을 찾아낸 콜럼버스(Columbus Christopher, 1451~1506)의 '신대륙'처럼 경이로움을 선물하고 있다. 그러나 우리들은 이미 많은 과학자들의 업적들에도 불구하고 늘 새로운 '신의 보물'에 목말라하고 있다.

콜럼버스(Christopher Columbus, 1451~1506)
이탈리아의 탐험가로서, 이탈리아 명칭은 'Cristoforo Colombo'이며 에스파냐의 여왕 후원을 받아 인도를 찾아 항해를 떠났으며, 3차에 걸친 항해 끝에 쿠바, 아이티, 트리니다드 등을 발견했다. 그의 서인도 항로의 발견으로 인하여 아메리카 대륙이 유럽 사람들의 활동무대가 되었고, 또 에스파냐 사람에 의한 신대륙 식민지 경영의 발단을 구축하게 된 점에서 역사상 중요한 의의를 지니고 있는 것이다.

일반적인 사전적 의미로 볼 때 과학이란 넓은 의미로 철학이외의 모든 학문을 지칭하며, 좁은 의미로는 경험과학 또는 자연과학을 말한다. 따라서 자연과학은 확실한 경험을 토대로 한 자연현상에 관한 보편적 법칙과 조직화된 지식의 체계라고 말할 수 있다.

그러나 고대 그리스 철학자들이 만물의 근원이 되는 물질(Arche)이 무엇인가에 대한 답을 찾는 이론적 접근 과정을 살펴보면, 우리 자신이 세상에 태어 나 세상을 지각하고, 받아들이며 이성을 발전시키는 과정을 통해 철학적 사고가 결국은 과학적인 탐구와 영역(Boundary)

을 함께 하고 있다는 생각을 갖게 해준다.

이처럼 자연과학이 근대과학으로 탄생하기 이전의 고대과학은 철학 안에 포함되어 자연현상을 이해하는데 있어서 경험에 바탕을 둔 원리를 사용하는 자연철학의 형식으로 발달되어 왔다. 그러나 철학적 관점에서 객관적으로 관찰되는 사실들에 대한 보다 정확한 설명이 요구되고, 이처럼 새롭게 요구되는 자연철학의 개념들을 보다 정확하게 확립하기위한 논증적인 방향으로 발달해나간다.

따라서 고대의 과학은 자연의 현상을 표현할 때 철학적 영역 안에서 과학을 도구(Tool)로 사용하는, 고대철학 또는 자연철학의 형태로 발달해왔다고 말하는 것이 타당할 것이다.

어쩌면 이러한 고대철학들은 아리스토텔레스(Aristoteles, B.C.384 ~ B.C.322)시대를 지나서 16세기~17세기의 베이컨(Francis Bacon, 1561~1626)이나 뉴턴(Isaac Newton, 1642~1727)과 같은 인물들의 등장을 통해 비로소 자연과학이 근대과학으로 자리매김 할 수 있게 되었다고 할 수 있겠다.

이처럼 고대철학은 자연환경 속에서 인간 삶의 보존과 향상 그리고 행복이란 명제를 위해 인간 자신 및 모든 자연 현상들을 포함한 제반 문제에 대해, 사물과 사태에 대한 총체적 통일적 인식인 형이상학(metaphysics)에로 다가서게 한다. 따라서 고대철학은 모든 학문의 기초로서 총체적이고도 근본적인 '지혜로운+사랑=philo+sophia'으로서 고전적인 지위를 갖고 다양한 학문세계로 그 영향을 확장하면서 발달해왔다.

형이상학을 학문으로서 최초로 확립한 것은 아리스토텔레스이다. 그는 존재자에 관하여 보편적으로 그 제1의 원리 · 원인을 탐구하는 학문을 '제1철학(prōtē philosophia)'이라 부르고, 그 학문체계의 최고위에 두었다.

그것은 일체의 궁극적 실재근거로서의 신의 지식이기도 하고, 그와 같이 고귀한 지식으로서 '지혜(sophia)'라고도 불렸다. '형이상학'이라는 명칭은 이 제1철학에 관한 책이 1세기의 안드로니코스에 의한 전집 편찬에서 자연학(physica)에 관한 책 다음에 놓였으므로 '자

아르케(arche)
그리스어로 '처음 · 시초'라는 뜻으로써, 철학에서는 아낙시만드로스가 만물이 생성하고, 소멸하는 '근본적인 것'을 '무한자(無限者)'라고 부르며 처음으로 사용했다. 아폴로니아의 디오게네스는 사물을 아는 '원리'라는 뜻으로 사용하였고, 데모크리토스는 '원인'이라는 뜻으로 사용하였다. 아리스토텔레스는 이 두 가지 개념을 종합하여, 철학은 '원리 · 원인(아르케)의 학문'이라고 하였다.

형이상학(形而上學, metaphysics)
라틴어 metaphysica를 기원으로 하고 있으며, 세계의 궁극적 근거를 연구하는 학문을 포괄한다. 과학은 어떤 특수한 영역의 존재자를 구성하는 원리를 탐구한다. 따라서 과학은 어떤 특수한 영역에서 그 대상과 방법을 얻을 수 있기 때문에, 특수성은 과학적 인식의 본질에 의거한다. 이에 대해 일체의 존재자(세계)의 궁극적 근거를 연구하는 것이 바로 형이상학이기 때문에 형이상학은 영역적 · 부분적인 지식이 아니라 보편적 · 전체적인 지식을 구한다. 따라서 특수한 영역과 시야를 넘은 초월의 시야에서 얻어지는 초월적 지식이다.

연학 다음의 책(ta meta ta physica)'이라고 불린 데서 유래하였다고 한다. 그러나 그후 이 명칭은 생성소멸하는 자연물에 근거를 부여하는 영원불멸의 원리를 구하는 학문의 내용과 관련을 가지게 되었다. 변화하는 자연물 배후에 그 존재 근거로서 영원불멸의 실재를 구하려는 것은 그리스 철학에서 본질적인 것이며, 이러한 의미에서 그리스 철학은 형이상학적이었다고 할 수 있다.

영국의 이론 철학가였던 러셀(Bertrand Arthur William Russell, 1872~1970)은 "철학은 제 과학의 기본개념을 명확하게 하고 상이한 제 과학을 종합하여 세계에 대한 하나의 종합적 견지를 가지는 지식이다"고 하였으며, 독일의 심리학자이며 철학자였던 분트(Wilhelm Maximilian Wundt, 1832~1920)는 철학은 "특수과학에서 얻은 인식을 모순 없는 체계로 통일해 과학에서 사용되는 인식일반의 방법과 그 가정을 그 원리에 귀속시킬 수 있는 보편학"이라고 정의하고 있다.

그럼에도 불구하고 과학 그 각각의 영역들은 고유 분야를 독점하여 인간 삶의 보존과 향상에 기여했지만, 그 방법이나 전제, 목적, 결과들이 언제나 인간 삶의 보존을 위한 지혜와 지식으로 조화롭게 귀결되지는 않았다. 우리들은 실제로 오늘날 분화되고 발달한 과학 그 각각의 분야들이 서로 갈등을 빚거나 상호 상충하는 경우를 곳곳에서 쉽게 접할 수 있다.

이처럼 과학에 대한 태생적 문제는 역사와 관련해서도 비록 자연적 법칙성과는 성격을 달리하는 것이긴 하더라도, 기본적으로 역사적 흐

러셀(Bertrand Arthur William Russell, 1872~1970)

영국의 논리학자 · 철학자 · 수학자 · 사회사상가로서 케임브리지 대학교 트리니티 칼리지를 졸업하였으며, 1950년 노벨문학상을 수상하였다.

논리학자로서의 러셀은 현대수학의 성과를 근거로, 19세기 전반에서 비롯된 기호논리학을 집대성하였으며, 화이트헤드와 함께 《수학원리》를 출간하였다.

철학자로서의 러셀은 관념론에 대해 실재론을 주장하였으며, 본인의 논리를 소재방법으로 삼았으며, 다른 면에서는 영국 고유의 경험론의 전통을 근거로 삼았다.

또한 실재의 이론적 단위를 설정하여, 그것에의 환원이나 분석을 중시하는 입장을 취했으며, 이는 빈 학파를 비롯하여 후세의 영국 철학의 발전을 위해 큰 영향을 미쳤다.

사회사상가로서의 러셀은 케임브리지대학 졸업 직후 독일 사회주의자들과 교우하여 마르크스주의에 공명하였지만 러시아를 방문하여 혁명지도자와 혁명 후의 실정에 접하게 된 그는 오히려 비판적인 입장을 취하게 되었다. 그의 경향은 서구적 자유를 근간으로 하는 사회민주주의로서, 정치이론도 과학이론과 같이 이데올로기나 광신적 독단에서 해방되는 것이 필요하다는 입장이었다.

분트(Wilhelm Wundt, 1832~1920)

독일의 심리학자 · 철학자이며, 당시까지의 감각생리학과 영국 연상파(Structuralism.)의 심리학을 종합하여 실험 심리학을 확립하였다. 특히 1879년 대학에 심리학 실험실을 개설하여 심리학 강좌를 연 것은 이 학문의 행정상의 지위를 널리 공인시킨 표지로서도 중요한 의의를 가진다.

그는 심리학을 직접경험 학문이라 정의하고, 의식의 내관에 따라 분석적으로 포착되는 부분의 기술에 전념하였으며, 심적 요소로 분석하는 것이 과학적이라고 생각하였다.

간단한 요소로부터 복잡한 현상이 성립되는 기구를 연합 또는 통각이라고 불리는 일종의 의지작용에 의해 설명하려고 힘쓰면서, 혹은 창조적 종합이라는 개념을 도입하지만 기본적으로는 요소관의 일종이다.

또한 감각 · 감정 이상의 고등정신 과정은 실험법과 내관을 적용할 수 없는 영역이라 보고 이것에 대신하는 것으로서, 미개 민족의 조사결과에서 나온 해석을 중시한다는 점에서 오늘날의 문화인류학이 대상으로 삼는 여러 현상들이 민족심리학(Völkerpsychologie)의 범위에 포함된다.

름 속에 존재한다고 믿어지는 모종의 법칙성 또는 본질을 그 핵심적인 탐문의 과제로 다루어 왔다.

고대 그리스 시대 사람들에게 있어서 자연 현상들은 대부분 변덕스런 인간의 마음을 가진 신에 의해서 일어나는 일 들이었다. 그러나 이 시대에 등장한 최초의 자연 철학자들은 보이는 것, 당연하다고 받아들여지는 것 모두를 사유의 대상으로 삼았다. 그들은 그들의 경험과 상식을 기준으로 우주를 생각하기 시작 했고, 사물의 근원을 생각했으며, 모든 변덕스럽고 예측 불가능한 자연현상의 원인을 합리적인 이성에서 구하려고 했다.

이처럼 고대 그리스인들은 인간을 통솔하는 근원적 원리를 우주의 법칙성을 갖는 초월적인 신의 섭리에 의해 결정되는 것으로 여겼었고, 이를 위해 다양한 우상을 숭배하며 풍부한 삶 적 축복을 기원하는 수단으로 자연철학을 인정해 나간다.

이러한 사유대변혁은 기원전 5~6세기경에 이르러서 아르케(arche) 또는 스토이케이온(stoicheion)에 관한 담론(discourse)을 시작으로 일어나기 시작한다. 이를 통해 초기의 철학자들은 도대체 이 우주가 무엇으로 되어 있으며, 그 구성 원리가 무엇인가에 대해 골똘히 생각하게 된 것이다. 아르케는 원 재료를 지칭하기도 하고 구성 원리를 지칭하기도 한다. 그리고 스토이케이온은 근원적인 재료 즉 근원적인 원소를 지칭한다. 이처럼 초기의 철학자들이 아르케를 추구했다는 것은 온 우주의 원 재료 혹은 구성 원리를 추구했다는 것이고, 스토이케이온을 찾았다는 것은 온 우주의 원 재료, 즉 근원적인 구성 요소인 원소를 찾았다는 것을 뜻한다.

실제로 이와 같은 많은 역사들이 아리스토텔레스(Aristote, B.C.384~B.C.322)에 의존 할 수밖에 없지만, 그의 저술의 내용들은 기원전 70년경에 아리스토텔레스의 제자들을 일컫는 페리파테틱 학파의 학자들이 모여 그의 유고를 정리하여 편집하였다. 이때 천문학자로서 아리스토텔레스의 제자였던 안드로니코스(Andronichos)가 '물리학(Physika)' 다음으로 철학을 분류해 놓았는데, 이때 놓여있

아리스토텔레스(Aristote, B.C.384~B.C.322)

탈레스(Thales, B.C.624 ~B.C.546)

는 본문(내용)들 '형이상학, Metaphysics'이라 부르고 있으며, 대부분이 형이상학을 통해 확인할 수밖에 없는 사실들이지만 아르케 또는 스토이케이온에 관한 담론의 시작은 곧 서양 철학의 발단이라 할 수 있다.

따라서 역사적인 측면에서 과학의 시작을 살펴보려면 밀레토스(Miletus)의 탈레스(Thales, B.C.624~B.C.546)로부터 시작해야 할 것이다.

그리스의 철학자로서 플루타르크(Plutarch) 영웅전에서 고대 그리스 7현인(a sage)중 한 명으로 묘사되는 탈레스는 젊은 시절에 이집트, 아시아 등을 기반으로 하는 부유한 무역상이었으며, 여행을 통해 수학과 천문학, 기상학, 기하학 등을 배웠다. 특히 뛰어난 수학자였던 탈레스는 처음으로 "원이 지름에 의해 2등분된다.", "등변삼각형의 두 밑각의 크기는 같으며, 두 직선이 교차할 때 그 맞꼭지각의 크기는 같다.", "삼각형의 밑변에 평행한 직선은 다른 두 변을 똑같은 비로 내분하거나 외분 한다."는 정리(Theorem)와 같은 기하학의 근본적인 원리들을 발견해 냈다.

뿐만 아니라 과학적 지식이 풍부했던 탈레스는 수학적 연역법을 고안해냈으며, 막대를 세워 막대의 그림자와 막대의 길이가 같아지는 시점의 피라미드 그림자의 길이가 바로 피라미드의 높이와 같다는 논리를 이용해 피라미드의 높이를 구하기도 했다. 해안에서 해상에 있는 선박까지의 거리를 측정하는 기계를 발명하기도 했다. 자석(磁石)이 금속을 끌어당기는 성질도 그가 처음으로 발견했다고 전한다. 특히 그는 B.C. 585년 5월 28일의 일식을 예언했고, 태양의 궤도를 처음으로 규정했고 태양의 크기와 달의 크기에 대해서도 언급했다.

이처럼 탈레스는 변화무상한 세계의 근원을 추구하였으며, 세상의 근원을 설명할 때 "세계의 근원(arche)은 물이다"라고 신화에 의존하지 않고 물질적 근원을 최초로 고찰하였다. 특히 '물'은 물질적이면서도 심적인 것으로서, 존재와 생성이 아직 분화되지 않은 근원적인 것이고 만물을 육성시키는 것이라 하여 '물활론(Hylozoismus)'을 주

물활론(物活論, hylozoism)
이 말은 17세기 영국의 철학자 커드워스가 최초로 사용하였는데, 그리스어의 '질료(質料)'와 '생명'의 합성어로서, 질료생명론을 의미하는 힐로조이즘(hylozoism)을 원어로 하고 있으며, 모든 물질은 그 자체 속에 생명을 갖추고 있어서 생동한다고 하는 철학상의 학설이다. 특히 능동적인 원리인 정신이나 영혼이 수동적인 원리인 물질로부터 구별되기 이전의 초기 철학자를 물활론자라고 부른다. 물활론은 그리스철학을 확립한 탈레스 · 아낙시메네스 · 헤라클레이토스 등 이오니아학파인 자연학자들에 의해서 설명되고 스토아 철학자에게 계승되었다.

장했다.

탈레스는 고향에 돌아와서 이오니아학교(Ionian School)를 세우고 많은 제자들과 함께 연구하였으며, 특히 아낙시만드로스(Anaximandros, B.C.610 ~546), 아낙시메네스(Anaximenes, B.C.585? ~ B.C.525)와 같은 수학자들을 양성하여 훗날 학계에서는 이를 이오니아(Ionia) 혹은 밀레투스(Miletus)학파라고 부르고 있다. 이들은 초자연적인 원인을 거부하고, 변화문제에 대해서 최초로 가설적 설명을 시도했었다.

아낙시메네스(Anaximenes, B.C. 585~B.C. 525)
고대 그리스 밀레토스학파의 철학자이며, 아낙시만드로스의 제자로서, 만물의 생성·해소의 근원(archē)을 공기(aēr)라고 생각하였다. 그는 "우리의 영혼이 공기이고, 우리를 지배·유지하고 있는 것과 마찬가지로 전세계도 기식(pneuma)이라는 공기가 포괄하고 있다"고 했다. 또한 그 공기가 엷어지면 따뜻한 불이, 짙어지면 차가운 물이나 흙·돌 따위가 생기는데, 이와 같이 희화·농화를 통하여 생긴 삼라만상은 재차 공기로 해체하지만, 공기는 다른 한편으로 생명의 원리이기도 하여 영혼이 신체를 이루고 있는 것과 같이 공기가 우주 전체를 싸고 있다고 설파하였다. 일원적으로 양적 변화에 따라 세계를 설명한 그의 학설은 아낙사고라스와 원자론자 및 자연학자 등에게 많은 영향을 주었다. 또한 지구와 천체를 아울러 평평한 평면처럼 보았고, 태양 및 여러 별은 지구의 가장자리를 회전한다고 생각하였다

아낙시만드로스(Anaximandros, B.C. 610~B.C. 546)
고대 그리스 밀레토스학파의 철학자로서 탈레스의 제자이며, 산문으로 자연에 대하여 언급한 최초의 사람이다. 그는 만물의 근원이란 양적으로나 질적으로 무한의 것인 아페이론(apeiron)이라고 하였으며 이 신적으로 불멸하는 아페이론으로부터 먼저 따뜻한 것, 차가운 것 등 서로 성질이 대립되는 것으로 갈라진다. 그리고 이 대립하는 것의 경쟁에서 땅[地]·물[水]·불[火]·바람[風]이 생기고, 다시 별과 생물이 생기지만, 이것이 법도를 지키고 따라서 결국 경쟁의 죄를 보상하고 나서 다시 아페이론으로 돌아간다"고 풀이하였다.

아낙시만드로스는 산문으로 자연에 대하여 언급한 최초의 사람이다. 그는 만물이 생겨나고 다시 돌아가는 만물의 근원 및 원리를 아페이론(apeiron)이라고 하였으며, 이는 "양적으로나 질적으로 무한의 것(=to apeiron)이며, 이 신적으로 불멸하는 으로부터 먼저 따뜻한 것, 차가운 것 등 서로 성질이 대립되는 것으로 갈라진다. 그리고 이 대립하는 것의 경쟁에서 땅·물·불·바람이 생기고, 다시 별과 생물이 생기지만, 이것이 법도를 지키고 따라서 결국 경쟁의 죄를 보상하고 나서 다시 아페이론으로 돌아간다"고 풀이하였다.

태양계

또한 천구(celestial sphere)의 중심에는 지주가 없고, 정지해 있는 원통형의 지구 주위를 해·달·별이 돈다고 생각하였다. 그는 이 밖에도 다방면에 걸친 과학의 지식을 가진 사람이었다. 이처럼 아페이론은 아낙시만드로스에서 비롯된 개념으로써 훗날 플라톤, 아리스토텔레스, 헤겔 등 후세의 많은 철학자가 사용하였다.

특히 아낙시메네스는 아낙시만드로스의 제자로서, 만물의 생성·해소의 근원(archē)을 공기(aēr)라고 생각하였다. 그는 "우리의 영혼이 공기이고, 우리를 지배·유지하고 있는 것과 마찬가지로 전 세계

헤라클레이토스(Herakleitos, B.C. 540 ~ B.C. 480)
에페소스 왕가 출신의 그리스 철학자로 '만물은 유전한다'고 말했으며, 우주에는 서로 상반하는 것의 다툼이 있고, 만물은 이와 같은 다툼에서 생겨난다는 것이었다. 따라서 '싸움은 만물의 아버지요 만물의 왕'이다. 그러나 그러한 다툼 중에서도 그는 그 속에 숨겨진 조화를 발견하였고, 그것을 '반발조화'라 하였다. 이것이 세계를 지배하는 로고스라 하였으며 그는 그러한 이법의 상징으로서 불(火)을 내세웠다. 그의 주장에 따르면, 불은 전화하여 물이 되고, 물은 흙이 된다(下行의 길). 흙은 물이 되고, 물은 또다시 불로 환원(上行의 길)되는데, "하행의 길이나 상행의 길은 모두가 하나이며, 동일한 것이다". 이 하나하나의 전화과정은 항쟁이지만 전체적으로는 조화를 찾을 수 있다.

도 기식(pneuma)이라는 공기가 포괄하고 있다"고 했으며, 그 공기가 엷어지면 따뜻한 불이, 짙어지면 차가운 물이나 흙·돌 따위가 생기는데, 이와 같이 희화·농화를 통하여 생긴 삼라만상은 재차 공기로 해체하지만, 공기는 다른 한편으로 생명의 원리이기도 하여 영혼이 신체를 이루고 있는 것과 같이 공기가 우주 전체를 싸고 있다고 설파하였다.

또한 이오니아학파와는 다르지만 이들과 같은 고민을 했던 에페소스(Ephesos)의 헤라클레이토스(Herakleitos, B.C.540?~B.C.480?)는 "우주에는 서로 상반하는 것의 다툼이 있고, 만물은 이와 같은 다툼에서 생겨나는 것"이라는 뜻으로 "만물은 유전한다"'고 말했다. 그의 이러한 주장에 따르면, "불은 전화(inversion)하여 물이 되고, 물은 흙이 되며, 흙은 물이 되고, 물은 또다시 불로 환원(restoration)되는데, 이 모든 것 모두가 하나이며, 동일한 것이다." 라고 주장하였다. 이처럼 헤라클레이토스의 사상과 철학은 대부분 소실되었거나 망각된 채, 또는 극히 제한적으로 플라톤과 스토아학파에 의해 명맥을 유지하였으나, 현대에 들어와서 변증법의 헤겔 철학과 니체의 사상적 지주로 거듭나게 된다.

파르메니데스(Parmenides, B.C.540 ~ B.C.470)
그리스 철학자 플라톤(Platon)의 중기 '대화편'을 뜻하며, 플라톤은 이 대화편에서 엘레아학파의 존재론과 변증법에 대한 비판을 통해 그의 초기 이데아론을 발전시켰다.

이처럼 헤라클레이토스가 모든 자연의 운동상태에 대해 최초로 변증법적 시각에서 해석한 반면, 파르메니데스(Parmenides, B.C.540~B.C.470)는 자신의 철학 시 약 160행으로 구성된 '자연에 관해서(On Nature, B.C.475)'를 통해 존재와 비존재, 존재와 사유라는 철학적 문제에 대한 해법으로써 진리로 나아가는 길을 주장하면서, 헤라클레이토스의 다원성과 변화사상을 논리적으로 반박하고 나섰다.

그는 존재(being)하는 것만이 실재하는 것일 뿐, 비존재는(nonbeing) 실재하지 않을 뿐 아니라 사고되지 않는다는 입장을 고수하여 참된 실체는 완전히 충실한 '존재(to eon)'이며, 이것이 유일하고 불변하며 불멸하는 것이라고 논증하였다. 그러므로 여타의 철학이 인정하는 사물의 다양성이나 운동 및 변화를 일체 인정하지 않았으며, 그것은 모두 허위이거나 환상에 지나지 않는다고 비난하였다.

이러한 사유는 형이상학적인 세계와 물리적인 세계의 차이를 거의 구분하지 못했던 밀레토스 철학과 피타고라스 철학으로부터 실체를

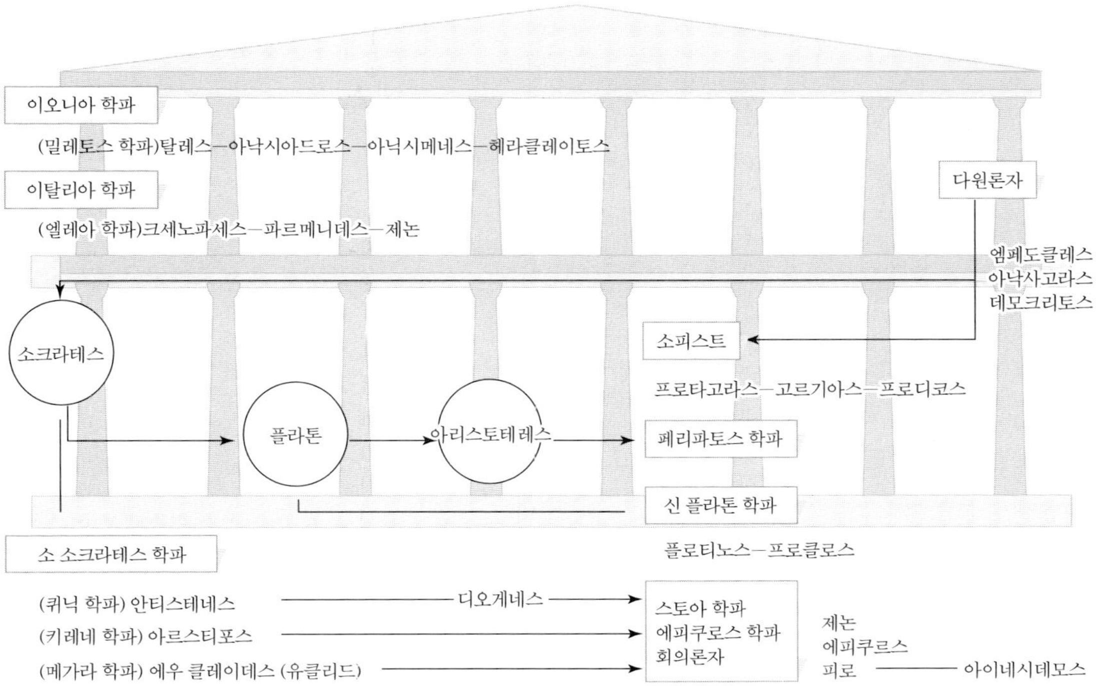

밀레토스학파(Milesian school)

B.C. 6세기경 소아시아 서해안, 이오니아 지방의 그리스인 식민도시 밀레투스에서 생긴 그리스 최고의 철학 학파로 알려져 있다. 물이 원질(archē)이라고 하는 탈레스, 토 아페이론(to apeiron:무한한 것)이 원질이라고 하는 아낙시만드로스, 공기를 원질이라고 하는 아낙시메네스가 그 중심 인물이었다. 그들은 재래의 신화적 · 의인관적 사고방식에서 탈피, 처음으로 만물을 자연 그대로의 진상에서 관찰하고, 만물을 자연적 · 보편적 원리의 운동변화로서 통일적 · 합리적으로 이해하고 설명하려 하였다. 여기서 사상사상 처음으로 과학적인 여러 과학(수학 · 천문학 등)과 함께, 일원론 · 물활론 · 우주론이라는 특성을 갖춘 자연철학이 전개되었다

스토아학파(Stoicism)

키프로스의 제논이 스토아 포이킬레에 창설한 철학의 한 유파이며, B.C. 3세기부터 로마 제정 말에 이르는 후기 고대를 대표한다. 제논이 아테네의 광장에 있던 공회당 '채색주랑'에서 제자들을 가르쳤기 때문에 그 제자들을 '스토아파'(주란의 사람들이라는 뜻)라고 불렀다. 스토아파 철학은 변경 사람이나 이국인의 철학이었으며, 그리스 문물이 좁은 도시국가의 틀을 넘어서 널리 지중해 연안의 여러 지방에 미친 헬레니즘 시대를 대표하는 철학이었다. 따라서 전통적 철학파 들과는 대립관계였으며, 고전기까지의 철학의 여러 학설을 수용하여 일반화 · 통속화한 점에서 절충주의라는 비난을 받았다. 스토아 철학의 특징은, 자연 존재에서의 개별성과 전체성의 두 계기의 강조와 양자의 긴장 관계에 있으며, 이것에 의하여 스토아 철학은 고대철학 원리의 집성인 동시에 다음 시대의 철학원리를 준비하는 것이 되었다. 언어연구 · 논리학 · 인식론에서도 구체성과 개별성을 중요시하는 스토아 철학은 전통철학에 없었던 새로운 요소를 많이 초래하였다.

피타고라스학파(Pythagoreans)

B.C. 6세기 전반에 크로토네에서 피타고라스가 창설한 고대 그리스 철학의 한 계파로서, 연구생활을 통해 혼(魂)의 정화 · 구제를 목적으로 하는 성향이 강한 탓에 정치적 결사의 성격도 가지고 있어서, B.C. 5세기에는 이탈리아 남부의 크로토네를 지배하기도 하여 한때는 강대한 세력을 가지는 등 종교단체이기도 하였다. 또한 수학적인 우주론을 구상하고 '만물은 수에서 이루어진다'고 주장하는 등 수학적으로 여러 과학(수학 · 천문학 · 음악이론)에 업적을 남긴 연구단체이기도 하다. 따라서 우주는 한(限)과 무한(無限)의 두 원리로 이루어진 '아름다운 조화가 있는 전체(cosmos)'이며 이 조화와 '형(形)'을 주는 것이 수의 비례(로고스)라고 하였기 때문에 형상원리(formal principle)의 발견자로 불린다. B.C. 5세기 후반에 학파의 중심은 붕괴되고 단원도 분산되었으나 플라톤을 비롯한 여러 사람에게 끼친 영향은 지대하였다.

On Nature(Peri Physeos)
by Parmenides of Elea(c. 475 B.C.)
The Way of Objectivity(Aletheia)

#1. The one: that it is and it is impossible for it not to be.
This is the path of Persuasion, for it accompanies Objective Truth.

#2. The other: that it is not and it necessarily must not be.
That, I point out to you, is a path wholly unthinkable, for neither could you know what-is-not (for that is impossible), nor could you point it out.

#3. The one on which mortals, knowing nothing, wander, two-headed, for helplessness in their breasts guides their wandering minds and they are carried, deaf and blind alike, dazed, uncritical tribes, for whom being and not-being are thought the same and yet not the same, and the path of all runs in opposite directions. 7For never shall this be proved: that things that are not are. But do restrain your thought from this path of inquiry, and do not let habit, born from much experience, compel you along this path, to guide your sightless eye and ringing ear and tongue. But judge by reason the highly contentious disproof that I have spoken.

The Way of Subjectivity(Doxa)

#1. Here, on the one hand, aetherial flame of fire, gentle, very light, everywhere the same as itself...

#2. But not the same as this other, which in itself is opposite: dark night, a dense and heavy body.

본질과 형상으로 극명하게 구별하게 하는 계기가 되었으며, 이 후의 철학으로 하여금 그와 같은 논리적 오류에 빠지지 않도록 권고하는 합리주의를 낳게 되는데, 이와 같이 존재와 비존재, 존재와 사유라는 철학적 화두를 제시하고, 후에 대두하는 존재론 및 인식론에 커다란 영향을 끼침으로써 후세에 그는 엘레아(Elea)학파의 시조로서 존재의 철학자라 불리게 된다.

또한 파르메니데스와 함께 변화의 중심에 있었던 그의 제자 제논(Zenon, B.C.335~B.C.263)은 윤리학을 중심으로 하는 '자연과 일치된 삶'을 목표로 하는 사상적 기반을 가지고, 인생의 목표인 행복은 우주를 지배하는 신의 이성 즉 사물의 존재를 한정하는 보편적인 법칙인 '로고스(logos)'를 따르는 새로운 헬레니즘(Hellenism) 시대(B.C.334~B.C.30)를 대표하는 철학자로 인정받게 된다.

특히 자신의 스승인 파르메니데스에 대한 비판을 논박하기 위해 '거북이 패러독스', '경주 패러독스', '날아가는 패러독스' 등 몇 가지 유명한 패러독스(paradox)를 제시하였는데, 이를 통해 그가 증명하고자 했던 것은 유일자의 세계에서 운동과 변화의 실재를 증명할

역설(paradox)
참된 명제와 모순되는 결론을 낳는 추론을 의미하며, 배리(背理) · 역리(逆理) 또는 이율배반(二律背反)이라고도 한다. 명확한 역설은 분명한 진리인 배중률(排中律)에 모순되는 형태로 인도하는 것이 보

수 없는 것이, 다양한 사물이 존재하는 세계에서 운동과 변화의 실재를 증명할 수 없는 것과 동일하다는 점이었다.

또한 제논은 현상과 실재 사이의 명확한 구분을 요구했을 뿐 아니라 철학을 하기 위해서는 세계를 고찰해야 하는 동시에 그것을 이해하기 위해 그것에 관해 사유해야 한다는 입장을 취하고 있었다.

이처럼 제논은 패러독스를 통하여 운동이 실재적인가를 증명하는 대신에, 하나의 다수적 세계에 대한 가정이 인간을 구제 불능의 불합리와 모순으로 유도하게 된다는 사실을 증명하기 위한 논증을 통해 변화와 운동이란 감각의 기만이며, 유일한 존재는 연속적일 뿐 아니라 운동하지 않는 영원하고 완전한 존재라는 점을 주장하였다.

통이다. 이들 역설에 빠지는 것을 막는 수단으로서, 개념에 단계를 붙이는 러셀 형의 이론, 공리주의 집합론의 유(類)와 집합의 구별, 또는 말의 의미를 이중으로 사용하는 일의 금지 등 여러 가지 연구가 행해진다. 배중률만큼 명확하지 않은 기성 학술 또는 경험적 사실에 대하여, 이것을 부정하는 목적을 내포하는 역설을 배리 또는 역리라고 하는데, 여기서 배리와 역리는 일반적으로 동의어로도 사용한다.

이후의 자연 철학자들은 물, 불, 이성 등으로 이어지는 일원론적 철학세계에서 자연의 다양한 사물을 창조해내는 근본물질과 함께, 이들 근본물질을 다양하게 만드는 외적 요인에 대한 사고적 전환을 통해 변화를 추구하기 시작하였다.

그 시점에 서있었던 엠페도클레스(Empedocles, B.C.495~B.C.435)는 자신의 철학을 시가(poetry)의 형식으로 서술하였으나, 그 중 '자연에 관하여(On the Nature)'와 같은 몇 편만이 전해지고 있다. 엠페도클레스는 독창적인 새로운 철학을 내세우지는 못하였으나, 변화와 운동에 대한 피타고라스학파와 엘레아학파의 논점을 파악하여 두 학파의 관점을 결합시키려는 시도를 통하여 변화가 존재한다는 주장과 실재가 근본적으로 변하지 않는다는 사실을 인정할 수 있는 하나의 방식을 발견하였다.

그에게 있어 존재란 창조되지 않으며 파괴될 수 없다는, 따라서 존재는 단순히 존재하고 있을 뿐이라는 파르메니데스의 주장에 동의했다. 그에 의하면 "전혀 존재하지 않는 것으로부터 어떤 것이 발생한다는 것은 불가능하다. 또한 존재가 완전히 소멸된다는 것도 있을 수 없으며 생각될 수 없다. 왜냐하면 누군가가 그것을 언급하는 모든 경우에 그것은 항상 존재하고 있기 때문이다."라고 주장하였다.

엠페도클레스는 엘레아학파의 존재의 일원론 구성 주장에

엘레아 학파를 배출한 도시 이탈리아의 엘레아

엠페도클레스(Empedoklēs, B.C. 490~B.C. 430)

시칠리아섬 출생으로 다재다능한 기인(奇人)으로 알려진 고대 그리스의 철학자이다. 두 편의 시 '정화'와 '자연에 대하여'를 저술하였는데, 전자에서는 신령의 윤회를 논하고, 후자에서는 우주의 구조를 논하였다. 후자에 의하면 만물의 근본은 흙 · 공기 · 물 · 불로 구성되었으며, 이 불생불멸불변(不生不滅不變)의 4원소가 사랑과 투쟁의 힘에 의해 결합 · 분리되고 만물이 생멸한다는 것이다. 세계는 사랑이 지배하는 시기, 투쟁의 힘이 증대하는 시기, 투쟁이 지배하는 시기, 사랑의 힘이 증대하는 시기의 4기가 끊임없이 반복된다고 주장하였다. 자신을 신격화하기 위해 에트나 화구에 투신하였다는 유명한 전설이 있다.

로고스(logos)
사물의 존재를 한정하는 보편적인 법칙이면서도 행위가 따라야 할 준칙을 인식하고 이를 따르는 분별과 이성을 뜻한다. 파토스(pathos)와 대립되는 개념으로, 본래는 고전 그리스어로 '말하다'를 뜻하는 동사 'legein'의 명사형이며 '말한 것'을 뜻한다. 여기서 '로고스'는 많은 종류의 파생적 의의를 낳아 고대철학에서 중요한 구실을 하게 되었기 때문에 고대철학은 대개 '로고스적'이라고 특징지을 수 있다. 특히, 고대철학에서 인간은 말을 함으로 '로고스를 가진 동물(이성적 동물)'이라고 정의하였다. 고대 말기의 철학자 플로티노스(Plotinos)는 근원이 되는 '일자(一者)'는 로고스를 초월한다고 하였으며(신비주의), 그리스도교 사상에서의 로고스는 세계창조에서의 신의 사상내용으로써 제2의 위격(位格)인 '아들'이다. 이처럼 이들 사상은 후세의 유럽 철학에 오래도록 많은 영향을 끼쳤다

헬레니즘(Hellenism)
알렉산드대왕의 제국건설 이후 고대 그리스의 뒤를 이어 나타난 문명을 뜻하는 용어로서, 1863년 독일의 드로이젠이 그의 저서 '헬레니즘 사'에서 처음으로 사용하였으며, 이 말은 그리스 문화, 그리스 정신을 가리키는 경우도 있다. 일반적으로 그리스 문화와 오리엔트 문화가 서로 영향을 주고받아 질적 변화를 일으키면서 새로 태어난 문화로 보는 견해가 지배적이다.

데모크리토스(Dēmokritos, B.C. 460~B.C. 370)
트라키아 지방의 압데라에서 출생한 고대 그리스 최대의 자연철학자로서, 낙천적인 기질 때문에 '웃는 철학자(Gelasinos)'라는 별명이 있었다. 특히 원자론을 중심으로 한 그의 학설은 유물론의 출발점이며, 그 후 에피쿠로스·루크레티우스에 의해 계승되어 후세 과학사상에 영향을 끼쳤다.

대해서는 반대하며, 우리가 지각하고 경험하는 대상들이 실제로 생성되거나 소멸되기도 하지만 이 변화와 운동은 대상들이 다양한 물질적인 입자들로 구성되기 때문이라는 사실을 보여 주려 했다.

특히 엠페도클레스는 대상들을 구성하는 입자들을 가리켜 영원성을 지닌 물질적인 원소들이라고 했다. 그는 밀레토스 학파의 탈레스와 아낙시메네스의 철학을 발전시켜 만물을 구성하는 재료가 단일한 원소가 아니라, 존재를 구성하는 기본 입자인 물, 불, 공기, 흙 이라는 네 입자(roots)는 변화하지 않지만, 대상들을 형성하기 위해 혼합되며, 우리가 상식적인 경험에서 지각하는 변화를 만들어내고 조절한다고 주장했다.

아낙사고라스(Anaxagoras, B.C.500~B.C.428)

아낙사고라스(Anaxagoras, B.C.500~B.C.428)는 처음으로 아테네에 철학을 이식하여 엘레아학파의 출현에 의한 이오니아 자연철학의 위기를 구하려고 하였다. 생성·소멸이란 것을 부정하고, 만물은 처음부터 있었고, 그 혼합과 분리가 있을 뿐이라고 주장하였다.

그의 주요한 공적은 정신(nous)의 개념을 만들어낸 것이었는데, 이 정신(nous)은 사물을 이루는 질료(material)와 구별되는 것이었다. 아낙사고라스는 엠페도클레스와 마찬가지로 존재의 모든 생성과 소멸을 단지 기본적인 입자(실체)들의 결합과 분리에 의한 것이라고 생각했다. 그에게 세계와 세계를 구성하는 만물은 매우 질서 있는 것으로 파악되었고, 그 질서를 이루도록 하는 하나의 원리로 엠페도클레스와 같은 사랑과 증오의 힘이 아닌 지성과 권능을 지닌 하나의 존재를 채택하였는데, 이것이 정신, 혹은 누우스(nous)라는 것이었다. 이 정신은 질료에 그것의 질서를 부여하는 원리를 이루는 것이었다.

아낙사고라스에 따르면, 실재의 본성은 정신과 질료로 구성되었다고 하는 것이 가장 타당한 설명이 되는 것이라고 하였다. 정신이 질료의 형태와 행동에 영향을 주기 전에, 질료는 창조되거나 소멸하는 것이 없는 상태로 이미 다양한 물질적 실체들의 혼합으로 존재하고 있

었다. 이 근원적인 질료의 덩어리가 현실적 대상들로 분리될 때조차 그 각각의 부분은 모든 '사물들(spermata)' 을 포함하고 있었다.

그는 최후의 한 단편에서 이 과정을 다음과 같이 묘사하였다.

"정신(nous)은 만물을 과거에도 있었고, 현재에도 있으며 미래에도 있을 하나의 질서 속에 놓아두었다. 이 회전은 분리된 별들과 해와 달과 공기와 에테르(aether)를 순환시키고 있다. 그러므로 어떠한 사물도 누우스 없이는 어떠한 것으로부터 분리될 수 없다."

이처럼 자연 철학자들이 만물의 근본물질에 대해 '원초적 일원론' 적 시각에서 '단순한 물질' 의 다양함으로 변화하는 과정 중에 현대의 '원자론(Atomic theory)' 의 시조라고 할 수 있는 고대의 원자론을 확립하는 자연 철학자로서 레우키포스(Leucippus, B.C.460~?)와 데모크리투스(Democritus, B.C.460~B.C.370)가 등장한다.

레우키포스와 데모크리토스는 물질의 본질을 스스로 변화하지 않는 불생불멸의 불가분의 근본 물질인 원자 '(atomon)' 로 여겨지며, 여러 원자의 형태 · 위치 · 질서 및 그들의 운동 · 결합 · 분리를 일체의 물질적 현상의 근원으로 보았는데, 이러한 영혼과 정신의 본체를 인과성에 따르는 물체로 보는 무신론적 사상은 당시 그리스사회의 체제와 사상과 충돌하는 이유가 되었다.

먼저 레우키포스는 공간의 실재를 인정함으로써 일관성 있는 운동 및 변화의 이론을 위한 기초를 닦았다. 그의 견해의 핵심은 "공간은 물질적이라고 주장되지 않아도 존재하는 것이기 때문에 사물들이 움직일 수 있는 공간은 때에 따라 비어 있기도(공허), 충만해 있기도 하는 일종의 저장고 개념으로 해석하였다.

특히, 레우키포스의 제자였던 데모크리토스는 "존재하지 않는 것도 존재하는 것 못지않게 존재한다" 며 원자가 운동하기 위한 장소인 '공허(Kenon)' 가 존재한다는 것을 강조했다. 또한 우주는 더 이상 나눌 수 없는 미립자인 '원자(atomon)' 로 되어 있다고 주장하였으며, 일체의 물질적 현상의 근원으로 여김으로써 나아가 신이나 악마도 원자의 복합체라고 하였다. 이처럼 원자란 여러 기하학적 모양을 하고 있는데, 크기, 모양, 무게가 모두 다르며, 무게가 다르기 때문에 낙

레우키포스
(Leucippus, B.C.460~?)

데모크리투스
(Democritus, B.C.460~B.C.370)

에테르(ether)

빛을 파동으로 생각했을 때 이 파동을 전파하는 매질로 생각되었던 가상적인 물질이다. A.A.마이컬슨과 E.W.몰리에 의해 수행된 간섭계 실험을 통해 에테르의 존재는 완전히 부정되었다. 에테르라는 개념은 광학 · 전자기학의 진보와 더불어 변천하면서 사라진 역사적인 사고의 한 주장으로써만 존재하고 있다.

하운동 할 때의 속도가 각 원자마다 달라서 원자끼리 부딪치고 이런 현상이 누적되어 소용돌이 운동으로 변한다고 하였다. 데모크리토스는 사물의 변화는 원자의 재편성에 불과하다고 강조하였다. 이러한 고대의 원자론은 실험적인 연구나 수학적인 추리의 산물이 아니라 사색과 직관에 의한 것이므로 현대적 의미의 과학적 이론이라고는 할 수 없다. 이러한 원자론을 중심으로 한 데모크리토스의 학설은 훗날 유물론의 출발점이 되었으며, 낙천적인 기질 때문에 '웃는 철학자(Gelasinos)'라는 별명을 갖게 되었다.

훗날 아리스토텔레스는 이들의 원자론에 대해 "원자의 불가분성과 비존재(nonbeing)여야 할 공허의 존재(being) 개념에 대해 논리적 오류가 있다."고 하였으며, 이러한 비판은 근대에 이르기까지 논쟁의 대상이 되었었다.

과학철학의 역사 I

소피스트(Sophist)철학자들의 부상

호메로스(Homeros, B.C. 8th)

고대 그리스의 시인으로 유럽 문학의 가장 오래된 서사시 '일리아드'와 '오디세이'의 작자로 알려져 있으며, 호머(Homer)라고도 부른다. 호메로스의 '오디세이'는 기원전 7백 년경에 지어진 전 24권으로 된 그리스의 장편 서사시로서 '오디세우스의 노래'라는 뜻으로 주인공 오디세우스가 트로이 전쟁 후 고국으로 돌아가는 길에 겪는 수많은 난관의 이야기가 주요한 골자로 되어 있다. '오디세우스'는 그리스 서해안에 위치한 이타카 섬의 왕으로서 지혜가 출중한 인물이며, 그리스 민족의 이상적인 인간상의 하나이다.

소피스트(Sophist)

소피스트란 원래 '현인(賢人)' 또는 '지자(知者)'를 뜻하며, B.C. 5세기 무렵부터 B.C. 4세기에 걸쳐 그리스에서 활약한 지식인들을 가르키는 호칭이다. 그러나 소크라테스, 플라톤, 아리스토텔레스 등은 소피스트들이 실제로 가르친 것은, 개인이나 국가에 대해 선이란 이런 것이라는 지혜가 아니라, 선에 대해서는 아무것도 모르면서 선한 자인 체하는 기술만을 가진 데 불과하였다는 것을 지적하면서부터, '소피스트'란 말은 '궤변을 일삼는 무리'를 의미하게 되었고, 궤변학파라고도 불렀다.

B.C. 8세기 그리스 시인 '호모(Homer)'가 쓴 서사시인 '오디세이(Odyssey)' 이후 당시의 자연철학자들 사이에선 우주에 대한 담론이 결론에 도달하지 못하고, 자연의 진리를 발견할 수 있는 인간 이성의 능력에 대한 회의주의적 분위기가 팽배해지면서 인간 지식의 문제에 집중하는 새로운 철학이 대두하기 시작한다.

또한 페르시아 전쟁(B.C. 490~480)에서 아테네가 승리함에 따라 사회적 부와 권력이 아테네를 중심으로 한 민주주의 사회가 형성되는 변화가 나타나게 된다.

이러한 변화를 통해 대부분 노예국가에 예속되어 있었던 아테네 출신이 아닌 타 지역 출신의 주로 떠돌이 선생이거나 외교관의 자격으로 아테네에 왔던 사람들로 아테네의 관습과 문화를 바꾸는데 주 역할을 하게 된다. 이들을 가리켜 그리스어로 '지혜 인(wise-ist)'를 의미하는 'sophos 또는 sophia(Σοφιστής)'의 소피스트(Sophist)라고 한다.

대략 B.C.5세기부터 B.C.4세기까지 아테네에 출현했던 소피스트들은 서로 다른 지방에서 왔기 때문에, 아테네인의 사고방식과 관습을 참신하게 여겼고, 그것들에 대해 탐구적인 질문을 제기할 수 있었다.

철학은 인간이 처해 있는 세계 전체를 진실한 모습에서, 즉 세계 전체의 객관적 진실을 포착하고 이것을 개념적으로 일반화하려는 이론적 인식활동(세계관의 학문)을 말하며, 이것을 지침으로 인간의 개인적 · 사회적 생활을 보다 잘하려는 실천적 의도를 갖는 학문이다.

철학은 그리스에서 B.C. 600년경 과학적 사유의 탄생 시기를 기점으로 AD4~5세기, 즉 고대사가 끝날 때까지의 철학을 고대철학이라고 하며, 이러한 고대철학은 시기적으로 크게 3기로 나눌 수 있다.

제 1기는 창시기의 철학으로써 B.C. 6~5세기를 말하며 자연을 대상으로 그 속에 존재하는 변화하지 않는 근원을 탐구하였다. 근원을

고대 그리스의 철학자들

Academic Genealogy	
Notable teachers	Notable students
Socrates	Amyclus of Heraclea
	Aristonymus
	Aristotle
	Axiothea of Phlius
	Callippus of Athens
	Coriscus of Scepsis
	Demetrius of Amphipolis
	Dion of Syracuse
	Erastus of Scepsis
	Euaeon of Lampsacus
	Eudoxus of Cnidus
	Heraclides of Aenus
	Heraclides of Pontus
	Hermias of Atarneus
	Hestiaeus of Perinthus
	Hippothales of Athens
	Lastheneia of Mantinea
	Philippus of Opus
	PhormioPython of Aenus
	Speusippus of Athens
	Timolaus of Cyzicus
	Theophrastus
	Xenocrates of Chalcedon

물로 본 탈레스, 무한정한 것이라고 생각한 아낙시만드로스, 공기로 본 아낙시메네스, 또 불생불멸의 '있는 것'만이 존재한다고 생각한 파르메니데스, 불이라고 본 헤라클레이토스, 다수의 근원이 존재한다고 생각한 다원론자들이 이 시기에 속한다.

제 2기는 아테네 시대를 중심으로 하여, B.C. 5세기 후반 들어서부터 이전까지 자연을 대상으로 하던 철학은 인간문제를 대상으로 삼게 되었다. 프로타고라스(Protagoras, B.C. 485?~B.C. 414?)와 고르기아스(Gorgias, B.C. 483?~B.C. 376)가 이런 변화의 첫발을 내디딘 사람이었는데, 결코 객관주의적인 해답은 얻을 수 없다는 상대주의의 입장에 있었다. 이에 반해 인간의 영혼을 철학의 주제로 삼은 것은 소크라테스였다. 그 근본 사상은 '덕(德)은 지(知)'라는 것이었고, 제자인 플라톤은 이데아론 사상을, 그의 사상을 이어받은 제자인 아리스토텔레스는 독자적인 철학체계를 만들게 되는 데, 이시기의 철학

프로타고라스(Protagoras, B.C. 485~B.C. 414)
트라키아 아브데라에서 출생한 고대 그리스 철학자로서 소피스트로 자칭한 최초의 인물이다. 그의 유명한 인간척도설은 플라톤에 의해 '인간은 만물의 척도이다. 존재하는 것에 대하여는 존재하는 것의, 존재하지 않는 것에 대하여는 존재하지 않는 것의'라는 말로 전해진다.

이 말의 해석은 여러 갈래이나 일반적으로는 진리의 기준을 개개의 인간의 감각에서 찾으려는 것으로 보는 해석이 유력하며, 그 때문에 이 말은 절대적인 진리의 존재를 부인하고 상대주의를 표방하는 것으로 풀이된다. 그는 우주의 이치에 관해서 과학이 주장하는 것에 회의를 품었고, 신의 존재에 대해서도 불가지론(不可知論)의 태도를 취하였다.

이 고대철학의 최고 전성기였다고 할 수 있다.

제 3기는 헬레니즘과 로마시대의 철학으로써 주로 아리스토텔레스 사후부터 고대말까지의 철학을 말한다. 이 시기 초에는 키프로스의 제논이 창시한 금욕주의인 스토아학파, 에피쿠로스(Epikouros, B.C. 342?~B.C. 271)를 창시자로 하는 쾌락주의인 에피쿠로스학파(Epicurean school), 피론(Pyrrhōn,B.C. 360?~B.C. 270?)이 창시한 회의학파(skeptikoi)가 있었으며, 이들은 인간 이상의 초월적인 신을 찾고 구원을 얻으려 한다. 피론의 철학, 신플라톤학파의 철학이 그 대표적인 것이다

이처럼 자연철학과 함께 소피스트들이 급부상한 계기는 페르시아 전쟁 이후, 아테네를 기점으로 정치적 · 경제적인 급속한 발전을 계기로 봉건적 귀족제도가 붕괴되고 민주제도가 형성되는 시기였으며, 이와 함께 당시 아테네의 황금시기(golden age)에 영향력 있는 정치인이었던 페리클레스(Pericles, B.C.495~B.C.429)의 문화정책(B.C. 460~B.C. 429)때문으로 볼 수 있다.

당시 소피스트의 대표적 인물로는 트라키아(Thrace)지방의 아브데라(Abdera)학교 출신인 프로타고라스(Protagoras, B.C.490~B.C.420)를 손꼽을 수 있다. 그는 "존재하는 것에 대하여는 존재하는 것의, 존재하지 않는 것에 대하여는 존재하지 않는 것(Man is the measure of all things : of things which are, that they are, and of things which are not, that they are not)"의 뜻으로 '인간은 만물의 척도' 라는 말을 남겼다.

이 말의 해석은 여러 갈래이나 일반적으로는 진리의 기준을 개개의 인간의 감각에서 찾으려는 것으로 보는 해석이 유력하며, 그 때문에 이 말은 절대적인 진리의 존재를 부인하고 상대주의를 표방하는 것으로 풀이된다. 그는 우주의 이치에 관해서 과학이 주장하는 것에 회의를 품었고, 신의 존재에 대해서도 불가지론의 태도를 취하였다. 프로타고라스가 주장한 교육의 목적과 방법 철학 사상의 골자를 이루는 주관주의는 플라톤이 쓴 '테아이테토스(Theaitetos, B.C. 368경)' 에서 많은 비판을 받게된다.

이처럼 초기 소피스트들은 진리의 상대성을 주장하여, 사람은 판단

고르기아스(Gorgias, B.C. 483~B.C. 376)
시칠리아섬 출신의 고대 그리스의 철학자로서 대표적인 소피스트였다. 엠페도클레스의 제자가 되지만, 엘레아의 제논의 영향도 많이 받아 '비유에 관하여' 라는 저서에서는, "아무것도 존재하지 않는다, 존재한다 하여도 이해되지 않는다, 이해된다 하여도 남에게 전할 수가 없다" 는 것을 논증하려고 하였다

에피쿠로스(Epikouros, B.C. 342?~B.C. 271)
고대 그리스의 철학자로서 35세 전후에 아테네에서 학원을 열었으며, '에피쿠로스 학원' 이라 불렀고, 공동생활을 통해 '문란하지 않은 생활(아타락시아)' 실현에 노력하였다. 원자론을 기초로 하는 에피쿠로스의 방대한 체계는 감각적인 쾌락을 물리치고 간소한 생활 속에서 영혼의 평화를 찾는 쾌락주의를 통해 윤리적 생(生)의 실현을 초점으로 하였다.

에피쿠로스학파(Epicurean school)
에피쿠로스가 죽은 뒤 이 학파는 약 600년간 계속되었으나 감각적인 쾌락을 물리치고 간소한 생활 속에서 영혼의 평화를 찾는 쾌락주의를 통해 윤리적 생(生)의 실현을 초점으로 하였음에도, 쾌락주의라는 기치(旗幟) 때문에 많은 오해와 비난을 받았다. 근세에 들어서 P.가생디가 에피쿠로스 철학을 부흥, 이것이 J.로크를 통해 영국 경험론으로 이어지게 되었으며, 오늘날 쾌락주의자라는 뜻으로 쓰이는 '에피큐리언' 은 원래 '에피쿠로스의 무리' 라는 뜻이다.

회의학파(skeptikoi)
피론과 그의 제자 티몬이 제창하였으며, 스토아학파 · 에피쿠로스학파와 마찬가지로 마음의 평정을 유지하면서 사는 것을 이상으로 추구하고, 이를 위해서는 회

하는 기준에 따라, 또 장소와 시간에 따라 동일한 것도 다르게 판단한다고 보았다. 다시 말하면 사람들 각자의 감각에 의해 파악된 세계가 곧 자신에게는 참된 세계이며, 각자가 참이라고 생각하는 것이 그대로 참이기 때문에 인간에게는 보편적인 참과 거짓, 선과 악이 없다는 주장이었다.

그러나 그들이 실제로 가르친 것은, 개인이나 국가에 대해 선이란 이런 것이라는 지혜가 아니라, 선에 대해서는 아무것도 모르면서 선한 자인 체하는 기술만을 가진 데 불과하다는 비판을 받게 된다. 이러한 초기 소피스트들의 몰락과 함께 보편적인 진리를 밝히려는 철학자들의 등장에 따라 기존 소피스트들의 주장은 새로운 국면을 맞게 되는데, 그 중심에는 소크라테스(Socrates, B.C.469~B.C.399)가 있었으며, 플라톤(Platon, B.C.428/427~B.C.348/347), 아리스토텔레스(Aristotele, B.C.384~B.C.322)가 그 뒤를 잇는 대표적 인물들이다. 이후 비판을 일삼는 소피스트들을 '궤변을 일삼는 무리'를 의미하는 '궤변학파'라고도 불리게 된다.

플라톤(Platon, B.C.428/427~B.C.348/347)

당시 그리스 철학자들의 관심은 주로 우주의 원리에 치우쳐 있었는데, 소크라테스가 인간의 외면과 내면의 이율배반에 존재의 본질이 있다고 주장함으로써, "캐묻지 않은 삶은 살 가치가 없다"는 비로소

의(skepsis)에 안주(安住)하여야 한다고 생각한 헬레니즘 시대의 철학파 중 한 계파이다. 이들은 인간의 인식은 모두 상대적이어서 진리를 알 수는 없고 어떤 주장에도 반드시 반대 주장이 성립된다고 논하고 "아무것도 결정하지 않는다"라는 표어를 내걸고 '판단중지(判斷中止 : epokō)'를 권장하였다. 이 학설은 아르케실라오스, 카르네아데스 등의 신(新)아카데메이아를 통하여 키케로에게도 영향을 주었고, 또한 아이네시데모스, 아그리파, 섹스투스 엠페이리코스 등의 신(新)회의학파로 이어졌다

피론(Pyrrhōn,B.C. 360?~B.C. 270?)
헬레니즘 시대의 그리스 철학자로서, 회의론의 시조로 불리며, 회의론을 의미하는 '피로니즘(Pyrrhonism)'이라는 말은 그의 이름에서 유래한다. 데모크리토스류(流) 사상에 감명을 받고 인도의 현인들과도 교류하였다. 모든 판단을 성급하게 해서는 안된다고 가르치는 회의론도, 그 이상(理想)은 처음부터 아타락시아(ataraxia : 마음을 어지럽히지 않는 일)에 있었다.

페리클레스(Perikles, B.C. 495?~B.C. 429)
고대 아테네의 정치가 · 군인으로 민주정치의 기초를 마련했다. B.C. 443년에는 스토라테고스(장군직)에 선출되어 '지상의 제우스'라고 불렸으며, 당시체제는 민주정(民主政)이나 사실은 페리클레스의 1인 지배라 할 정도로 아테네의 최성기를 누렸다.

테아이테토스(Theaitetos)
고대 그리스 철학자인 플라톤(Platon)의 후기 인식론 저작으로써 여기서 주로 다룬 문제는 지식이란 무엇인가, 어떤 것에 대해 안다는 것은 무엇인가 하는 문제이다. 이 대화편에서 플라톤은 알지 못하면

서 알고 있는 것으로 생각하지 말아야 한다는, 즉 진정한 지식은 바로 이 깨달음에서 출발한다는 것을 설명하고 있다.

궤변(Sophism)
궤변이란 말은 그리스 어인 Sophistik로서 궤변학파에서 비롯된 말이다. 궤변학파는 원래 '지혜로운 사람'이라는 뜻을 갖고 있었지만, 후세에 이르러 목적을 위해 논리적인 규범을 무시하고 아무렇게나 둘러대어 합리화시키려는 허위적인 변론을 일컫는 말이다.

자신과 자기 근거에 대한 물음이 철학의 주제로 대두되기 시작하였다. 이런 의미에서 소크라테스는 내면(영혼, psychō) 철학의 시조라 할 수 있다.

그는 인간을 완성시키는 데 제한된 지식을 가질 수 있다고 믿었으며, 사람들이 어떻게 살아야 하는 가에 대해서 확고한 이론도 세우고 있었다. 사람들은 교육에 의해 진정한 '자아'와 '선'이 무엇인가에 대한 지식을 얻을 수 있고 따라서 그렇게 행동할 수 있게 된다. 또한 소크라테스에 의하면, '선'이란 일종의 지식으로, 우주 자체의 구조로 어느 정도 기호화될 수 있는 자연적인 도덕적 사실들이기 때문에 일단 이것들이 알려졌다면, 누구든 나쁜 짓을 할 수 없었을 것이고, 나쁜 사람이란 단지 무지한 사람일 뿐임을 의미한다.

특히 소크라테스는 소피스트의 주장이 참인지 아닌지를 검토하기 위해 물음과 답에 의한 대화방식을 택하였다. 이 방식으로 그는 서로의 의견을 교환하여 수정을 통해서 하나의 진리에 도달하게 하였다. 소크라테스는 지식과 행위의 일치를 주장하였으며, 하여야 할 것을 알면서 그 반대의 행위를 하는 자는 지자일 수 없다고 보았다.

이처럼 그는 거리에서 사람들과 철학적 대화를 나누는 것을 일과로 삼았는데, 이러한 내용들은 훗날 그의 제자였던 플라톤과 크세노폰(Xenophon. B.C.431~B.C.355)에 의해 '소크라테스의 문답법(Socratic dialogues)'으로 전해지고 있다.

크세노폰(Xenophōn,B.C. 430?~B.C. 355?)
아테네의 훌륭한 가문에서 태어나 일찍이 소크라테스 문하생이 되었으나, 스승이 가르치는 깊은 진리는 이해하지 못하였던 것 같다. 그리스 역사가로서, B.C. 401년 페르시아왕의 동생 키로스가 일으킨 전쟁에 참전해 겪은 일을 '아나바시스'에 썼다. 이후 스파르타 왕의 호의를 얻어 스킬루스에 살며 저술에 전념했다. 크세노폰의 작품은 일찍부터 아티카 산문의 모범으로 존중되었으며, 스승의 추상기(追想記)인 '소크라테스의 추억' 등이 남아 있다.

소크라테스는 결국 고발되어 B.C.399년 재판에서 사형을 선고받았다. 소크라테스는 "악법도 법이다(Dura lex, sed lex)"라는 말로 유명하지만, 소크라테스는 이 말을 한 적이 없다고 하며, 단지 '변명(Apology)'에서 법정이 철학을 포기한다면 석방해주겠다는 제안을 하더라도 자신이 철학을 하는 이유는 신의 명령이기 때문에 그러한 결정을 받아들일 수 없다고 했다.

소크라테스
(Socrates, B.C.469~B.C.399)

소크라테스가 죽던 해인 B.C.399년 그의 제자였던 유명한 한 철학자가 여행을 떠난다. 그가 바로 20세부터 소크라테스에게서 철학을 배웠던 플라톤(Platon, B.C.428/427~B.C.348/347)이었다.

20세기의 대표적인 철학자인 영국의 화이트헤드(Alfred North white head, 1861~1947)는 "유럽의 철학적 전통은 플라톤에 대한 일련의 각주(주석)로 이루어져있다." 라고 말했으며, 또한 '문학적 철인' 으로 추앙받는 미국의 사상가이자 시인인 에머슨(Ralph Waldo Emerson, 1803~1882)은 "철학은 플라톤이고, 플라톤은 철학" 이라 평하였듯이, 이들이 오늘날 서양 철학전반에 미친 영향은 그야말로 그 어떤 철학자보다도 지대하다고 할 수 있다.

화이트헤드(Alfred North Whitehead, 1861~1947)

영국의 램즈게이트케 출생의 수학자이며, 철학자이다. 케임브리지대학에서 수학을 전공한 후 미국 하버드대학에서 철학 교수를 역임하였다.

초기에는 G.W.라이프니츠, L.A.쿠튀라, H.G.그라스만 등의 영향을 받아서 수학적 논리학(기호논리학) 분야에 주로 관심을 갖기시작했으며, 버트란트 러셀을 만나서 수학의 논리적 기초를 확립(수학원리, Principia Mathematica)하였다. 이어 근대의 새로운 자연과학, 특히 물리학의 철학적 기초를 고찰하여 '자연인식의 제원리, An Enquiry Concerning the Principles of Natural Knowledge' (1919) '자연의 개념, The Concept of Nature' (1920) 《상대성 원리, The Principle of Relativity》(1922)를 집필하여 사상의 개념을 사용해서 자연에서의 모든 사상 상호간의 확급(擴及) 및 상입(相入)의 원리를 구명하였는데, 그는 이러한 자연과학에서도 항상 경험과 구상성을 존중하고, 사변적 · 추상적 태도를 배척하였다.

특히 미국에서 '과학과 근대 세계 Science and Modern World' (1925) '관념의 모험 Adventures of Ideas' (1933)은 유기체(organism)' 의 개념을 중핵으로 하는 그의 발전적 · 창조적 형이상학을 전개한 것이다.

에머슨(Ralph Waldo Emerson, 1803~1882)

미국 사상가 겸 시인. 자연과의 접촉에서 고독과 희열을 발견하고 자연의 효용으로서 실리(實利) · 미(美) · 언어(言語) · 훈련(訓練)의 4종을 제시했다. 정신을 물질보다도 중시하고 직관에 의하여 진리를 알고, 자아의 소리와 진리를 깨달으며, 논리적인 모순을 관대히 보는 신비적 이상주의였다. 특히 그의 사상은 과학이 미래의 종교를 좌우하는 열쇠가 된다는 확신 때문에 선험철학주의(先驗哲學主義)라고 불리게 되었다.

그는 1837~1838년 하버드대학교와 케임브리지대학교의 강연을 통해 '생각하는 인간' 으로서의 이상상(理想像)과 직관에 의한 진리의 인식을 주장하는 등 유럽문화로부터의 지적 독립과 자기신뢰를 주장함으로써 급진사상가로서 주목받기도 했다.

그를 중심으로 조직된 '초월주의자 클럽' 을 중심으로 하여 1836~1847년에 걸쳐 초월주의운동(超越主義運動)을 추진하였는데, 그것은 신플라톤주의, 독일 관념론, 동양의 신비주의의 영향하에서 정신을 물질보다도 중시하고 직관에 의하여 진리를 알고, 자아의 소리와 진리를 깨달으며, 논리적인 모순을 관대히 보는 신비적 이상주의였다.

최초의 철학자들인 밀레토스 학파는 주로 물질적인 자연의 구성에만 관심을 가졌을 뿐 도덕의 기초에는 관심이 없었다. 엘레아 학파의 파르메니데스와 제논 역시 실재(being)란 하나의 변화하지 않고 단일한 실재, 일원론 개념에 몰두하고 있었다. 반면에 그와는 다르게 피타고라스학파와 헤라클레이토스는 실재는 항상 변화하고 유전하는 것으로 파악했고, 또한 그 실재가 다양한 사물들로 구성되었음을 보여 주었다. 이에 대해 소크라테스와 소피스트들은 물질적인 자연에는 거의 관심을 갖지 않았지만, 그 대신 철학을 도덕의 영역으로 개편하였다. 이러한 측면에서 플라톤의 그 이전의 모든 담론과 모든 관심을 하나의 통합된 사상 체계로 이끌었다는 측면에서 그 위대성이 가장 높이 평가받고 있다.

플라톤은 다양한 사물들에 대한 상식적인 인식에서 출발하여 그 수

이데아(idea)
플라톤 철학의 기본 개념이며, 이데인(idein : 보다, 알다)에서 파생된 말로써, 원래는 '보이는 것', 모양·모습, 그리고 물건의 형식이나 종류를 의미하기도 했다. 플라톤 철학에서는 육안이 아니라 영혼의 눈으로 볼 수 있는 형상을 의미하기 때문에 아이데스(보이지 않는 것)라고 불리며, 이성(理性)만이 파악할 수 있는 영원불변하고 단일한 세계를 이루어, 끊임없이 변천하는 잡다한 감각세계의 사물과는 구별된다. 특히 이데아는 플라톤의 제자 아리스토텔레스의 비판처럼 보편개념의 실체화 또는 개념실재론이라 하여 논란의 대상이 되었다

많은 사물들의 이치를 파악하기 위해 정신은 우선 이 현상적인 사물들이 움직이는 이유를 발견해야 한다는 사실을 깨달았던 최초의 인물이었다.

플라톤은 그의 스승인 소크라테스의 최후를 지켜보며 소크라테스가 추구했던 보편적인 것이란 인간의 감각에서 얻어지는 것이 아니고, 눈으로 확인 할 수 있는 것만이 참된 존재인 사물들의 배후에 존재하는 세계인 '이데아(idea=idein : 보다, 알다)'의 세계에 주목하였다.

여기서 '이데아'라는 것은 어디까지나 플라톤이 자신의 스승이 주장했던 '진리'에 대한 비판적인 논쟁으로써 소피스트의 역설에 관한 모순을 타파하고자 내건 형이상학적 객체의 본질, 혹은 진리를 뜻한다.

또한 플라톤은 감각이라는 것은 어디까지나 존재자의 존재 상태에 따라서 상대적으로 해석될 수 있기 때문에 이성적으로 이데아를 도출할 수밖에 없다고 주장한다.

그리고 현상의 세계는 이데아를 모방한 것이기 때문에 육체적 감각으로 이데아를 도출할 수 없고, 영혼의 능력인 이성을 중요시해서 이데아의 세계를 지향해야 한다고 보았다. 이처럼 플라톤의 세계관은 이데아의 세계와 현상의 세계로 구분되는 이분법적인 세계를 포함하고 있었다.

플라톤은 이러한 이데아의 세계와 현상의 세계를 '국가론(Politeia)'에서 '목수와 탁자'를 예로 들어 설명하고자 한다. 그는 목수가 만든 실제 탁자와, 목수 마음속에 있는 탁자에 대한 생각이나 개념사이의 관계에 주목했다. 목수는 자신이 만들 각각의 탁자를 가능하면 자신의 마음속에 있는 생각에 맞도록 만들려고 하지만, 재료상의 한계 때문에 항상 불완전하게 만들 수밖에 없다. 따라서 목수가 만든 어떤 탁자도 서로 동일할 수는 없다. 목수와 탁자간의 관계는 '신성한 장인' 인 '조물주(demiourgos)'와 우주와의 관계로 유추해서 생각할 수 있다. 조물주가 어떤 생각과 계획에 의해서 우주를 만들 때에도 그 복제품은 재료에 내재된 한계 때문에 항상 불완전하다. 즉, 완전한 개념을 포함하는 이데아의 영역과 이들 이데아가 불완전하게 복제되는 물질세계가 존재하게 된다.

또한 피타고라스(Pythagoras B.C. 570 경) 학파는 플라톤의 형상의 개념 및 이데아와 관련된 모든 철학적 진보와 발전에 많은 영향을 받았다. 특히 수학을 중시하는 플라톤의 태도는 4원소를 가장 간단한 입체모형으로 설명하는 소위 '기하학적 원자론'에서 더욱 분명하게 나타난다. 플라톤은 우주이 물질현상은 바로 정다면체의 기하학적 도형이라고 주장했다. 불은 정4면체, 공기는 정8면체, 물은 정20면체, 흙은 정 6면체로 이루어져 있다고 말했다. 정다면체는 4개가 아니고 5개이기 때문에 또 하나의 원소가 있어야 하는데 제5원소는 정12면체이며 이는 하늘을 구성하는 원소라고 말했다.

피타고라스학파는 "만물은 수(數)" 라는 매우 폭넓은 개념으로 만물의 기원이나 존재를 주장하였으며, 그들이 철학에 미친 가장 의미있는 공헌은 형상(form)의 개념이었다. 그들은 수나 도형은 모든 원소들의 적절한 균형과 관련된 것이며, 따라서 수는 무한적인 것(질료)에 대한 한계(형상)의 적용을 보여주는 것이라 주장하였다.

소크라테스는 겸허하고 포용력 있게 선한 삶을 이룰 수 있는 조건들을 이해하고 그에 순응하는 올바른 방식에 대한 끊임없는 의문을 제기하였다. 비록 그가 실제로 자신의 제자들을 거느린 적도, 작품을 남긴 적도 없었지만, 그는 바로 플라톤의 철학적 삶을 위한 지표가 되었으며, 플라톤의 저술에 의해 거의 완전한 결실을 이룰 수 있었다.

소크라테스와 마찬가지로 플라톤 역시 완전한 지식이나 절대적 진리를 발견했다고 생각하지는 않았으며, 지식에로 향하는 가장 확실한 방법은 '변증법(Dialectics)'이라는 확신만을 갖고 있었다. 변증법이란 대화의 기술로서, 한 가정(assumption)이나 가설(hypothesis)을 끊임없이 반대 주장과 대비시키는 기술이다.

변증법(dialectic)
대화술 · 문답법이라는 뜻을 갖고있는 그리스어 dialektikē에서 유래하였으며, 동일률(同一律)을 근본원리로 하는 형식논리에 대하여, 모순 또는 대립을 근본원리로 하여 사물의 운동을 설명하려고 하는 논리이다.

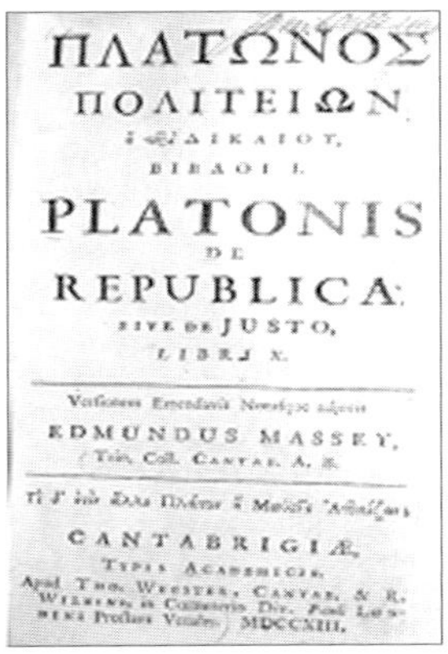
ΠΛΑΤΩΝΟΣ
ΠΟΛΙΤΕΙΩΝ
PLATONIS
DE
REPUBLICA:
SIVE DE JUSTO,
LIBRI X.
EDMUNDUS MASSEY,
CANTABRIGIÆ,
MDCCXIII.

플라톤은 자신의 저술들을 대화의 형식으로 서술함으로써 소크라테스의 변증술을 보존했고, 자신의 형이상학 체계와 자연 및 실재론을 통해 소크라테스의 도덕적 관심을 승화시켰다. 이러한 인간의 관심의 세 측면은 윤리학, 정치학, 종교라는 세 가지의 분리된, 그러면서도 서로 연관된 분야들에 의해 취급되어야 하는 것이었다. 플라톤은 자신의 인식론을 물리학, 형이상학, 윤리학, 정치학, 종교 문제, 그리고 예술론과 결합시켜 보다 체계적인 방식으로 탐구했다.

플라톤의 사상 발전을 정확히 이해하기 위해서는 대화편들이 저술된 순서가 무엇보다 중요하다. 그러나 불행하게도 플라톤 자신은 그 순서에 대해 거의 언급하지 않았기 때문에 현대 학자들이 플라톤의 문체상의 특징에 준해서 분류한 순서에 의존 할 수밖에 없는 점이 다소 애석하지만, '소피스테스(Sophistes)', '테아이테토스(Theaitetos)', '향연(Symposion)', '국가(Politeia)', '프로타고라스(Protagoras)' 등이 그 대표적 작품들이다.

플라톤은 자신의 대화편(dialogues)들을 거의 완성하던 시기인 B.C. 387년경에 아테네 근교에 아카데미아(Akademeia)학원을 세웠다. 어떤 의미에서 그 학원은 서구의 역사상 최초로 출현한 대학이었으며, 플라톤은 이곳에서 20년 동안 때로는 학장을 역임하면서 좁은 의미의 철학에만 제한하지 않고, 수학이나 수사학과 같은 다양한 분야에 관해 광범위하게 탐구하며 교육하다가 B.C. 348(또는 347)년에 생을 마감한다. 아카데미아는 플라톤이 죽은 뒤에도 2세기 반 동안 지적 삶의 중심지로 남아 있었다.

아리스토텔레스(Aristotele, B.C.384~B.C.322)

아리스토텔레스는 B.C. 384년 마케도니아(Macedon)에 인접한 칼키디케(chalcidice)반도의 작은 도시 스타기라(Stagira)에서 출생하

아테네의 학교풍경

였으며, 아버지가 마케도니아의 아민타스(Amyntas)왕의 주치의였던 탓에 어릴 때부터 의술을 견습하는 등 자연스럽게 마케도니아의 사상을 접할 수 있었다. 아리스토텔레스는 18세 때 아테네로 나가 플라톤의 (Akademeia)학원에 들어갔으며, 그 곳에서 자신의 스승이 죽을 때까지 20년간을 머물며 플라톤의 사상을 수학한다.

아리스토텔레스는 B.C. 343년경에 마케도니아 왕 필리포스 2세(Philippos II, B.C. 382~B.C. 336)의 초청으로 왕자 알렉산드로스 3세(훗날 알렉산드로스 또는 알렉산더 대왕)의 가정교사로 부임했다. 그는 그곳에서 국가제도와 정책 등을 연구하다가 부왕이 죽고 알렉산더가 왕위를 계승하자 아테네로 돌아와서, B.C.335년에 마케도니아의 정치가이자 장군이었던 안티파트로스(Antipatros, B.C.397~B.C.319)의 지원으로 아폴론 신전 부근의 리케이온(Lykeion)에 학원을 설립한 후 그 다음 해부터 12년간 학원을 관장한다.

이 당시 아리스토텔레스는 주로 숲속의 산책로 페리파토스(Peripatos, 소요산책의 뜻)를 거닐면서 철학에 대해 토론하였는데 이러한 이유에서 그의 학파는 소요학파(peripatetic)라 불리게 되었다.

그 후 B.C. 323년에 알렉산드로스대왕(Alexandros the Great, B.C. 356~B.C. 323)이 말라리아에 걸려 사망하자, 소크라테스가 아테네의 법정에 불경죄로 기소되었던 것과 마찬가지로 아리스토텔레스도 불경죄로 고소되었으나, 그는 "아테네 시민들이 철학에 대해 또 한 번 죄를 저지르지 않도록 하기 위해" 라고 말하면서 리케이온을 떠나 칼키스(Chalcis)로 피신했고 그곳에서 오랜 지병이었던 위장병으로 사망하였다.(B.C. 322년)

리케이온(Lykeion)
그리스 아테네에 있었던 아폴로 · 리케이우스 신전 근방의 성벽으로 둘러싸인 김나지움(교육기관)과 정원의 명칭으로써, 아리스토텔레스가 이곳에서 학문을 가르쳤기 때문에 그의 철학학교의 이름으로 사용되었으며, 나중에는 많은 나라에서 학교를 가리키는 말로 사용되었다

알렉산드로스대왕(Alexandros the Great, B.C. 356~B.C. 323)
필리포스 2세와 올림피아스의 아들로서 알렉산더대왕, 알렉산드로스 3세라고도 하며, 마케도니아의 왕(재위 B.C. 336~B.C. 323)으로써, 그리스 · 페르시아 · 인도에 이르는 대제국을 건설하여 그리스 문화와 오리엔트 문화를 융합시킨 새로운 헬레니즘 문화를 이룩하였다.

아리스토텔레스학파(Aristotelian School)
아리스토텔레스와 그의 제자들을 일컫는 말로 페리파토스학파라고도 하고, 아리스토텔레스가 아테네 교외에 개설한 학원 가까이에 아폴로의 리케이온(Lykeion) 신전(神殿)이 있었기 때문에 리케이온이라고 불리었다. 아리스토텔레스주의는 13세기의 토마스 아퀴나스에 의해 가톨릭교회 공인의 철학이 됨으로써 크게 성하였다. 근세철학이 대두되면서 아리스토텔레스주의는 쇠퇴하였으나 19세기의 고전문헌학이 번창하면서 아리스토텔레스에 대한 주석은 다시 성해지고, 신(新)스콜라 철학의 등장과 함께 오늘날도 아리스토텔레스주의를 표방하는 학자가 많다.

학문(science)이란 말의 어원은 '안다'라는 동사(scio)에서 나온 명사이다. 따라서 어원적으로 말하면, 학문이란 말은 지식보다는 넓은 의미로 사용되어야 한다. 그러나 실제로는 지식이라는 말이 오히려 학문보다 우위수준으로 해석되는 경우도 종종 있다. 이러한 측면에서 아리스토텔레스가 남긴 저술들은 학문적이라기보다는 경험적 현실을 중요시한 지식에 가깝다고 볼 수 있다. 따라서 그가 남긴 지식의 세계는 자연학에서부터 논리학 · 윤리학 · 정치학 · 시학에 이르기까지 매우 다양하며, 작품의 체계성과 연구 방법론들 또한 오늘날에 이르기까지 모든 학문의 원형이자 모델로 통한다.

아리스토텔레스의 스승인 플라톤(Platon, B.C.428/427~B.C.348/347)은 이원론을 주장한 고대 관념론의 대가였다. 그는 이오니아의 유물론적인 과학적 전통을 정면으로 반박했다. 그는 현상의 세계는 불변불멸인 천상의 세계, 즉 이데아의 세계의 복사판에 불과하다며 우리가 살고 있는 세계는 가상의 세계이고, 실제 세계는 이데아의 세계라고 주장했다. 또한 플라톤은 지구와 멀리 떨어진 우주에도 완벽한 본질의 세계이자 이데아의 세계가 존재하기 때문에 우주는 창조주의 수학적 설계에 의해 기하학적인 조화로 지배되는 곳이라고 했다.

뿐만 아니라 플라톤은 이데아의 세계를 받아들이는 이성을 강조한 반면 감성에 의해 받아들이는 실험이나 관찰은 낮게 평가 했다. 따라서 이러한 플라톤의 주장에 따른다면, 이데아의 세계에 대한 탐구만이 진정한 의미에서의 학문이며, 우리가 살고 있는 세계에 대한 탐구는 진정한 의미에서의 학문일 수밖에는 없다.

그러나 이처럼 이데아를 중시했던 플라톤과는 달리 아리스토텔레스는 사물과 그 본질은 분리 할 수없는 것으로 보고, 플라톤이 낮게 평가했던 자연계와 물질계의 운동을 객관적으로 파악하고 그 원인을 추구함으로써, 당시 사람들의 관심을 이상세계에서 현실세계로 관심의방향을 바꾸었다. 이러한 의미에서 아리스토텔레스가 서양 철학사에 남긴 업적과 영향은 고대 그리스 철학의 완성자이며, 모든 학문의 통합자로서 자연과학의 탄생에 가장 크게 기여한 위대한 철학자로서의 학문적 기원이라는 데는 반박의 여지가 없을 것이다.

헤겔(Georg Wilhelm Friedrich Hegel, 1770~1831)

특히 아리스토텔레스는 플라톤의 아카데미아에 체류하는 동안 가장 뛰어난 능력을 발휘하면서 우아한 필체로 많은 작품과 대화편을 저술했지만, 오늘 날까지 전해지는 것은 단지 50여편에 불과하다. 그러나 로마의 정치가이며 철학자였던 키케로(Marcus Tullius cicero, B.C.106~B.C.43)가 '황금의 강(a river of gold)라고 칭송할 만큼 아리스토텔레스의 문학과 대화편의 문체는 뛰어났다고 한다.

또한 이러한 아리스토텔레스의 작품을 두고 독일 관념철학의 완성자로 칭송받고 있는 게오르크 헤겔(Georg Wilhelm Friedrich Hegel, 1770~1831)은 "아리스토텔레스는 지금까지 역사에 등장한 가장 풍부하고 심원한 천재 학자 가운데 한 사람이었다. 어느 시대도 그에게 필적할 만한 것을 내놓지 못했다." 라는 찬사를 남겼다.

아리스토텔레스는 제자들과 학원 주변을 산책과 사색을 통해 인식의 확실성보다는 인식의 다양성을 설명하였으며, 존재(being)보다는 생성(becoming)을, 관념(idea)보다는 사물(substance;ousia)에 관심을 갖고 경험적 현실을 강조하려 하였으며, 모든 형상은 물질 속에 존재한다는 관점에서 강론을 이끌어 나갔다. 아리스토텔레스는 이러한 모든 사물(substance)에 대해서, '사물이 현재 존재하는 것'이게 하는 '형상(forme ; form)'과 '형상을 지탱하여 주는' '질료(matière; matter)'의 두 가지 측면으로 구별하였다.

당시 플라톤이 초감각적인 이데아의 세계를 존중한 것에 대해, 아리스토텔레스는 인간에게 가까운, 감각되는 자연물을 존중하고 이를 지배하는 원인들의 인식을 구하는 현실주의 입장을 취하였다. 아리스토텔레스는 훗날 이러한 플라톤의 이데아론을 가장 혹독하게 비판할 만큼 독자적인 자신의 철학세계를 구축하였다.

아리스토텔레스의 철학 사상을 대표하는 '단어'들로서 '형이상학', '존재론', '제1철학', '신학'에 관한 것들을 들 수 있다. 그러나 아리스토텔레스 생전에는 '형이상학'이나 '존재론'이란 단어가 사용된 적이 없다. 그가 직접 사용한 단어는 '제1철학'과 '신학'뿐이며,

관념론(idealism)
관념론은 물질과 의식, 존재와 사유 중에서 의식, 사유가 1차적이고 규정적이라고 보는 철학조류이다. 관념론은 의식 밖에 사물현상이 객관적으로 존재한다는 것을 부인하며 현실세계와 모든 것을 '의식', '절대이념', '세계정신'의 산물이라고 본다.

키케로(Marcus Tullius Cicero, B.C. 106~B.C. 43)
라티움의 아르피눔 출생하여, 로마와 아테네에서 공부한 고대 로마의 수사학의 대가이자 고전 라틴 산문의 창조자이며, 보수파 정치가이다. 카이사르와 반목하여 정계에서 쫓겨나 문필에 종사하면서 그리스어를 번역하여 새로운 라틴어를 만들고, 그리스 사상을 로마로 도입하였다.

존재론(ontology)
라틴어로는 'ontoligia'라고 하는데 이것은 그리스어의 'on(존재자)'과 'logos(논)'로 이루어진 합성어로 데카르트파의 철학자 J.클라우베르크(1622~1665)가 처음으로 썼다. 고대 그리스의 최초의 철학자가 모든 사물의 시초가 무엇이냐고 물었을 때, 그것은 사물의 존재에 선행(先行)해서 존재하는 사물 이외의 힘(신들)에 의해 사물의 존재를 설명(신화적 해석)하지 않고, 사물의 존재를 있는 그대로 보는 전체적인 추구라고 했다. 이런 의미에서 그리스철학은 그 시초부터 이미 존재에 대한 추구에서 출발했다고 볼 수 있다.

'형이상학'은 아리스토텔레스의 제자였던 페리파토스(Peripathos)학파의 로즈(Andronicos de Rhodes, B.C. 70년경)가 아리스토텔레스의 저작을 수집 정리하고, 분류하여 출판하면서 처음으로 사용한 용어이고, '존재론(ontology)'은 독일의 계몽기철학자로서 라이프니츠(Gottfried Wilhelm von Leibniz, 1646~1716)의 제자였던 볼프(Christian Wolf, 1679~1754)가 아리스토텔레스의 작품을 당시 철학계에 전달하며 처음으로 사용한 용어이다.

라이프니츠(Gottfried Wilhelm von Leibniz, 1646~1716)

라이프치히에서 출생한 독일의 철학자·수학자·자연과학자·법학자·신학자·언어학자·역사가이다. 특히, 수학에서는 미적분법의 창시로, 미분 기호, 적분 기호의 창안 등 해석학 발달에 많은 공헌을 하였다.

볼프(Christian von Wolf, 1679~1754)

독일계몽시대의 철학자·법학자이며, 철학사상 용어를 처음으로 독일어화하는 등, 학문지식을 일반 대중에게 보급시킨다는 계몽주의 정신을 구체화하였다. 또한 체계적 법이론의 구성을 주장하여 후대의 판덱텐 법학이나 개념법학의 형성에 결정적인 영향을 주었다.

아리스토텔레스에 의하면 여러 과학의 위계질서 속에서 "각각의 사물들이 행해져야 하는 목적을 아는 과학이 모든 과학 가운데 가장 권위 있는 과학이며, 어떠한 보조 학문들보다도 큰 권위를 갖는다."고 하였다. 따라서 과학은 특수한 영역을 고정시킴으로써 그 대상과 방법을 얻는 반면, 형이상학은 영역적·부분적인 지식이 아니라 보편적·전체적인 지식을 구한다. 형이상학은 특정한 것 대신에 보편적인 것에 관한 사항이기 때문에 가장 추상적 수준이며, 이러한 형이상학을 학문으로서 최초로 확립한 것은 아리스토텔레스이다.

아리스토텔레스는 지식을 '제작에 관한 지식', '실천적인 지식', '순수 이론적인 지식'의 세가지로 분류하였고, 다시 '순수 이론적인 지식'을 '자연학', '수학', '제 1철학'으로 분류하였다.

여기서 아리스토텔레스가 말한 '제작에 관한 지식'은 '시학' 그리고 '실천적인 지식'은 '윤리학'을 의미하고, '순수 이론적인 지식'은 지식자체, 즉 존재자의 존재를 탐구하는 지식을 의미한다. 그리고 순수 이론적인 지식은 다시 자연학과 같이 독립적인 실체이면서 생성에 종속되는 생성적 존재자 탐구하는 지식, 수학과 같이 생성으로부터 독립되어 있으면서 구체적 실재성을 갖지 않는 관념적인 것을 탐구하는 지식, 제 1철학과 같이 독립적인 실체이면서 생성으로부터 독립되어있는 존재 자체, 존재로서의 존재, 보편적이고 초월적인 존재를 탐구하는 지식으로 구별된다. 결국, 제 1철학, 신학, 존재론, 형이상학은 모두 이론적인 지식이 세 번째 단계에 속하는 존재로서의 존재, 존재자체, 보편적이고 초월적인 존재를 탐구하는 지식을 의미한다.

고대 그리스 철학의 본질적 의미는 변화무쌍한 초자연의 근원에 대한 존재근거로서 영원불멸의 실재를 구하려는 것이며, 이에 대해 그리스 철학자들이 언급한 가장 기본적인 주제는 정신의 대상이 되는 추상적 실재, 즉 형상의 존재와 성격, 즉 형이상학이었다고 할 수 있다.

'형이상학(ta biblia meta ta physica)' 이란 단어의 탄생과 의미에 대한 기록은 확실치 않다. 아리스토텔레스의 저술들 중에는 논리학과 자연학에 관한 저술 이외에 제목이 없는 14권이 있었다. 이 14권의 내용은 '존재' 에 관한 것이었고, 그 책 속에는 '제 1철학', '신학', '지혜(sophia)' 라는 말이 있다.

당시 페리파토스(Peripathos)학파의 철학자였던 로즈는 자신의 스승이었던 아리스토텔레스의 작품을 분류하면서, 이 14권에 대해서 자연학(ta physica) 다음(meta) 책(ta biblia)이라고 생각하고, 'ta (biblia) meta ta physica' 라는 제목을 붙였다고 하며, 이후 그리스어에서 라틴어로의 번역되는 과정에서 'metaphysica' 라는 제목을 갖게 되었다고 한다. 또한 중세의 스콜라 학파의 철학자들은 이러한 'metaphysica' 란 말에 또 다른 제 2의 의미를 부여하였다. 이는 그리스 어 'meta' 는 시간이나 장소를 나타내는 단순한 부사이외에 또 'supra(우월한)', 'trans(넘어선, 초월한)' 라는 뜻을 새롭게 추가함으로써, '존재에 관한 학문' 을 자연학이나 수학과 같은 자연과학을 '넘어선(transphysica)' 가장 높고 가장 우월한 학문이라고 생각하였다.

그러나 이들이 주장한 것처럼 '존재에 관한 학문' 은 플라톤의 '이데아' 와 같이 질료적이거나 감각적인 것을 초월한 지성적인 것이 아니라, 구체적인 실재라고 할 수 있기 때문에 감각적이고 물리적인 현상탐구에 머물지 않고, 존재의 내면적 실재성과 구체적인 풍요성을 논하고 있다. 이러한 이유에서 아리스토텔레스의 14번째 작품인 '형이상학' 은 경험을 초월한 학문적 작품이기 때문에, '제 1철학(first philosophy)' 이라고 하는 것이 적당할 것이다.

이처럼 '제 1철학(first philosophy)' 이라 부른 이유는 존재에 관한 학문은 그 대상의 탁월성에 있어서도 최고이고, 철학에서 차지하는 위치뿐 만 아니라 모든 철학의 근본이 되는 근본적인 철학이라고 할 수 있기 때문이다.

클라우베르크(Johann Clauberg, 1622~1665)

또한 아리스토텔레스의 14번째 작품 안에는 '신적인 학문(theologike episteme; divine science)', 즉 '신학'이라는 단어도 있었다. 물론 여기서 아리스토텔레스가 말하는 '신학'은 기독교인들이 말하는 '신학'과는 그 의미가 다르다. 아리스토텔레스의 순수한 실재, 즉 '순수 현실태(actus prus)'는 구체적이고 개별적인 사물을 초월하는 존재이지만, 이러한 초월적인 존재는 창조하고 구원하는 신은 아니니다. 이와 같이 신학이라는 표현은 제1철학과 마찬가지로 존재에 대한 학문을 부연하는 부분이라고 보는 것이 적합 할 것 같다.

'존재론(Ontologie)'이란 단어는 '존재에 관한 학문'을 정확하게 표현한 용어로서 서양에서는 가장 일반적으로 사용되고 있다. 그러나 '존재론'이란 말은 경험과는 관계가 없는 선험적인 지식으로써 관념론적인 의미가 너무 강하다는 비난을 받기도 한다. '존재론(Ontologia)'은 'onta(존재하는 것, einai의 분사형)'와 'logos(법칙, 논리, 학문)'를 합성하여 만들어진 용어로서, 이는 17세기 두이스부르크(Duisburg) 대학 교수로서 데카르트 철학의 옹호자였던 클라우베르크(Johann Clauberg, 1622~1665)가 처음으로 사용하였다.

이처럼 서양의 주류철학은 눈에 보이는 현상 너머의 보이지 않는 세계를 본질 혹은 실체로서 중시했으며, 변화무쌍한 세계를 가능하게 하는 비 물질적 세계(non-material world)의 궁극은 신(God the ultimate)으로 여겼다. 신은 모든 존재와 변화의 끝에서, 자신은 움직이거나 변화하지 않으면서 다른 모든 것들을 움직이는 초월자(transcendentalia)로 간주했으며, 아리스토텔레스는 이 같은 사유를 '제 1철학'으로 보았다.

고대로부터 많은 철학자들은 "자연은 무엇으로 구성되어 있는가?"라는 의문에 많은 노력을 해왔다. 특히 이러한 물질세계에 대한 노력은 궁극은 신(God the ultimate)만이 가능한 영원한 우주와 이에 따라 생성과 소멸이 존재하는 피조물의 세계로 엄격하게 구별되었다.

특히 고대 그리스 인들은 지구는 특별한 존재이며 하늘에서 일어나는 움직임은 지구상의 현상과는 관계가 없다고 가정했으며, 당시 이를 기초로 한 2두 종류의 가설이 지배적이었다.

그 첫 번째가 "우주의 중심은 지구이며, 지구는 움직이지 않는다"는 '천동설(geocentrism)', 즉 '지구중심설(the geocentric theory)'이며, 두 번째 가정은 "지구도 다른 행성들과 마찬가지로 태양주위를 돌며 자전 한다"는 '지동설(heliocentricism)', 즉 태양 중심설(the Copernican theory)이었다.

고대 우주관

아리스토텔레스가 생각했던 전체 우주는 크기가 다른 7개의 속이 텅빈 구로 이루어져 있다. 그 중심에는 지구가 위치하며, '달의 윗부분'은 '변화가 없고 완전한' '천상계(superlunar)'와 '불완전하며 변화가 있는' '달의 아래 부분'인 '지상계(sublunar)'의 두 부분으로 구분하였다. 또한 태양, 달, 그리고 별과 같은 천체물의 자연적 위치는 천구의 각기 다른 층에 고정되어 있고, 천구가 원운동을 함에 따라 이들도 함께 원운동을 하게 된다.

이처럼 지구의 중심에서 달의 위부분과 아랫부분을 상대적인 것으로 간주하고, 각각의 독특한 특성을 부여했던 아리스토텔레스의 시공간 개념에 의하면, 물체의 운동을 지배하는 모든 자연법칙의 영역에서는 공간 내의 그러한 특정 위치가 결정적인 역할을 한다고 믿었으며, 공간의 이러한 특성을 공간에서의 위치의 절대성이라고 생각했다.

이러한 아리스토텔레스의 시공간 개념은 고대 그리스 자연과학을 토대로 발전되었으며, 우주 공간에서의 지구를 중심으로 한 상대성 이론은 '존재에 관한 학문' 만큼 중세에 이르기까지 유럽인들의 관심 속에서 지배적인 위치를 차지하게 된다.

뿐만 아니라 8권으로 구성되어있는 'Physics(or "Physica)' 중 제 5권(Book V)에는 '생성과 소멸(On Generation and Corruption or On Coming to Be and Passing Away)' 로서 '제 4 원소(Four Elements)' 와 '제4 원인(Four Causes)' 에 대하여 기술하였다.

자연계에 있는 모든 사물의 본질에 대한 의문은, 만물의 기본은 '물(water)' 라고 생각했던 탈레스(Thales, B.C.625~B.C.547), '공기(Air)' 에 두었던 그의 제자인 아나크시메네스(Anaximenes, B.C.585~B.C.525) 그리고 '불(Fire)' 에 두었던 헤라클라이토스(Heraklitos, B.C.544~B.C.483)등 '1원소 설' 을 주장하는 철학자들에 의해 출발하였다.

그 후 엠페도클레스(Empedokles, B.C.493~B.C.433)는 만물의 근본은 흙 · 공기 · 물 · 불로 구성되었으며, 이 불생불멸불변의 4원소가 사랑과 투쟁의 힘에 의해 결합 · 분리되고 만물이 생멸(generation and corruption)한다는 것이다. 세계는 사랑이 지배하는 시기, 투쟁의 힘이 증대하는 시기, 투쟁이 지배하는 시기, 사랑의 힘이 증대하는 시기의 4기가 끊임없이 반복된다고 주장하였다.

그러나 플라톤(Platon, B.C.427~B.C.347)은 "물질에는 영혼이 있어서 운동한다" 는 그 이전의 주장에 대해서, 수학적이고 기하학적인 측면에서 지극히 관념적인 논리로써 "물질에는 생각과 뜻이 없다" 고 단정하였다.

그는 4원소는 모두 하나의 원질로부터 되어 있고, 이 원질은 그 자신만으로 존재하는 것이 아니고, 4개의 촉감적 성질 즉, 건, 습, 냉, 열의 네 성질이 두 개씩 조를 이루어 부가될 때 비로소 현실적인 물질로서의 원소로 된다고 주장하였다.

따라서 그는 지상의 물질이 흙(Earth) = 고체, 물(Water) = 액체, 불(Fire) = 에너지, 공기(Air) = 기체라는 원소로 구성되어 있을 뿐 만 아니라, 이것들은 각각 특유한 성질을 가지고 조합에 따라 각각 4가지의 기본 물질이 생긴다고 하였다.

특히 플라톤은 4가지 원소이외에 천체의 물질과 결합하고 있는 또 다른 5번째의 물질, 즉 '제 5원소' 인 '에테르(Aether)' 에 대해서도 언급하였다.

그 후 아리스토텔레스는 자신의 스승의 주장을 발전시켜서 4가지 원소 외에 물질의 고유성질인 '건(cold and dry)', '습(cold and wet)', '온(hot and dry.)', '냉(hot and wet)' 의 4 가지 특성의 배합에 의하여 물질이 형성된다는 '4원소 가변설' 을 주장하였다.

이러한 아리스토텔레스의 '원자설' 은 훗날 데모크리토스(Demokritos, B.C.460~B.C.370)가 '더 작게 분할할 수 없는 것' 으로써 '원자, Atom' 이란 단어를 처음으로 사용하였는데, 이는 원자(atom)란 쪼개질 수(tom) 없는(a) 것(a tom)을 뜻하며, '원자론' 의 기초가 된다.

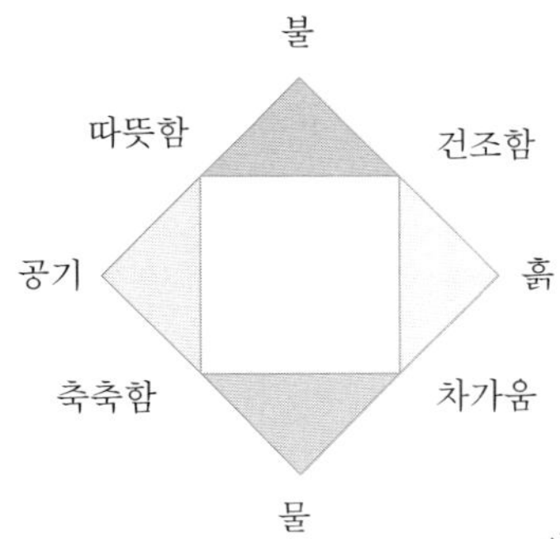

아리스토텔레스의 4원소

또한 아리스토텔레스는 운동 혹은 변화에 대해서 '질료인(material cause)', '형상인(formal cause)', '능동인(efficient cause)', '목적인(final cause)' 의 4원인이 있어야 한다고 주장하였다. 조각가가 작품을 만드는 과정을 예로 들면, 작품은 소재가 대리석인지, 진흙인지에 따라 영향을 받는다. 따라서 이 같은 재료의 성격을 '질료인' 이라고 하며, 조각가가 머릿속에 그리고 있는 형상은 조각이 어떻게 만들어질지를 결정하는데, 이때 이것을 '형상인' 이다. 또한 구체적인 작업을 통해 형상을 완성해 가는데, 이러한 작업을 '작용인' 이라고 하고, 끝으로 조각 작품에 작가의 목적의지를 '목적인' 이라고 볼 수 있다.

그러나 근대 철학자들에 의해 이러한 아리스토텔레스의 4원인 가운데 목적인과 형상인은 근대에 들어서면서 많은 비판을 받게 된다.

특히 미래지향적인 인간의 삶에 대해 원인은 항상 시간적인 결과에 선행하기 때문에 현재가 미래에 영향을 끼칠 수 있을 뿐이라는 세계관을 목적에 입각해서 설명하는 아리스토텔레스의 방식은 불합리할 뿐 만 아니라, 형상이 먼저 존재하고 그것이 질료에 구현된다는 형상철학의 기본 도식이 전제되는 것 또한 과학이 발달한 시대적 흐름에는 맞지 않는다는 것이다.

과학철학의 역사 II

과학 방법론(Scientific method)

장담하건데 우리 앞에 쌓여있는 저 많은 과학지식의 대부분은 지난 4세기 동안 서양, 특히 유럽이 낳은 산물이라 해도 지나치지 않을 것이다. 이처럼 지난 4세기동안의 기록에 남아 있는 모든 문명은 예술, 종교, 문학, 화학, 생물, 물리, 의학, 법률 등을 망라하고 있으며, 이러한 문명들은 분명 과학 이상의 것을 지니고 있었다.

그러나 이러한 모든 문명이 누군가의 주장처럼 이를 관리하는 소수의 전문가 집단에 의해 '참'과 '거짓'으로 구분되고, 해석되어 오늘날까지 진화해 왔다고 한다면 이 또한 과학자들에게는 자신들의 '신의 영역'에 대한 도전이 될 것임이 자명하다. 이러한 논쟁에 불씨를 던진 과학 서적 한권이 있었다.

쿤(Thomas Samuel Khun, 1922~1996)

이 책이 바로 지난 20세기 가장 영향력 있었던 서적으로 평가 받으면서도, 가장 많은 논쟁의 소용돌이 속에 있었던 '과학 혁명의 구조(Thomas Samuel Khun, 1922~1996)'이다.

이 책의 저자인 쿤은 과학사학자이자 과학철학자이며, 과학이론과 과학활동에 인간의 주관적인 요소들이 개입되어 있다면, 과학의 중립적 가치는 더 이상 존중될 수 없으며, 과학이 갖는 가치는 본질적으로 사회적이고 역사적 활동이라는 주장이다.

과학자들은 자연 현상의 보다 넓은 영역에 대해 자신의 동기와 관심을 설명하고 문제를 풀어나가기 위해서는, 이미 알려진 지식을 통해 보다 편하게 접근하거나, 아니면 이러한 기존의 정리 혹은 방법을 포기하고 새로운 패러다임을 선택하여야만 할 것이다.

특히 이러한 경험은 실험실에서 과학 실험을 하는 연구자에게는 실험 절차와 실험 목표 그리고 이미 예상되는 실험결과가 있는 상황에서, 만일 실험 결과가 예상되는 결과에 미치지 못한다면 실험은 실패한 것이며, 이는 기존의 과학 이론이 거짓이기 때문이 아니라 실험자의 잘못이나 분석 상의 오류로 치부될 수밖에 없을 것이다.

이는 이념으로서 과학(ideal science)과 현실로서 과학(real science) 사이의 괴리에 대한 경험문제로 밖에 설명 할 수 없다.

물론 이는 근대 과학의 방법론적인 이념을 생각해 볼 때 심각한 괴리가 경험되는 상황이다.

하지만, 과학은 반드시 경험적 근거를 가지며, 가설이나 이론은 실험과 관찰을 통해 받아들여지거나 거부되는 것이라고 말하기 때문이다.

따라서 실제 과학 활동을 통해서 볼 때 이론과 경험은 투명하게 대응하는 것이 아니라 그 사이에 인간(과학자 내지 과학자 공동체)이 개입하는 불투명한 관계를 맺고 있음이 드러난다.

이러한 도전을 통해서만이 '과학적 진보(scientific progress)'를 얻어 낼 수 있다는 사실 또한 최소한 과학실험을 한번이도 수행한 적이 있는 사람이라면 누구나 다 알고 있는 상식에 지나지 않는다.

그러나 '과학 혁명의 구조'에서 쿤은 과학 활동에서 새로운 개념은 객관적 관찰을 통해 형성되는 것이 아니라, 연구자 집단이 모두 받아들이는 과정에서 형성된다는 것이며, 이러한 집단이 신뢰하는 과학 내용과 수단을 패러다임이라고 말한다.

현실적으로 우리 과학계가 앉고 있는 폐쇄성 중 하나가 바로 이러한 패러다임에 지나치게 의존하는 것이다. 반면에 과학이란 큰 테두리 안에서도 각각의 영역에 대한 어떠한 외부 시도조차도 쉽게 수용하고 인정하지 않으려는 반감과 같은 반목현상은 어쩌면 과학이 보다 진 일보하기위한 협력을 이끌어내야 한다는 당위성을 보여준다고 볼 수 있다.

근대과학을 사회과학과 자연과학으로 분류하고, 동일한 현상에 대한 결과를 도출하는 방법론적 접근방법과 이에 따른 결과 해석에까지 반드시 합의된 틀 안에서만 답을 인정하려드는 것에 대해서도 패러다임 적 사고로 해석할 수밖에 없다. 그렇다면 과학자는 교육을 통해 길러지는 것인가 아니면 X-선을 발견한 뢴트겐처럼 어느

뢴트겐(Wilhelm Conrad R¨ ontgen, 1845~1923)

날 자고 일어났더니만 도깨비 방망이처럼 X선이 거기 있었다 라는 말처럼 세상에 탄생한 것인가에 대해서도 이 시대를 살아가는 과학철학자들에게 조심스럽게 물어보고 싶다.

그럼에도 불구하고 아직까지 우리에게 공통분모로 인식되고 있는 과학이란 진리들은 교육을 통해 얻은 지식들을 토대로 자신만의 새로운 연구영역을 확립해 나가야 할 것이다.

이러한 자연과학이 단순히 연구자의 사적인 영역을 떠나 근대과학으로 다시 태어 나기 위해 등장한 개념이 바로 '과학 방법론(Scientific method)' 이다. 과학적 방법론이란 연역과 귀납의 논리학을 바탕으로 관찰-이론-실험-재현을 바탕으로 한 과학, 즉 자연과학의 방법론을 통칭한 말이다.

과학이 다루는 방법과 실체에 관한 문제는 고대 그리스의 자연철학에서 시작된다. 고대 그리스의 자연철학자들은 과학자면서도 철학자였다.

B.C. 600년경 이오니아 지방과 남부 이탈리아 지방에서 처음으로 전통적인 신화적 관점을 넘어서 자연을 합리적으로 설명하려는 시도가 있었다.

소크라테스(Socrates, B.C.469~B.C.399) 이전의 자연철학자들의 입장은 존재를 불변의 실재로 보았던 파르메니데스(Parmenides, B.C.540~B.C.470)로부터, 우리가 경험하는 모든 것은 생성 변화한다고 주장한 헤라클레이토스(Heraklitos, B.C.544~B.C.483)에 이르기까지 다양하게 전개되었다.

플라톤(Platon, B.C.428/427~B.C.348/347)과 아리스토텔레스(Aristotele, B.C.384~B.C.322)는 '티마이오스(Timaios)' 와 '물리학(Physics)' 에서 각각 자연에 대한 문제를 다루고 있지만, 형이상학적이거나 경험적 성격이 아닌 근대의 과학철학과 유사한 방법론적인 측면을 가지고 있다. 그러나 두 사람의 입장은 존재론적 · 인식론적 · 경험적 요소들 혼재된 상태였으며, 이후 플라톤의 논리학적

플라톤과 아리스토텔레스

입장과 과학사에 근거하고 있는 아리스토텔레스의 입장은 오늘 날까지도 대립 양상으로 남아있다.

중세 시기에는 지식을 통해 자연을 지배할 수 있는 가능성은 철저히 부정되었으며, 오직 과학적 지식은 그 방법론에 의해서가 아니라 종교, 즉 '신'에 의해 영역을 지킬 수 있었기 때문에 과학철학의 중심 문제는 신의 진지함과 인간의 제한된 지식의 관계에 대한 문제로 파악되었다.

과학의 방법론에 대한 논의는 17세기 들어서면서부터 유럽대륙을 중심으로 한 합리론 적 철학자들과 영국에서 주류를 이루고 있던 경험론적 철학자들에 의해 활발하게 전개되기 시작한다. 이들의 주장을 통해 당시 과학철학들은 신학적 프리즘을 통해 굴절되지 않고 과학적 문제를 직접 제기하고, 경험을 기초로 하는 자연이론에 근거를 두는 새로운 견해가 의미를 얻어나가기 시작한다.

귀납법(Inductive method)

Francis Bacon, 1561~1626

이러한 새로운 과학적 방법론을 체계적으로 제시한 대표적인 사람이 영국의 법률가이며, 정치가이고 철학자로서 영국 '철학의 아버지(Father of Philosophy)'로 추앙 받는 베이컨(Francis Bacon, 1561~1626)이다.

영국 런던의 스트란드(Strand)의 요크하우스(York House)에서 부유한 집안의 5형제 중 막내로 태여 난 베이컨은 1573년 12살에 캠브

연역적 추리(deductive inference)

연역적 추리방법은 하나의 전제에서 결론이 도출되는 직접추리와 2개 이상의 전제에서 결론이 나타나는 간접추리로 나뉜다. '대전제→소전제→결론'의 형식으로 나타나는 삼단논법이 간접추리의 전형적 형식이다. 이 때 결론의 주어 개념을 '소개념', 결론의 술어 개념을 '대개념', 대전제와 소전제에 공통으로 포함되어 두 전제를 연결하는 개념을 '매개념'이라고 한다.

주어진 전제들에서 논리적인 방식으로 결론을 도출하는 연역적 추리의 방법과 절차를 논리적으로 체계화한 것이 연역법(deductive method)이다. 연역은 전제로부터 결론을 도출해내는 것이므로 일정한 명제를 출발점으로 한다. 그런데 모든 연역의 출발점이 되는 최초의 명제는 결코 연역에 의해 도출될 수 없다. 그러한 출발점은 결국 인간의 다양한 경험이나 실천 등의 결과를 일반화하는 과정을 통해서 형성된다. 때문에 실제의 학문 연구가 순수히 연역적 형태로서만 이루어질 수는 없으며 관찰이나 실험 등의 증명 과정과 통일되어 적용된다.

따라서 연역법은 개별 행위의 유형을 포괄하는 보편적 규범에 기초해 옳고 그름을 판단하기 때문에 논리적 일관성과 체계성을 요구하는 윤리적 판단들의 기초로 이용된다. 오늘날에는 전제로 삼은 가설을 검증하기 위해 그 가설에서 몇 개의 명제를 연역해 실험과 관찰 등을 수행하는 가설연역법(hypothetical deductive method)이 널리 쓰이고 있다

귀납적 추리(inductive inference)

귀납적 추리의 방법과 절차를 논리적으로 체계화한 것이 귀납법(inductive method)이다. 귀납법에 대한 연구와 강조는 일찍이 아리스토텔레스에게서 출발하지만, 귀납법의 의미가 두드러지게 나타난 것은 17~18세기에 경험적 자연과학이 발전하면서이다. 특히 17세기의 베이컨, 갈릴레이, 뉴턴, 19세기의 허셜, J. S. 밀 등은 연구 방법론으로서 귀납법의 체계와 내용을 구성하는 데 큰 영향을 끼쳤다.

귀납은 연역과는 달리 사실적 지식을 확장해 준다는 특징을 가지고 있지만, 전제가 결론의 필연성을 논리적으로 확립해 주지 못한다는 한계를 지닌다. 귀납적 추리는 근본적으로 관찰과 실험에서 얻은 부분적이고 특수한 사례를 근거로 전체에 적용시키는 이른바 '귀납적 비약'을 통해 이루어진다. 따라서 귀납에서 얻어진 결론은 필연적인 것이 아니라 단지 일정한 개연성을 지닌 일반적 명제 내지는 가설에 지나지 않는다.

귀납법은 개연성을 지닌 가설을 유도할 뿐 논리적 필연성을 도출 할 수는 없지만, 확률이나 통계학의 발달과 함께 컴퓨터의 발달에 힘입어서 과학의 발전에서 중요한 역할을 해 왔다.

특히, 여론조사와 같은 표본적인 관찰이나 실험에 근거해 일반적인 결론을 이끌어내는 통계적 추리를 요구하는 경우나 사물이나 사태의 유사성에 근거하여 어떤 결론을 끌어내는 유비적인(analogically) 추리와 같은 사회과학에 활용되고 있다. 또한 과거에 나타났던 일에 근거해 미래에 어떤 것이 일어날지를 예측하기도 하고, 현재의 사실들에 근거하여 과거의 사실들에 대한 결론을 이끌어내는 자연과학의 경우에도 사용되고 있다.

리지 트리니티(Trinity)대학에 입학만큼 똑똑했다.

당시 17세기 유럽은 자본주의가 자리 잡기 시작했으며, 왕권 정치가 확립되고, 시민사회가 형성되기 시작하였으며, 특히 '신'의 영역에서 '신'과 타협하며 타락했던 철학의 시대가 지나가고 르네상스를 거치면서 인간중심 사상이 눈을 뜨기 시작한다.

이런 시기에 베이컨은 학문의 정체성을 비판하고, 당시의 철학과 과학을 개혁하고자 "아는 것이 힘이다(knowledge is power)"라고 주장함으로써 중세 '신' 중심의 철학을 인간 중심주의의 철학으로 바꾸어 놓았다.

특히 베이컨은 아리스토텔레스 이후 자연 외적인, 즉 인간의 목적이나 관심이 과학에 들어오자 인간위주가 된 과학은 잘못된 방향으로 흐르기 시작했으며, 중세 접어들어 여기에 '신'까지 영역을 확장한 탓에 과학 타락을 거듭해 왔다고 역설했다.

베이컨은 아리스토텔레스의 연역논리에 대항하여 '개미'와 '거미'를 예로 들어 기존의 주류 학문을 비판한다. 베이컨은 거미는 자신의 몸에서 가느다란 거미줄을 뽑아 정교한 집을 짓고 다시 그 거미줄을 먹은 후 다시 거미줄을 뽑아내는 연역적 논리에 집착하고 있던 학자

들과, 귀납적 논리에 집착하여 개미처럼 끊임없이 주변의 것들을 끌어 모아 정리해 나가기를 좋아하는 학자들로 나누었다.

이에 대해 거미와 같은 학자들은 외부로부터 별도로 추가되는 증거를 무시하고 자신의 사고 속에 이미 있는 것만을 사용하여 정교한 이론적 체계를 만들어 내는 사람들이다. 이러한 방법론에 집착하고 있는 사람들은 정교한 이론적 체계를 만들어 내는 데는 성공하지만, 세계에 대한 어떠한 설명도 제시하지 못한다. 반면에 개미와 같은 학자들은 외부의 사물들을 수집하여 분류하는 데 그치는 사람들이라고 비판하였다.

베이컨의 이런 비판 속에는 당시 교회의 권위에 대한 비판과 인간의 능력에 대한 믿음이 들어 있었다.

기계론적 유물론(mechanical materialism)
고대 그리스의 데모크리토스나 에피쿠로스가 모든 것을 운동의 본성으로 하는 원자(atom)의 집합과 이산으로 설명한 원자론을 기원으로 하고 있으며, 좁은 의미에서는 18세기의 프랑스에서는 자연과학의 발전에 따라 모든 현상을 역학적인 개념이나 법칙에 따라 설명하고, 질적으로 다양한 현상을 물질의 역학적 운동으로 환원하는 프랑스 유물론을 가리킨다.

당시 교회의 권위는 역사적으로 중세에서 근대로 넘어가는 과도기로써 중세에 비해 크게 약화되기는 하였지만, 여전히 인간의 자연에 대한 올바른 이해를 가로막고 있었다. 따라서 인간을 중심으로 하는 새로운 학문에 대한 요구에 교회는 더 이상 사회를 지배할 수 없었으며, 자연도 역시 넘볼 수없는 신비의 대상이 아니었다.

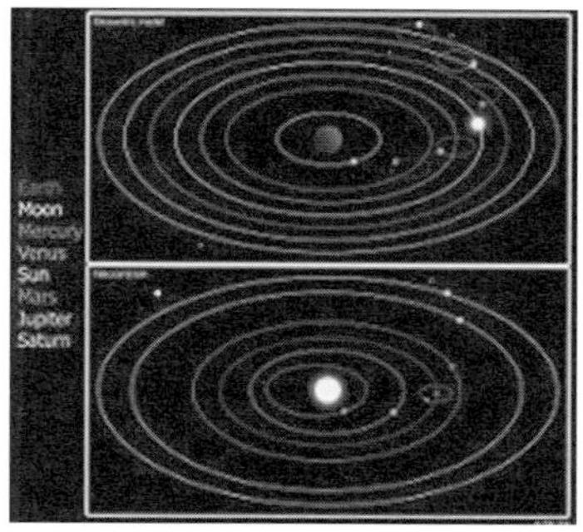

지동설(아래)과 천동설(위)

그는 전통적인 학문은 쓸모없는 말의 연속에 지나지 않으며, 내용적으로는 공허하다고 하면서 올바른 인식은 자연의 관찰과 실험에 의해 얻어진다고 주장하였다. 이에 참된 지식을 얻기 위해서는 먼저 편견을 버려야 한다고 역설하였다. 베이컨은 1620년에 출간된 '새로운 논리학(Nouvum organum)' 에서 정신의 오류로서 '내안의 우상(Idols of The Mind)' 에 대해 4가지 우상을 제시하고, 이러한 우상에서 벗어나고 나서야 인간은 자연에 대한 제대로 된 접근을 할 수 있다고 주장한다.

1. 종족의 우상(Idols of the Tribe; idola tribus)

종족의 우상은, 모든 인간들에게 해당되는 공통된 잘못된 문제로써 인간의 본성에 기인하는 것들, 감정과 욕망 등 모든 자연 현상들을 인간의 시각에서만 해석하려는 편견을 의미한 다고 볼 수 있다.

2. 동굴의 우상(Idols of the Den ; idola specus)

동굴의 우상은 플라톤의 동굴의 비유을 모방한 것으로, 동굴 속에 갇혀있던 인간이 동굴 밖으로 나왔을 때 사물을 어둠속에서 느꼈던 감각으로만 해석하려는 왜곡된 주관을 꼬집는 내용으로써, 우리나라 속담에 비유한다면 "우물 안 개구리"가 볼 수 있는 하늘의 크기가 마치 전체하늘 인양 인정하려 드는 어리석음을 의미한다고 볼 수 있다.

3. 시장의 우상(Idols of the Marketplace ; idola fori)

시장의 의 우상은 학문에서 가장 적당한 언어의 사용이야 말로 문제에 대한 가장 정확한 답을 도출해내기 위한 수단인 만큼 언어의 부주의한 사용이나 오용에 기인할 수 있는 오류들을 지칭한 것이다. 이는 마치 시장에서의 많은 사람들에 의해 거래되고 있는 다양한 물건들의 제 각각의 다양한 명칭에서 비롯될 수 있는 잘못된 오해와 문제점들을 지적한 것이다.

4. 극장의 우상(Idols of the Theatre; idola theatri)

극장의 우상은 철학자들의 독단을 가리키는 것으로, 무대에서 배우들이 대본을 읽고 대본처럼 행동하는 것처럼 과학자들이 자연을 해석할 때 이미 자신들이 만들어 낸 세계에 갖힌채 자연을 묘사하려는 체계적 독단을 말하는 것으로, 이는 주로 아리스토텔레스의 연역논리의 오류를 겨냥하고 있다.

베이컨이 지적하는 '내안의 우상'이란 결국 인간의 논리적 사고를 가로막는 편견과 오류를 지적한 것으로써, 이를 제거하고 올바른 학문을 탐구하기위해서는 '귀납법(Inductive method)'에 따른 방법론을 쫓아야 한다는 주장이었다.

베이컨이 주장한 귀납법이란 개별적인 특수한 사실이나 현상에서 그러한 사례들이 포함되는 일반적인 결론을 이끌어내는 추리의 방법이다. 귀납이라는 말은 '이끌려가다'는 뜻을 지닌 라틴어 'inductio, inducere'에서 비롯되었다. 곧 귀납은 개개의 구체적인 사실이나 현상에 대한 관찰로서 얻어진 인식을 그 유(類) 전체에 대한 일반적인 인식으로 이끌어가는 절차이며, 인간의 다양한 경험, 실천, 실험 등의 결과를 일반화하는 사고 방식이다.

트리니티 대학내 베이컨 동상

또한 귀납법이란 과거에 나타났던 일에 근거해 미래에 어떤 것이 일어날지를 예측하기도 하고, 현재의 사실들에 근거하여 과거의 사실들에 대한 결론을 이끌어내기도 한다. 이처럼 귀납은 주어진 사실이나 현상들에 근거해 새로운 정보와 지식을 얻을 수 있으므로 일상생활에서도 흔하게 나타나는 사고방식이다.

귀납은 연역과는 달리 사실적 지식을 확장해 준다는 특징을 가지고 있지만, 전제가 결론의 필연성을 논리적으로 확립해 주지 못한다는 한계를 지닌다. 귀납적 추리는 근본적으로 관찰과 실험에서 얻은 부분적이고 특수한 사례를 근거로 전체에 적용시키는 이른바 '귀납적 비약'을 통해 이루어진다. 따라서 귀납에서 얻어진 결론은 필연적인 것이 아니라 단지 일정한 개연성을 지닌 일반적 명제 내지는 가설에 지나지 않는다.

이러한 베이컨의 '귀납법'은 지나치게 형식적인 방법론에 치우쳐 있다는 지적때문에, 당시 과학자들에게 크게 호응을 얻지 못했으며, 실제적 지식을 중요시한 나머지 창조적인 부분을 소홀하게 다룸으로써 당시 학문적 풍토에서 높이 평가 받지 못하였다. 그럼에도 불구하고 베이컨이 귀납의 체계화와 실험에 대한 강조를 통해 자연과학에 많은 공헌을 했음은 분명한 사실이다.

실제로 베이컨은 자신이 죽은 뒤 1627년에 발간된 '새로운 아틀란티스(The New Atlantis)'에서 자신의 철학 세계를 위한 유토피아를 꿈꾸었으며, 그 섬에는 '솔로몬의 집(Solomon's House)'라는 연구 시설을 지어놓고 과학자들이 자유롭게 그의 귀납적 방법을 연구를 꿈꾸었다. 뿐만 아니라 과학교육에 대한 관심은 1660년 영국의 왕립학회(The Royal Society) 창립을 주도하여 과학발전에 지대한 공헌을 하였다.

베이컨은 저온이 음식물의 부패에 어떤 영향을 미치는지 알아보기 위해 추운 겨울날 닭고기를 눈 속에 묻어 두고 관찰하던 중 얻은 폐렴으로 생을 마감한 것으로 알려지고 있다.

연역법(deductive method)

René Descartes, 1596~1650

이처럼 베이컨이 사실과 경험을 중시함으로써 아리스토텔레스의 권위에 의존하고 있던 스콜라주의에 반기를 들었다면, 이와는 대조적으로 17세기 전체에 걸쳐 유클리드 기하학으로 논증될 수 있는 수학 이론의 연역체계로 구성되어 16세기 인문주의자들의 회의주의에 대항하는 과학사상이 등장하는데, 이러한 논리가 바로 데카르트(René Descartes, 1596~1650)의 '연역법(deductive method)'이다.

데카르트는 1596년 프랑스 중부지방인 투랜(Touraine)의 작은 도시 라에(Loire)에서 태어났으며, 아버지가 고등법원의 판사인 탓에, 11세가 되던 해 예수회가 운영하는 플레쉬 대학(Collège la Flèche)에 입학하여 아리스토텔레스의 논리학과 유클리드의 기하학, 키케로의 수사학을 비롯하여 당시 학문용어였던 라틴어와 그리스어를 비롯하여 변증론과 자연철학, 형이상학 등을 포함한 스콜라 풍의 철학 수업을 받는 등 비교적 관료 귀족적 혜택을 받으며 성장할 수 있었다. 그러나 이때 얻은 스콜라 적 학문에 대한 반감을 통해 확립한 철학적 논리는 훗날 칸트(Immanuel Kant, 1724~1804)철학의 계승자로 알려진 독일 관념론자인 헤겔(Georg Wilhelm Friedrich Hegel, 1770~1831)에 의해 아리스토텔레스적 논리에 최초로 맞선 철학자로서 '근대철학의 아버지(Father of Modern Philosophy)'라는 호칭을 얻게 된다.

헤겔(Georg Wilhelm Friedrich Hegel, 1770~1831)

칸트(Immanuel Kant, 1724~1804)

그 후 포와티에르(Uni. of Poitiers)대학 법학과에 입학하여 법학학위를 받는다. 그러나 부와 명예가 가져다주는 귀족적 생활에 권태를 느낀 데카르트은 귀족신분의 특권을 버리고 1618년 군대에 자진 입대하여 네덜란드에서 근무하는데, 이시기에 수학과 군사건축학을 배우면서도 틈틈이 저술도 게을리 하지 않는다('음악에 관한 소고', Musicae Compendium ; 1618저술, 사후 출판). 특히, 이 시기에 데카르트에게 기계적 철학의 아이디어를 심어준 베크만(Iaac Beeckman, 1588~1637)과 운명적인 만남을 갖게 되는데, 이는 훗날 데카르트가 '근대 수학의 아버지(Father of Modern Mathematics)'로 성장할 수 계기가 된다.

이 때 베크만이 데카르트에게 제시한 문제는 '떨어지는 물체의 가속도 운동'과 관련된 수학적 해법이었다. 그러나 이와 관련된 문제는 이미 '갈릴레이의 종교재판'을 통해 사회적 쟁점으로 부각된 상태였기 때문에 '지동설'을 옹호하면서도 '유신론자'였던 데카르트에게는 부담이 될 수밖에 없었다.

또한 데카르트은 1619~1628년 동안 북 · 서 유럽을 여행하였는데, 특히 예수회가 운영하는 라플레시(La Fleche) 학원에서 수도사였던 메르센(Marin Mersenne, 1588~1648)을 만나서 당시의 다양한 계층의 분야에서 활동하고 있던 유명한 학자들과 폭넓은 교류를 통해 자신의 학문적 세계를 구축해 나가는 계기를 갖게 된다.

당시 데카르트가 가졌던 종교적 부담은 1629년부터 네덜란드에 머물며 관심을 갖고 매달렸던 자연학을 포괄하는 '우주론(Le Traitéde la monde)'의 집필을 포기하고, 1637년 '방법서설(Discours de la méhode)'로 전환하여야 하는 일대 학문적 변환기를 가져오기도 한다. 그러나 데카르트는 자신의 학문적 변화를 통해 제시한 '방법서설' 역시 방법적 회의를 내포하고 있다는 로마 교황청의 주장으로 '금서목록' 리스트에 오르는 불운을 겪어했다.

방법서설(Discours de la méthode)

1637년에 네덜란드에서 간행되었다. 데카르트가 자신의 철학 전체를 처음으로 세상에 공표한 저서로서 원제목은 '이성을 올바르게 이끌어, 여러 가지 학문에서 진리를 구하기 위한 방법의 서설'이며, 자기 자신의 학문적 생애를 이야기한다는 형식을 취하여 학문연구의 방법과 형이상학 · 자연학의 개요를 논술한 것이다.

여기서 데카르트는 기성권위에 의하지 않고 자신의 두뇌로써 사물을 사고하기 위해서는 어떠한 방법을 좇아야 하는가를 스스로 탐구해 온 저자의 정신역사를 솔직하게 논술하였으며, 방법적 회의 끝에 내린 "나는 생각한다, 고로 나는 존재한다"라고 내린 말은 철학의 출발점이 되는 제1원리로써, 라틴어로 "코지토 에르고 숨(Cōgitō ergo sum)"이라고 한다.

즉, 다른 모든 사물은 의심할 수 있어도 그와 같이 의심하고 있는 나의 존재는 의심할 수 없다. 의심하고 있는, 다시 말해서 사유하고 있는 순간에 내가 존재하지 않는다고 할 수는 없다. 이것이야말로 확실하다고 믿고 그는 이 명증적인 제1원리에서 출발하여 모든 존재인식을 이끌어 내려고 하였다. 특히 이 저서는 당시까지 학술서는 라틴어로 쓰는 관습을 탈피하고 프랑스어로 쓴 최초의 철학서로서 기념비적인 저작이다

데카르트가 쓴 '방법 서설'은 '이성을 올바르게 이끌어, 여러 가지

데카르트의 필체

학문에서 진리를 구하기 위한 방법의 서설(Discours de la méthode pour bien conduire sa raison, et chercher la veritédans les sciences)' 의 긴 원래 제목을 갖는, 라틴어로 쓰지 않은 최초의 근대철학서이다. 이 책은 에세이 형식을 담고 있으며, 굴절법칙을 설명하고 있는 '광학' 부분과 무지개를 설명하고 있는 '기상학' 부분, 그리고 기하학적 도형을 이용하여 이전의 많은 난제들을 풀 수 있는 해석기하학을 설명하는 '기하학' 의 3 부분으로 구성되어 있으며, 특히 수학적 방법의 체계화를 통해 철학과 과학적 문제들을 해결하려는 데카르트의 시도가 고스란히 담겨있다.

특히 데카르트는 "나는 생각한다. 고로 존재한다(cogito ergo sum : I think, therefore I am, 혹은 " Dubito, ergo cogito, ergo sum : I doubt, therefore I think, therefore I am)" 라는 신앙고백을 통해서 종교 안에서 진리를 찾으려는 자기 성찰을 시도한다.

당시 종교가 인간의 의식조차 지배하고 있었던 사회적 배경에서 본다면 인간에게 근원적인 두려움의 상징이었던 죽음으로부터의 해방은 오직 '신' 만이 해결해줄 수 있는 그런 절대적 영역이었다. 그러나 이처럼 데카르트가 던진 화두는 인간이 의식 할 수 없는 인식 밖의 영역은 존재하지 않는다는 현실주의자들의 선언이었으며 도전이었다.

이처럼 데카르트 이전까지만 해도 '신의 존재' 는 최초의 가정이었고 대전제였다. 그러나 데카르트는 신의 존재 이전에 나의 존재, 즉 자아를 확립한 후에 신의 존재를 확신 할 수 있다는 당시 주류 철학에 대한 관심전환은 중세 신학이나 형이상학에서는 찾아볼 수 없는 혁신적인 것이다. 이처럼 서양 철학사를 통 털어서 '신' 으로부터 '인간' 으로의 본질적인 관점전환이 있었던 적은 첫째로 플라톤에 의한 세계에서 인간(외부에서 내부)으로의 관점 전환과, 두 번째로 데카르트의 신에서 인간으로의 관점전환, 그리고 끝으로 니체의 보편적 인간에서 구체적 인간으로의 관점전환이다. 따라서 이러한 데카르트의 관점전환은 중세철학에서 근대철학으로 발전하는 계기가 되었으며,

삼단논법(syllogism)

아리스토텔레스가 그 이론적 기초를 이루었으며, 2개의 전제와 1개의 결론으로 형성된다. 삼단논법은 그 전제의 성격에 따라 정언삼단논법, 가언삼단논법, 선언삼단논법으로 나눌 수 있으며, 특히 전통적 논리학에서의 추론을 정언삼단논법이라고 하며, 이를 일반적으로 삼단논법이라고 부른다.

"인간은 모두 죽는다"
대전제
▼
"소크라테스는 인간이다"
▼
소전제
"따라서 소크라테스는 죽는다"
▼
결론

여기서 결론은 소크라테스와 죽음의 관계를 말하며 대전제는 인간과 죽음의 관계, 소전제는 소크라테스와 인간의 관계를 말한다.

해석기하학(analytic geometry)

좌표라고 하는 한 짝의 수를 변수로 하는 방정식의 형태로서 도형의 성질을 연구하는 기호(記號)의 학문으로서의 대수학과, 도형의 학문으로서의 기하학을 하나로 묶은 수학의 한 분야로, 고대 그리스 수학자들의 생각 중에서도 그 싹이 있었는데 17세기에 들어와서 P.페르마가 이것을 알기 쉽게 자세히 설명하였고, R.데카르트에 의해 만들어졌다.

이를 '주류 철학의 시조' 라고 불리기도 한다.

데카르트의 관심전환은 형이상학적 사색을 통한 방법적 회의(le doute)에서 출발한다. 그는 적어도 학자로서 자신의 학문적 확실성을 추구하기를 원한다면, 최소한의 불확실한 것조차 모두 의심해 보아야 하는데, 이는 가장 확실하고 의심할 여지가 없는 진리를 찾기 위한 방법론적 접근 수단으로써 진리가 아닌 것들을 소거하는 것이라고 주장했다.

그는 정신과 물체가 서로 독립된 실체로서, 세계를 몰가치적이고 합리적으로 보는 과학적인 자연관 태도와 형이상학을 강조는 정신의 내면성과 연결 짓고 이를 이원론(dvaita)이라고 하였으며, 이는 기계론적 자연관의 기초가 된다.

또한 데카르트는 확실한 진리를 찾으러 불확실하다고 생각하는 감각도 배제해야만 하는데, 이 역시 감각도 반드시 맞는 것이라고 확신할 수 없기 때문이라고 설명한다.

여기서 데카르트가 도달한 절대적 명제가 '나는 생각한다, 고로 존재한다.' 이다. 이 명제는 근대 철학을 대표하는 명제이며, 데카르트 이후 근대 철학은 이 명제에 절대적인 영향을 받았는데, 이 확실성에서 세계에 관한 모든 인식이 유도된다. 의심하고 있는 불완전한 존재에서 무한히 완전한 존재자의 관념이 결과할 리가 없다는 데서 신의 존재가 증명되고, 신의 성실이라는 것을 매개로 하여 물체의 존재도 증명된다.

데카르트는 본유관념(idea innate)과 인위관념(idea ameip ofacta), 외래관념(idea aventita)을 분리하였다. 여기서 외래관념은 밖에서 오는 관념을 말하고 인위관념은 자신의 의지에 따라 만들어 내는 것을 말하며, 본유관념은 태어나면서 부터 존재하는 관념을 말한다.

또한 데카르트는 신의 관념도 확실한 것으로 보고, 존재론적 증명을 통하여 신이 있음을 증명하였는데, 특히 이러한 '신의 관념' 에 대한 존재론적 증명은 칸트와 같은 철학자에도 크게 영향을 미침으로써 훗날 '칸트철학' 으로까지 불리는 '관념철학' 의 탄생을 예고한다.

데카르트가 불확실성을 배제하기위한 도구로써 '방법서설' 에 4가

본유관념(innate ideas)
태어나면서부터 인간정신에 내재해 있다고 하는 관념으로써, 경험에 의하여 획득되는 습득관념과 대립된다. 영혼은 인간이 태어나기 전부터 존재한다고 상정한 플라톤에 따르면 모든 관념은 본래 영혼에 갖추어져 있으나 영혼은 육체와 결합되면 그것을 망각하고 인식에 의하여 상기한다고 하였다. 데카르트는 관념을 천부적 · 외래적 · 인위적으로 나누었으며, 모든 관념은 선천적으로 갖고 태여 난다고 생각하였다.

지 규칙을 제안하는데, 그 첫 번째가 방법의 원리를 뜻하는 '명확성(l'évidence)'으로써, 이는 진리의 확실성 부여를 통해 의심되는 부분을 제거하는 것을 뜻하며, 두 번째가 '분석(l'analyse)'을 통해 난제를 해결 가능한 한 작은 부분들로 나누는 작업이다. 세 번째는 앞의 모든 내용들을 '종합(la synthèse)'하고, 네 번째로는 이성적으로 한 눈에 볼 수 있을 정도로 문제들을 '열거(la récapitulation)'하는 것이다.

이처럼 데카르트가 선택한 방법을 '연역(deduction)'적 방법이라고 하는데, 결국 이는 이미 증명된 하나 또는 둘 이상의 명제를 전제로 하여 명확히 규정된 논리적 형식들에 근거해 새로운 명제를 결론으로 이끌어내는 것을 말하며, 이러한 연역적 추리의 방법과 절차를 논리적으로 체계화한 것을 연역법이라 한다.

연역은 귀납(induction)과 달리 전제와 결론의 구체적인 내용은 문제로 삼지 않지만 엄격한 논리적 규칙에 의존한다. 뿐만 아니라 연역에서는 논리적 형식의 타당성을 갖추고 있기 때문에 전제들로부터 필연성을 가지고 결론을 도출한다. 이처럼 연역에서는 전제가 결론을 확립해 주는 결정적 근거가 되는데, 전제가 참일 경우 그러한 전제에 의해 뒷받침되는 결론 역시 반드시 참이 되고, 전제와 결론 사이의 이러한 필연 관계는 논리적 형식과 규칙의 타당성에 근거해 성립한다.

이처럼 연역은 결론의 내용이 이미 전제 속에 포함되어 있다는 점에서 진리 보존적(truth-preserving) 성격을 지닌다. 연역은 전제에 없었던 새로운 사실적 지식의 확장을 가져다주지는 못하지만, 이미 전제 속에 포함되어 있는 정보를 명확하고 새롭게 도출해 낼 수는 있다. 하지만 연역적 추리(deductive inference)는 논리적 일관성과 체계성을 가져다준다. 때문에 일상생활에서도 널리 적용되어 나타난다. 어떤 행위가 옳은 것인지 아닌지를 따지는 윤리적 판단들은 대부분 연역적 방법에 기초해 나타난다. 개별 행위의 유형을 포괄하는 보편적 규범에 기초해 옳고 그름을 판단하기 때문이다. 그리고 수학의 많은 분야들도 연역적 추리에 의존한다.

일찍이 아리스토텔레스는 삼단논법의 형식을 확립하였고, 오늘날에도 새로운 추론 규칙을 찾는 일은 논리학의 가장 중요한 과제 가운데 하나이다.

데카르트 생애 최대 업적을 꼽으라면 수학 분야를 빼고는 말할 수 없을 만큼 그가 수학에 쏟은 관심은 실로 대단하다고 할 수 있을 것이다.

그가 군에 지원하여 네덜란드에서 관측장교로 군복무를 하던 시기에 그를 수학 세계로 인도한 베크만과의 1619년의 일화는 장차 데카르트가 '해석 기하학(analytical geometry)'에 남길 불후의 업적을 짐작케 한다. 데카르트가 베크만에게 보고한 내용은 "연속량 또는 불연속량으로부터 야기되는 어떠한 종류의 문제라 할지라도 그것을 본래의 성질에 일치하도록 일반적으로 풀 수 있는, 전연 새로운 과학을 발견하였습니다. 이로써 기하학에 있어서 발견해야 할 일은 거의 아무것도 남지 않을 것입니다." 였다.

데카르트는의 '새로운 과학'은 1637년이 되어서야 출판되었으며, 책 내용 중에는 '고대 그리스 때부터 난제로 남아있던 아폴로니우스(Apollonius, B.C.262~B.C.190)의 모든 원뿔곡선을 단 한 종류의 2차 방정식으로 표시 할 수 있다'라는 부분도 기록되어 있다.

데카르트가 발견한 내용은 수학에서 원을 비롯해서 포물선, 타원, 쌍곡선은 직원뿔을 잘랐을 때 생기는 단면의 모양을 원뿔곡선이라 부르고 있는데, 실제로 기하학에서 원을 비롯해서 포물선, 타원, 쌍곡선은 직원뿔을 잘랐을 때 생기는 단면의 모양을 이루고 있기 때문에 원뿔곡선이라 부른다.

이러한 이차곡선은 원뿔곡선에서 비롯된 것으로 알려져 있는데, 원뿔곡선을 최초로 정의한 것은 B.C. 320년경 고대 그리스 수학자 메나에크머스(Menaechmus, B.C.380~B.C.320)였다. 그의 주장은 직원뿔을 한 모선에 수직인 평면으로 잘랐을 때, 그 단면의 모양이 직원뿔의 꼭지각의 크기가 예각일 때는 잘린 단면이 타원, 직각일 때 포물선, 둔각일 때 쌍곡선이 된다는 것이다.

이후에 기원전 262년경 아폴로니우스(Appolonius)는 자신의 논문 '원뿔곡선론(Conics)'에서 하나의 직원뿔을 여러 가지 기울기로 잘랐을 때 생기는 단면에서 타원, 포물선, 쌍곡선을 얻었으며, 이러한 평면이 밑면과 이루는 각이 모선과 밑면이 이루는 각보다 작은가, 같은가, 큰가에 따라서 모자라다(ellipse ; 타원), 일치하다(parabole ; 포물선), 남다(hyperbol ; 쌍곡선)이라고 하였다.

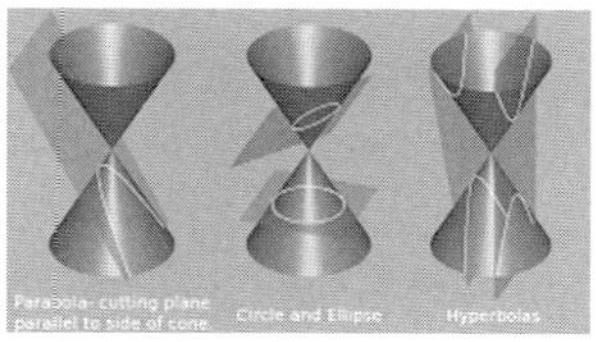

원뿔곡선의 단면

원뿔곡선(conic section)
직원뿔은 꼭지점의 양쪽으로 무한히 뻗은 도형이지만, 이것을 임의의 평면으로 잘랐을 때 그 단면에 나타나는 곡선을 원뿔곡선(또는 원추곡선)이라 한다. 원뿔의 축에 대한 평면의 기울기가 모선의 기울기에 비하여 큰가, 작은가, 같은가에 따라서 각각 타원, 쌍곡선, 포물선이 된다. 따라서 타원, 포물선, 쌍곡선은 모두 원뿔곡선이다.

아폴로니오스(Apollonios of Perga, B.C. 262? ~B.C. 200?)
소아시아의 페르가에서 태어났고 알렉산드리아에서 활약한 그리스의 수학자이며, 저서 '원뿔곡선론' 8권은 고대 최고의 과학서 중 하나이다. 오늘날까지 최초의 4권은 그리스어(語)로, 다음 3권은 아랍어로 남아 있으나, 최후의 한 권은 일실되었다. 원을 밑변으로 하는 원뿔이라면 어떤 것이든 3개의 마디 점이 생긴다고 하는 정의를 세웠다. 그리고 이 마디 점들에 오늘날 사용하고 있는 포물선 · 쌍곡선 · 타원이라는 이름을 붙였다. 또한 행성의 운동에 관하여 '주전원설(週轉圓說)'과 '편심원설(偏心圓說)'도 처음으로 주창하였다. 이 밖에 '아폴로니오스의 원'도 유명하다.

페르마(Pierre de Fermat, 1601~1665)

1601년에 툴루즈 근처 보몽드로마뉴(Beaumont-de-Lomagne)에서 부유한 피혁상인의 아들로 태어났다. 원래는 법학을 공부하여 변호사가 되었고, 수학을 취미로 하는 아마추어 수학자였으나 여러 방면에 획기적인 업적을 남겼으므로, 17세기 최고의 수학자로 손꼽힌다. 근대의 정수 이론 및 확률론의 창시자로 알려져 있고, 좌표기하학을 확립하는 데도 크게 기여하였으며 나중에 아이삭 뉴턴(Isaac Newton)이 미적분학에 응용하였던 극대값과 극소값을 결정하는 여러 가지 방법을 창안하였다. 또한 데카르트와는 별도로 해석기하학을 수립하여 3차원 공간을 취급(데카르트는 2차원) 하였으며, 파스칼과 함께 확률의 수학적 이론의 창시자로 일컫고 있다.

대수학(algebra)

수학의 한 분야로 영어의 algebra는 al-jabr라는 아라비아어에서 유래하였으며, 방정식의 이항을 의미한다. 우리말의 대수학은 중국어로 번역한 것을 답습하여 쓰고 있으며, 수 대신 문자를 써서 문제 해결을 쉽게 하고, 또 수학적 법칙을 일반적으로 또 간명하게 나타내는 것을 뜻한다. 오늘날의 대수학은 수학 일반의 기초 분야로서 널리 활용되고 있다.

모든 과학을 수학으로 환원시켜서 생각한다는 근대 과학 정신의 터전을 닦은 사람은 갈릴레오나 코페르니쿠스가 아닌 바로 데카르트였던 것이다. 특히 기하학과 대수학을 하나로 묶고 종합과 분석의 방법을 구사한 '해석기하학(analytic geometry)'은 훗날 수학자들로부터 그에게 '근대 수학의 아버지(Father of modern-mathmatics)'란 칭호를 부여한다.

'해석기하학'이란 대수학과, 도형의 학문으로서의 기하학을 하나로 묶은 수학의 한 분야로, 고대 그리스 수학자들에 의해 시작되었으나, 17세기의 최고의 수학자로 손꼽는 프랑스의 페르마(Pierre de Fermat, 1601~1665)가 이것을 알기 쉽게 자세히 설명하였고, 데카르트에 의해 완성되었다.

또한 '대수학(algebra)'이란 영어표기로써 al-jabr라는 아라비아어에서 유래하며, 수학의 한 분야로 수 대신의 문자를 쓰거나, 수학법칙을 간명하게 나타내는 것으로써, 데카르트는 이러한 대수학을 이론적으로 가다듬고, 계산 기호만을 결합한 형식적인 대수학을 만들어내었으며, 그것을 기하학에 응용시킨 것이다.

뿐만 아니라 그의 라틴어 이름(Renatus Cartesius)에서 비롯한 '데카르트의 좌표(Cartesian coordinate)' 역시 그동안 모양과 성질이라는 틀에서 벗어나지 못하던 기하학 분야에서 도형의 기본인 점의 위치를 표현할 수 있는 좌표로서의 위치를 숫자로도 표현할 수 있게 되고, 도형을 그림이 아닌 대수적인 식으로 나타낼 수 있는 등 큰 변화를 가져왔다.

이런 뜻에서 그의 해석기하학은 단지 수학상의 방법론의 변화라기보다는 수학을 통한 인간의 사고 자체의 질적인 전환이라는 측면에서, 새로운 철학이 탄생으로 해석되기도 한다.

1941년 데카르트는 라틴어로 된 형이상학의 주저인 '제일철학에 관한 성찰(Meditationes de Prima Philosophia)'를 통해 불완전한 것을 의심하고, 이런 의심이 경험된 모든 형태의 지식을 일단 거짓으로 여기고 그것을 거부하는 태도인 방법론적 회의를 주장한다.

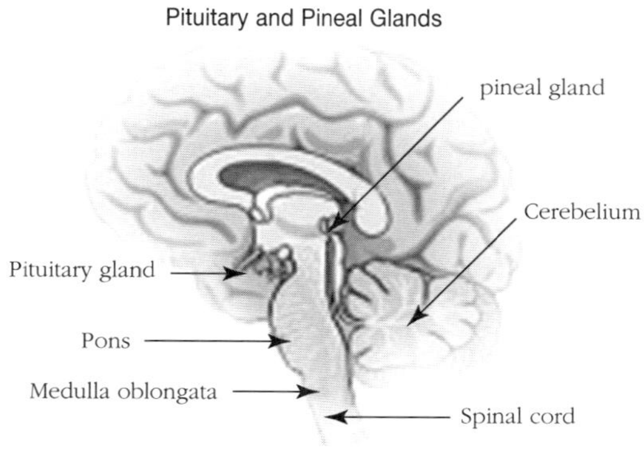

송과선(pineal gland)

또한 1644년에는 '철학의 원리(Principia philosophiae)'를 출간하면서, 인간의 신체 중 두뇌의 기관으로는 쌍을 이루지 않은 유일한 기관인 '송과선(pineal gland)'을 가리켜 이 곳 이 정신과 육체가 만나는 합일점이라고 주장했다. 따라서 정신과 육체는 바로 이 송과선에서 상호작용하는 서로 다른 두 실체이며, 감각기관에 미치는 작용이 신경관을 통해 미세한 물질을 송과선에 전달하여 독특한 진동을 일으키고, 이 진동이 감정과 격정을 유발하여 육체의 작용을 야기한다고 믿었다.

이처럼 데카르트는 다양한 사례를 통해 혁신적인 철학적 사상을 주장하며 세상의 주목을 이끌어내며, 중세철학이 근대로 발전하는 데 지대한 공헌을 한다.

데카르트는 프랑스와 네덜란드를 오가며 말년을 보내던 중 스웨덴의 크리스티나(Alexandra Christina, 1626~1689)여왕으로부터 철학 강의를 제안 받고 스톡홀름에서 지내던 중, 그 자신이 겨울이면 인간의 사고도 물처럼 언다고 말한 스웨덴에서 감기가 폐렴으로 악화되어 1650년 2월 11일 숨을 거둔다.

송과선(pineal gland)

척추동물의 간뇌 등면에 돌출해 있는 내분비선으로 대뇌의 등면을 따라 앞으로 뻗어 두부의 피부를 통과하여 들어오는 빛을 수용할 수 있다. 빛에 대한 감수능력은 선부에 있는 시각세포를 닮은 미세구조물에 의한 것으로 생각되며, 밤과 낮의 명암의 길이나 계절의 일조시간 변화 등 빛의 주기를 감지하여 생체리듬에 관여하는 호르몬을 형성한다.

과학 패러다임

우주를 훔친 과학자 I

아이작 뉴톤(Issac Newton, 1642~1727)

1727년 3월 20일 84세의 나이로 영국 런던의 웨스트민스터(Westeminster) 대성당에 안치되어 있는 아이작 뉴톤의 묘비에는 다음과 같은 말이 새겨져 있다. "여기에 아이작 뉴튼 경이 잠들어 있다. 스스로 발견한 수학적 방법으로 신과 같은 지혜를 가지고 행성의 운동, 혜성의 궤도, 바다의 밀물과 썰물차이를 밝히고, 아무도 예상하지 못했던 빛의 차별과 색의 본성을 규명하고, 자연이나 고대의 사물이나 성서를 연구하여 현명하고 확실하게 해명하여 만능인 신의 위대함을 그의 철학으로 증명하고, 복음서와 같은 간소한 생활을 신조로 하였다. 이 자랑할 만한 인물을 가진 것은 전 인류의 연광이 아니고 무엇이겠는가!"

오늘날 통용되고 있는 과학의 개념은 16~17세기부터 그리스 학문과 르네상스의 사조위에서 근대과학이 조금씩 싹트기 시작하여 17세기 후반에 완성되었는데, 사람들은 이시기를 '과학의 혁명' 이라고 부른다. 바로 이러한 과학혁명으로 일컫는 중심에는 기존의 학문세계를 지배해 오던 아리스토텔레스(Aristoteles, B.C.384~322)적 사고를 깨트리는데 지대한 공헌을 한 과학자들이 있다. 이들을 손꼽으라면 코페르니쿠스(Nicolaus Copernicus, 1473~1543)와 갈릴레이

(Galileo Galilei, 1564~1642), 케플러(Johannes Kepler, 1571~1630) 그리도 베이컨(Francis Bacon, 1561~1626)과 데카르트(Rene Des Cartes, 1596~1650) 그 중에서도 서슴없이 뉴톤을 들 수 있을 것이다.

그러나 이처럼 인류의 자랑으로까지 추앙 받으며 근대과학을 완성시킨 뉴톤의 출생은 영국의 북쪽에 위치한 링커셔(Lincolnshire) 주의 울스 소호프라는 작은 농촌에서 '관성의 법칙'과 '망원경'으로 유명한 이탈리아의 갈릴레이가 사망한 지 200년이 되던 해 크리스마스 날 아침에 10달의 임신기간을 다 못채운 채 태여나는 팔삭동이의 병약한 유복자 아이로부터 시작된다.

'만류인력' 하면 떠오르는 '뉴턴의 사과'는 그것이 떨어지는 것을 보고 뉴턴이 중력의 법칙을 생각해냈다는 이야기는 뉴턴의 조카딸로부터 들었다는 프랑스 작가 볼테르가 처음 한 것으로 전해지고 있다.

1661년, 뉴턴은 대학에서 신분이 가장 낮은 계층으로 여겨지던 가난한 장학생인 사이저(sizer)로 캠브리지의 트리니티 칼리지에 입학했는데, 대학생시절부터 프랜시스 베이컨(Francis Bacon,1561년~1626년)과 르네 데카르트(Rene Descartes,1596년~1650년) 등 초창기 과학자의 저작에 주석을 달 정도로 학문에 대한 뛰어난 재능을 보였다. 대학에서 그는 다양한 학문을 접하게 되었는데, 주로 기하학과 원자론, 화학을 공부하였다. 또한 플라톤 주의자였던 헨리 모어(Henry More, 1614~1687)를 통해 연금술의 근본 사상이었던 마술주의 불리는 헤르메티시즘(Hermeticism)을 접하기도 하였는데, 이것이 뉴턴이 평생 동안 연금술에 관심을 가지게 된 계기가 되었다. 뉴턴이 평생 연금술에 많은 관심을 가지고 있었고, 원격작용에 의한 힘인 보편중력을 생각해내게 된 데에는 신플라톤주의와 헤르미티시즘 사상의 영향이 부분적으로 작용했다

1665년에 학위를 받았지만 캠브리지대학교는 1965~1966년동안 영국 전역에 걸쳐 대대적으로 유행한 흑사병(페스트)으로 인해 런던 인구 중 1/5이 사망하는 최악의 사태로 인해 캠브리지 대학교가 문을 닫게 되었기 때문에 뉴턴은 이기간 동안 고향으로 내려가 과학과 철학에 대한 사색에 많은 시간을 할애할 수 있었다. 훗날 누군가가 뉴턴에게 어떻게 중력의 법칙ㅇ르 발견했냐고 묻자 그는 2년의 이 기간 중 수학이외에의 일에는 손도 대지 않았으며, 특히 18개월 동안을

헨리모어(Henry More, 1614~1687)
영국의 철학자로서, 같은 시대의 과학이나 신학 논쟁에도 관심이 있었지만, 플라톤, 플로티노스 등의 영향을 받아서 그리스드교를 기조로 한 플라토니즘을 주장하였으며, T.홉스의 유물론에도 반대하고 영혼의 불멸과 유기적 자연관을 주장하였다.
특히 인간이 선천적으로 가지고 있다는 본유관념의 존재에 대한 주장이 유명하다.

페스트(pest)
14세기 중기 전유럽에 대유행한 이래 흑사병(Black Death)이라고도 한다. 1894년 프랑스 세균학자 예르생이 홍콩에서 발견하여 분리하였다. 원래는 야생의 설치류(다람쥐 · 쥐 · 비버 등)의 돌림병이며 벼룩에 의하여 동물 간에 유행하는데, 사람에 대한 감염원이 되는 것은 보통 밭다람쥐 · 스텝마못 등으로부터 벼룩이 감염시킨 시궁쥐(집쥐) · 곰쥐 등이다. 1347년 킵차크 부대에 의해 아시아 내륙의 페스트가 유럽에 전파된 이래, 이 병으로 인해 당시의 유럽 인구가 1/5로 줄어들었으며, 백년전쟁이 중단되기도 했다.

루카스(수학) 석좌 교수(Lucasian Chair of Mathematics)

케임브리지 대학교의 수학 관련 분야의 교수직 가운데 하나이며, 이 직책은 1639년부터 1640년까지 케임브리지 대학 의회 의원이었던 헨리 루카스에 의해 1663년 만들어졌으며, 왕으로부터 공식으로 승인된 것은, 1644년 1월 18일 찰스 2세에 의해서였다.

루카스는 그의 유언장에서 4000권의 책 상당의 도서관을 대학에 기증했으며 그의 부동산의 이자에서 나오는 해마다 100파운드를 교수 기금으로 출연했다. 루카스가 내건 조건은 석좌 교수가 교회에서 활동하면 안된다는 것이었다. 아이작 뉴턴은, 당시 많은 교수들의 반대에도 불구하고, 찰스 2세에게 이러한 조항을 수정을 요구하여 성직을 겸할 것을 부탁했다. 왕은 뉴턴을 지지했으며 성직을 겸할 것을 허락했다.

현재의 루카스 석좌 교수는 스티븐 호킹이며 1980년에 지명됐다.

- 1664 Isaac Barrow
- 1669 Sir Isaac Newton
- 1702 William Whiston
- 1711 Nicholas Saunderson
- 1739 John Colson
- 1760 Edward Waring
- 1798 Isaac Milner
- 1820 Robert Woodhouse
- 1822 Thomas Turton
- 1826 Sir George Biddell Airy
- 1828 Charles Babbage
- 1839 Joshua King
- 1849 Sir George Stokes
- 1903 Sir Joseph Larmor
- 1932 Paul Dirac
- 1969 Sir James Lighthill

로버트 훅의 현미경

"내내 그 생각만을 하고 있었다"라고 할 만큼 뉴턴 자신에게는 "발견에 있어서 전성기를 이루었다"고 평가할 만큼 '경이의 해'로 기록되어 있다.

1667년에 뉴턴은 트리니티 대학에서 석사학위를 받았으며, 이때 루카스(H. Lucas)라는 재벌이 1663년에 남긴 재산으로 수학과에 개설된 루카스 강좌의 수학담당 교수였던 아이작 배로(Issac Baarrow, 1630~1677)에게 수학 천재성이 눈에 띄어 훗날 1969년 배로의 후임으로 26살의 나이로 캠브리지 대학에서 제 2대 루카스 석좌 수학교수(Lucasian professor of Mathematics)가 되어 광학을 강의하게 된다. 그는 이미 "태양 빛은 여러 개의 색깔을 가진 광선이 혼합된 것"이라는 강의를 통해 빛이 단색광이 아니라 혼합광이라고 주장했다. 무엇보다도 그는 1672년 '철학회보'에 그가 만든 반사망원경과 관련된 해설을 실어 당시 천문학자들을 비롯한 학계의 과학자들로부터 높은 명성과 함께 주목을 끌기 시작했다. 또한 같은 해에 빛의 입자성과 색채에 관한 논문을 왕립학회에 발표하였으며, 이로 인해 당시 왕립학회의 영향력 있는 실험 관리자인 로버트 후크(Robert Hooke, 1635~1703)와 격한 논쟁을 벌이게 된다.

로버트 후크는 1665년 현미경을 이용하여 곤충, 깃털, 화석 등을 그린 스케치를 엮어 'Micrographia'라는 책을 출간하였으며, 물체가 원래의 형태로 돌아가려는 성질인 탄성에 대해서도 연구했을 뿐만 아니라, 중력이 거리의 제곱에 반비례해서 달라진다는 사실을 내용으로 하는 '지구의 운동을 증명하는 시도(Attempt to Prove the Motion of the Earth)' 에서 내린 괄목할 만한 결론을 가지고 자신의 연구가 뉴턴의 만류인력 연구에 도둑맞았다고 주장하기도 했다. 뿐만 아니라 뉴턴은 굴절망원경과 빛의 파동설로 유명한 하위헌스(Christian Huygens, 1629~1695)와 '공기와 에테르에 관해서(De aere et aethere)' 라는 논문을 통해서는 보일(Robert Boyle, 1627~1691)과 그리고 미적분학을 제창한 라이프니츠(Gottfried Wilhelm von Leibniz, 1646~1716)와 같은 과학자들과도 자신의 연구에 대한 우수성을 입증하기위해 수 많은 논쟁을 계속해나갔다.

뉴턴과학

뉴턴은 16세기에서 17세기에 걸친 과학혁명기의 절정이 있었으며, 그가 과학계에 남긴 업적은 매우 다양하고 대단하다고 할 수 있다. 제일 먼저 그는 반사망원경을 개발하여 '뉴턴의 원무늬(Newton's ring' Newton's ring)' 라고 일컫는 빛의 간섭 줄무늬를 발견하였고, 빛이 공간에 전달되는 방법에 대하여 파동설(wave theory)에 반하여 입자설(particulate theory)을 주장하였다. 또한 미분적분학을 연구하여 수학계에 혁명을 일으켰으며, 운동의 법칙을 연구하여 만류인력을 주장하였다. 이처럼 뉴턴이 이룩한 과학적 업적은 그동안 2000년을 지배해왔던 당시의 아리스토텔레스적 과학관을 뛰어넘어 가히 '과학혁명' 이라고 불려질 만큼 대단했다. 비록 20세기 들어와 뉴턴의 업적은 중 하나인 뉴턴역학은 아인쉬타인의 상대론과 양자 역학으로 발전하여 다시 태어나는 진통을 겪지만 그가 이룩해놓은 역학 체계의 방법론 및 그 구조의 가치는 지금까지도 존중되고 있다. 특히 뉴턴의 위대성은 아인시타인이 인정했듯이 "아인쉬타인 자신의 업적은 미시세계에는 맞지 않았던 뉴턴의 법칙을 즉, 원자세계나 빛의 속도와 같은 아주 빠른 속도세계에서 적용 가능하도록 뉴턴 역학을 약간 개량한 것이다"라는 주장에서도 읽을 수있다. 다시 말하면 서양 과학사를 통 털어서 뉴턴역학은 인류가 2000년을 누려왔던 아리스토텔레스의 자연관을 대체했고, 이러한 뉴턴 역학은 20세기 들어서서 아인시타인의 상대론으로 다시 수정되고 양자역학과 더불어 오늘 날의 현대 물리학

로버트 훅(Robert Hooke, 1635~1703)
영국의 옥스퍼드대학의 크라이스트 처치 칼리지를 졸업하였으며, 화학자 · 물리학자 · 천문학자로서 기체법칙의 발견에 기여하고, 연소와 호흡에 관하여 '연소설' 을 주장하였으며, 물리학에서는 박막의 색에 관한 연구로 파동설의 선구가 되었다. 천문학 분야에서는 오리온자리의 관측, 목성의 회전, 연주시차의 측정 등의 연구가 있다.

하위헌스(Christiaan Huygens, 1629~1695)
네덜란드의 물리학자 · 천문학자로서, 굴절당원경을 제작하여 토성이 고리를 가진 것을 발견하였으며, 탄성체의 충돌문제, 진자운동을 연구하여 운동량보존법칙, 에너지보존법칙에 해당하는 이론을 전개, 역학의 기초를 세우는 데 공헌하였다.
또한 빛의 파동설을 수립하였으며 파가 진행하는 모양을 그림으로 구하는 방법을 나타내는 '하위헌스의 원리(Huygens' principle)' 인 하위헌스의 원리를 주장하였다.

뉴턴의 원무늬(Newton's ring)
1665년 R.훅에 의해 처음으로 관측되었으나, 그후 뉴턴에 의해 원무늬의 반지름이 정밀하게 측정되었기 때문에 뉴턴의 원무늬라고 한다. 이는 엷은 막에 의한 빛의 간섭현상으로, 한쪽 면이 평면인 볼록렌즈를 볼록한 면이 아래를 향하도록 둔 상태에서 빛을 렌즈의 중심부에 비추면 렌즈의 중심부를 기준으로 동심원 모양의 간섭무늬가 생기는 것을 가리킨다.

파동설(wave theory)
빛이 물결파처럼 한 파면에서 다른 파면으로 전파될 때, 원래 파면의 각 지점에서 구면파가 발생하고 그 구면파가 중첩되어 모인 것이 다른 파면이 된다는 가설로부터 시작한다. 파동설은 17세기 C.하위헌스에 의해 처음으로 기초가 다져졌는데, 당시에는 빛을 미립자의 흐름이라고 보는 입자설과 대립했으나 19세기에 들어와서 T.영과 A.J.프레넬에 의해 파동설이 확립되었다.그 후 전자기학이 형성되어 빛은 전자기파라고 여겨졌으나 A.아인슈타인이 광양자설을 제시함으로써 현재는 파동과 동시에 입자의 측면을 가지고 있다는 사실이 명백해져 빛을 파동이라는 개념만으로는 설명할 수 없다

입자설(particulate theory)
뉴턴이 빛이 미립자로 이루어져 있다면서 처음으로 제시하였다. 뉴턴은 1704년 저서《광학》에서 빛의 본체는 물체에서 사출되는 미립자라는 견해를 발표하여, 빛이 파동이라고 생각한 C.하위헌스의 설에 대응하였다. 19세기에 T.영이 입자설로는 설명할 수 없는 빛의 간섭현상을 발견하여 파동설을 수립하기까지 빛의 입자설이 일반적으로 받아들여지게 되었다. 1905년에는 A.아인슈타인이 광양자설을 발표함으로써 입자설은 부활하였고, 오늘날 양자역학에서는 빛의 파동설과 입자설이 양립할 수 있는 것으로 다루어지고 있다

으로 발전되었다고 말하기도 한다. 이러한 이유에서 사람들은 뉴턴의 과학업적을 제1의 과학혁명이라고 부르고, 현대 물리학으로 대변되는 아인쉬타인의 상대론과 양자역학을 제 2의 과학혁명이라고도 부른다. 그러나 오늘날 현대를 이끌어가고 있는 과학세계에서 뉴턴의 역학과 아인쉬타인의 상대론과 양자역학을 각각 제1, 제2의 과학혁명으로 분리해서 평가한다는 것은 이 두 위대한 과학자가 인류역사에 이룩해놓은 과학업적을 제대로 이해하지 못한다고 밖에 볼 수 없을 것이다.

이러한 의미에서 뉴턴의 최고 업적이라고 평가되고 있는 '프린키피아'와 '광학'은 그 깊이를 측정할 수 없을 만큼 차라리 '철학적이다' 라고까지 말하고 싶다.

프린키피아

프린키피아(Principia) 원본

근대역학의 완성을 말하기위해서는 천재물리학자라고 불리는 아인쉬타인에 앞서 역사적으로 볼 때 가장 위대한 과학자로 추앙받는 뉴턴의 '자연철학의 수학적 원리(Philosophiae Naturalis Principia Mathematica)', 혹은 ' Principia(프린키피아)'라는 3권의 책으로부터 시작해 나가야 할 것이다.

뉴턴은 16세기에서 17세기에 걸친 과학혁명기의 절정기에 살았으며, 당시 중세 유럽은 그리스와 아랍학문이 지배하던 시대였다. 이와 같은 시대에 뉴턴이 자신의 최고의 업적으로 인정받고 있는 '프린키피아'를 세상에 내놓기 위해서는 먼저 이러한 뉴턴에게 영향을 미친 과학자들을 살펴봐야 할 것이다.

특히 천문학과 관련된 분야에서는 코페르니쿠스와 캐플러 그리고 갈릴레이를 손꼽을 수 있다. 먼저 코페르니쿠스(Nicolaus Copernicus, 1473~1543)는 뉴턴보다 1세기 전에 살았던 폴란드의 천문학자로써 이름 없는 성당의 참 사원 이었는데 당시 교회의 권위를 부정하지 못한 채 자신의 사후 출판을 허락했던 1543년에 출판된 '천구의 회전에 대하여(De evolutionibus orbium celestium)'을 통하여 당시 교회의 자연관에 힘을 얻어 정설(定說)처럼 인정받고 있던 아리스토텔레스(Aristoteles, B.C.384~322)와 프롤레 마이오스(Klaudios Ptolemaeos, 85~165)의 지구중심체계, 즉 우주의 중신은 지구이고 그 주위를 태양과 달과 행성이 돌고 있다는 '천동설'에 대해서 "우주에서 모든 행성과 항성은 천구라는 투명한 공에 부착되어 태양을 중심으로 회전한다"는 '지동설'을 주장한다. 그러나 그 역시 천구라는 과거의 개념을 버리지 못한 채 원운동을 사용했다.

이러한 코페르니쿠스의 천구라는 원운동의 개념으로부터 천문학을 새롭게 조명한 사람이 바로 오스트리아의 한 고등학교에서 수학과 수사학을 가르치던 요한네스 케플러(Johannes Kepler, 1571~1630)였다. 케플러는 덴마크출신의 천문학자인 티코 브라헤(Tycho Brahe, 1546~1601)이 관측해놓은 막대한 량의 천체 관측자료를 토대로 행성이 타원궤도를 그린다는 캐플러의 제1법칙을 발견했으며, 그 후 캐플러의 제2법칙과 제3법칙을 내놓았다. 이처럼 하늘의 운동이 케플러에 의해 수정 되었다면 지상의 운동의 재검토에는 갈릴레이(Galileo Galilei, 1564~ 1642)가 그 역할을 하게 된다. 1589년 이탈리아 피사대학의 수학교수로 있던 갈릴레이는 '피사의 사탑'에서 무게가 다른 쇠공을 낙하시켜 '모든 물체는 무게에 관계없이 똑같이 떨어진다'라는 실험을 통해 '낙하운동의 과정에서 떨어지는 물체의 속력은 그 물체의 무게에 비례하며, 속력은 시간에 따라 변하는 것이 아니라 떨어지는 순간의 속력으로 일정한 속력을 유지한다"는 아리스토텔레스의 이론을 정면에서 부정함으로서 종교계에 미움을 사기도 했다. 뿐만

튀코 브라헤(Tycho Brahe, 1546~1601)
덴마크의 천문학자로서 그는 코페르니쿠스 체계(지동설)의 기하학적 장점과 프톨레마이오스 체계(천동설)의 철학적 장점을 결합하여 태양이 지구 둘레를 도는 동시에 다른 행성들이 태양 둘레를 돈다는 수정된 천동설로 불려지는 '튀코 체계'를 주장하였다.

케플러(Johannes Kepler, 1571~1630)
그는 본연의 신학을 버리고 코페르니쿠스의 지동설에 감동되어 천문학으로 전향하였으며, 1595년 천체력을 발간하고, '우주구조의 신비'를 출판하여 행성의 수와 크기, 배열간격에 대한 생각을 밝혔다. 1600년 그라츠대학을 떠나 프라하로 옮겨 브라헤의 제자가 되었으며, 브라헤 사후 16년간의 화성관측 자료를 이어 받아서 1609년에는 '신천문학'을 출판하면서 케플러의 법칙(Kepler's laws)인 행성의 운동에 관한 제1법칙인 '타원궤도의 법칙'과 제2법칙인 '면적속도 일정의 법칙'을 발표하여 코페르니쿠스의 지동설을 수정 · 발전시켰다. 1611년에는 '굴절광학 Dioptrice'을 저술하여 케플러식 망원경의 원리를 설명하였으며, 1619년 '우주의 조화 De Harmonices Mundi'를 출판하여, 행성의 공전주기와 공전궤도의 반지름과의 관계를 설명한 행성은 동의 제3법칙을 발표하였다. 1627년 로그를 사용하여 행성의 위치를 계산한 '루돌프표(表) Tabulae Rudolphinae'를 만들었다. 케플러의 법칙은 후에 뉴턴이 만유인력을 발견하는 데 핵심적인 수학적 기초를 제공해 주었다.

갈릴레이(Galileo Galilei, 1564~1642)
이탈리아의 천문학자 · 물리학자 · 수학자이며, 진자의 등시성 및 관성법칙을 발견하고, 코페르니쿠스의 지동설에 대한 지지 등의 업적을 남겼다. 지동설을 확립하려고 쓴 저서 '프톨레마이오스와 코페르니쿠스의 2대 세계체계에 관한 대화 : Dialogo sopra i due massimi sistemi del mondo, tolemaico e copernicaon'는 교황청에 의해 금서로 지정되었으며 이단행위로 재판 받는다. 그러나 그의 사후에 그의 학자적 고집과 인간적인 면이 많은 이들에게 높이 평가되면서 많은 일화를 남기기도 한다.

아니라 1610년에는 오목렌즈와 볼록렌즈를 이용해서 멀리 있는 물체를 크게 볼 수 있는 망원경을 개발하여 목성을 관측하여 '별들의 소식' 이라는 책에 기록했을 뿐만 아니라 달의 표면이 거의 지구표면과 같다는 사실을 관측하였으며, 태양마저도 흑점이 있다는 관측결과를 제시함으로써 다시 한번 아리스토텔레스의 "천상계는 불변이다"라는 당대의 고정관념을 깨트리며, '지동설' 에 한층 더 힘을 실어주게 된다. 또한 진자의 '등시성' 을 발견하고, 경사면에서의 사고 실험을 통해 기본적인 관성의 개념을 내놓게 되며, 훗날 이러한 주장은 데카르트(Rene Descartes, 1596~1650)에 의해서 '다른 힘이 작용하지 않는 한 모든 물체가 똑 같은 상태를 유지하려고 하며, 운동하는 물체는 직선으로 그 운동을 계속하려 한다"는 직선운동의 관성개념으로 확장되어 뉴턴에 영향을 미치게 된다. 그러나 1633년 갈릴레이는 종교재판소로부터 사형을 언도 받고 강요에 못 이겨 지동설 주장을 포기하기로 선서를 해야 할 상황까지 치닫게 되었지만, 그럼에도 불구하고 그가 남긴 "Epper si muove!", 즉 "그래도 지구는 돈다"라는 말을 남김으로써 자신의 주장에 확신을 갖고 있었다.

DE MOTIS. STELI E MARTIS.

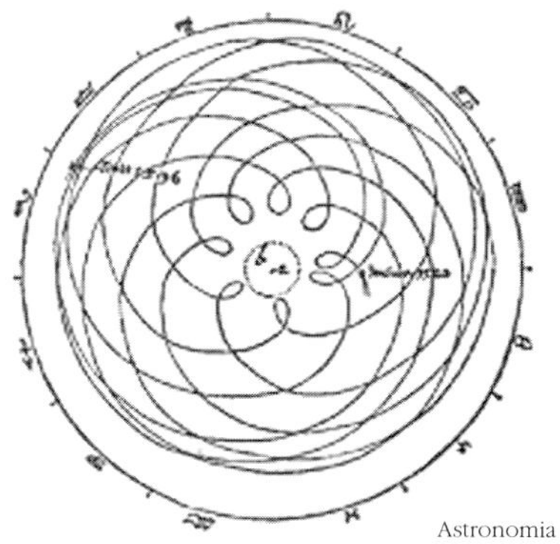

Astronomia nova, Chapter 1, by Johannes Kepler(1609).

뉴턴의 '동역학' 에 대한 관심은 '경이의 해' 로 불리는 1965~1966년부터 시작해서 '프랜키피아' 가 출판 될 때 까지 무려 20여년간을 묻혀 있었다. 과학의 르네상스라고 불릴 만큼 여러 방면에서 다양한 과학자들이 쏟아 내놓은 과학이론들은 이전까지 유럽을 지배해오고 있었던 아리스토텔레스적 자연관을 거부하고 새로운 과학 패러다임을 추구하기 시작했다고 해도 과언이 아닐 것이다. 특히 뉴턴이 주목했던 '힘' 과 '속도' 로 대표되는 천체 및 역학분야에서는 이미 케플러와 갈릴레오에 의하여 '지동설' 과 함께 태양주위를 돌던 행성들의

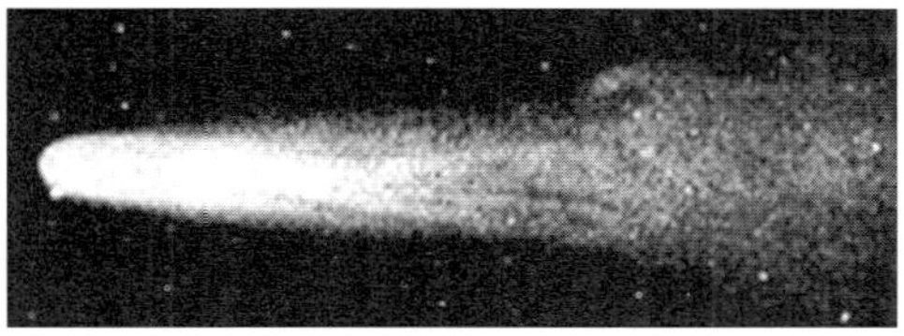

헬리혜성(Halley's Comet)

존재가 밝혀지고, 등속도 운동개념을 내용으로 하는 관성의 법칙이 알려지면서 운동에 관하여 수학적 설명을 요구하는 보다 정량적 관심이 대두되었다.

특히 뉴턴이 자신의 20년간 간직했던 미완의 '프랜키피아'를 세상에 내놓아 빛을 볼 수있도록 지원을 아끼지 않은 결정적인 역할을 한 공로자로 알려진 핼리(Edmond Halley, 1656~1742)에 의해서 빛을 보게 된다. 우리에게는 핼리혜성(Halley's Comet)으로 잘 알려진 영국 출신 과학자로써 1705년 뉴턴이 발표한 만류인력의 이론에 따라 당시 알려져 있는 24개의 혜성의 궤도를 계산함으로써 1531년, 1607년, 1682년에 출현 한 바 있는 3개의혜성이 동일한 궤도를 돌고 있다는 것을 발견했으며, 이를 통해 동일한 혜성이 76년 주기로 태양의 주위를 돌고 있다는 것을 밝혀냈다.

그 당시 영국 왕립학회 회원이었던 핼리는 1684년 캠브리지를 방문하여 뉴턴으로부터 캐플러의 제 3법칙으로부터 자신이 주장했던 '태양을 향하는 인력이 행성과 태양사이의 거리제곱에 반비례한다고 가정하면, 행성의 궤도 곡선이 어떻게 될까'라는 의문에 대해 뉴턴으로부터 ' 궤도가 타원이 된다'라는 말을 듣게 된다. 이렇게 해서 뉴턴과 핼리의 역사적인 조우가 이뤄지고 뉴턴은 자신이 20년 동안 자신의 책상 서랍 속에 묻어두었던 불후의 업적인 '프랜키피아'는 불과 18개월 만에 완성되게 된다. 훗날 이를 두고 헬리는 '자신이 아킬레스를 길러낸 율리시스'였다고 말했다고 전해지고 있다. '프랜키피아'는 과거 10년 동안 신학과 연금술에 빠져 생활해온 뉴턴의 연구신학연구와 관련된 생활패턴을 바꾸게 하였으며, 이를 두고 후세사람들은 뉴턴은 과학자이전에 신학자라고 말하기도 한다. '물체의 궤도 운동에 관하여(De motucorporum in gyrum)'이란 제 소논문에서 시작된 '프린키피아' 초판은 라틴어로 씌어진 510쪽 분량의 방대한 책이었다.

'프린키피아'는 천체의 운동 및 지상의 운동을 종합적으로 집대성한 책으로써 '물질' '운동' '힘' 그리고 '절대 시간'과 '절대 공간' 등

핼리(Edmund Halley, 1656~1742)
영국의 런던에서 출생하여 옥스퍼드대학을 나온 천문학자이며, 1682년 출현한 혜성을 관찰하고, 1705년 I.뉴턴의 역학을 적용하여 그 궤도를 산정한 '혜성 천문학 총론'을 간행하였으며, 그 후 그 혜성을 헬리혜성(Halley's Comet)이라고 불렀다. 특히 혜성이 태양의 주위를 76년의 주기로 돌고 있다는 그의 예언은 1758년의 크리스다스날 밤에 정확히 적중하였다. 뉴턴의 '프린키피아'를 출판에 실질적으로 도움을 주는 등 뉴턴과의 20년의 교우관계로도 유명하다.

유클리드(Euclid, B.C. 330? ~ B.C. 275?)
그리스식 표기는 Eukleidēs이며, 그리스 기하학, 즉 '유클리드 기하학'의 대성자로서, B.C. 300년경에 활약한 그리스의 수학자이다. 유클리드 기하학(Euclid 幾何學)은 그리스 철학자 에우클레이데스가 구축한 기하학으로, 기하학을 기본적인 공준과 공리, 그리고 그에 따라 증명되는 여러 정리로 체계화시켰다. 유클리드 기하학은 평면이나 찌그러짐이 없는 공간의 도형의 성질을 다루는 것이 유클리드 기하학이고, 곡면 휘어진 공간등의 도형을 탐구하는 것이 비유클리드 기하학이다.

에 대한을 정의를 중심으로 이끌어가고 있으며, 전체적으로 책의 내용은 Book I, II, III로 나눠져 있지만 두 권으로 출판 되었다. Book I과 II가 한 권으로 묶여있고, 전체적인 형식은 정의(definition), 법칙(law),추론(corollary), 보조정리(lemma), 증명(proof)의 순서로서 유클리드(Euclid)기하학 형식을 따르고 있다.

Book I은 주로 진공 중의 입자의 운동을 다루고 있으며, 관성의 법칙, 힘과 가속도에 관한 뉴턴의 운동 법칙, 작용 반작용의 법칙 등 뉴턴의 유명한 운동의 3법칙에 관해 다루고 있다. Book II는 뉴턴 자신의 증언에 의하면 1686년 가을 동안에 완성본을 끝냈으며, 저항이 있는 매질 내의 운동에 관한 유체역학 분야이며, 데카르트 이론이 해결하지 못한 소용돌이 운동(vortex)의 동력학적 조건에 대한 수학적 해석방법을 통한 반박을 주 내용으로 하고 있다.

Book III은 '우주의 체계에 관하여(de Systemate mundi)'란 원제를 갖고있는 논문으로써 "모든 우주를 통해 질량을 가진 모든 물체에 작용하는 만류인력의 크기는 두 물체의 질량의 곱에 비례하고, 두 물체간 거리의 제곱에 반비례한다"는 천체 역학에 관한 내용이었다. 여기서 뉴턴은 케플러의 행성 운동에 관한 법칙에 대해서 지구상의 물체에 적용했던 운동방정식을 태양계의 행성에게까지 적용해서 행성들의 운동을 증명함으로써 지구의 세차운동, 달의 운동의 불규칙성, 조석운동, 혜성의 운동 등을 수학적으로 설명했다.

현대역학은 물론 근대 역학의 기본으로 인정받고 있는 '프린키피아'의 Book I을 주로 구성하고 있는 '물체의 궤도 운동에 관하여(De motucorporum in gyrum)' 논문 중 관성의 법칙, 가속도의 법칙, 작용 반작용의 법칙으로 더 잘 알려져 있는 뉴턴의 제1, 제2, 제3 법칙을 요약하면 다음과 같다.

1. 제 1 법칙 : 관성의 법칙

"모든 물체는 그 운동 상태가 바뀌도록 외부에서 힘이 작용하지 않는 한 정지상태나 직선상의 등속운동 상태를 그대로 유지한다".

이 법칙은 갈릴레이가 시작하여 데카르트가 완성 한 것을 뉴턴이 수학적으로 다시 표현했다고 할 수 있다. 모든 질량을 가진 물체는 외부에서 힘을 받지 않는 한 변화(운동)를 원하지 않는 성질을 말한다.

관성의 법칙이라고도 부르며 인문과학적인 '타성'이란 표현도 비슷한 의미이다.

2. 제 2 법칙 : 가속도의 법칙

"운동의 변화는 힘의 크기에 비례하고 작용하는 힘의 방향으로 일어난다".

$$F=ma(F : 힘, m : 질량, a : 가속도)$$

제 2 법칙은 일반적으로 운동 방정식이라 부르며, 힘과 가속도의 관계로써 중력과 중력 가속도를 직접 설명하고 있다.

매우 간단한 표현이지만 뉴턴 과학사상의 핵심이라 할 수 있다. 즉 가속도의 원인은 힘이라는 것이다. 반대로 구속되지 않은 물체는 힘을 받으면 가속도가 생긴다는 의미이다. 이때 힘은 중력이든 전기력이든 혹은 직접적인 접촉으로 생기는 힘이든 그 원인은 상관이 없다. 따라서 제 2 법칙은 제 1법칙을 포함하고 있다. 즉 힘이 작용하지 않는 한 가속도가 없다 즉 속도가 일정하다는 내용이다(정지 상태도 속도가 0인 특수한 상태를 말한다).

운동 방정식은 법칙(Law)이라고 부르지만 한편으로는 힘 자체의 정의라고도 볼 수 있다. 그 당시까지 힘에 관한 확실한 정의가 존재하지 않았기 때문이다. 이러한 힘에 대한 정의 및 가속도와의 관계는 뉴턴이 오랫동안 생각했던 중력에 대한 해답을 구하는 과정에서 자연스럽게 생겨난 듯하다.

제 2 법칙은 중력과 중력 가속도를 직접 설명해준다. 뉴턴은 대학 졸업 후 얼마 되지 않아 "달이 궤도에서 벗어나지 않는 이유는 무엇일까?"하는 의문을 품게 된다. 사과를 손에 들고 있다가 놓으면 수직으로 지상에 떨어진다. 물론 지구의 중력 탓이다. 만약 수평 방향으로 던진다면 수직성분의 중력과 수평방향의 힘의 합으로 제법 먼 거리까지 날라 포물선을 그리며 지상과 충돌한다. 만약 중력이 없다면(수직 방향의 힘이 없다면) 사과는 제 1법칙에 의하여 한없이 직선운동을 계속해 지구와 멀어진다.

뉴턴은 달의 인력과 지상의 중력을 같은 종류의 인력으로 가정했다. 인력에 의해 가속도가 생긴다면 그 가속도는 크기가 얼마일까? 당시 이미 지구의 크기 및 지구에서 달까지의 거리는 알려져 있었다. 이 거리와 중력에 의해 1초 동안 지상의 물체가 낙하하는 거리 및 달이 지구에 가까워지는 거리와의 관계에서 중력은 두 물체 간의 거리에 정확히 역자승으로 비례한다는 사실을 밝히게 되었다.

즉 초기에 달은 수평방향의 힘과 지구의 인력이라는 수직방향의 힘이 존재했다. 이때 수평방향의 힘에 의한 초기속도가 증가해 탈출속도가 되면 지구중심의 원 운동이 된다고 할 수 있다. 달에 대한 지구의 인력, 그리고 포탄과 사과에 대한 인력의 크기는 지구 중심에서의 거리에 반비례로 줄어든다. 이러한 관계를 추론하면 만류인력(중력)의 크기는 다음과 같아야 한다는 결론에 도달한다.

$$F = G \cdot m_1 m_2 / R^2$$

(G는 만류인력 상수, m_1, m_2는 두 물체의 질량 그리고 R은 두 물체 간의 거리이다.)

만류인력은 두 물체의 질량에 비례하고 거리의 자승에 반비례 한다. 따라서 우리 주변에서 가장 큰 질량을 가진 지구의 인력이 가장 크다. 이 힘이 중력이며 그 힘의 크기를 보통 무게로 표현한다. 따라서 m_1은 지구의 질량이고 m_2는 나의 질량이다. 물론 프린키피아에는 운동방정식이나 만류인력의 공식이 직접 쓰이지는 않는다. 다만 수식 없는 말로 서술되어 있다. 수식은 방정식에 문자를 쓰게 된 19세기 후반부터일 것이다.

모든 물체 간에 성립하는 이 법칙은 태양과 행성뿐만 아니라 지구와 달, 더 나아가 우주의 모든 별들 간에 작용하는 특별한 성격을 가진 새로운 종류의 힘이다. 만류인력은 그리스 시대의 지상 및 천상의 법칙을 통합했다. 만류인력에서 케플러의 제2, 제 3 법칙을 그대로 유도할 수 있으며 왜 행성이 타원 괘도이어야 하는지 증명하게 되었다.

3. 제 3 법칙 : 작용 반작용의 법칙

"작용이 있으면 항상 같은 크기의 반대로 작용하는 힘이 있다. 즉 두 물체가 서로 작용하는 힘의 크기는 항상 같고 반대 방향을 향한다".

제 3 법칙은 지구가 사과를 끄는 힘은 사과가 지구를 끄는 힘과 같다는 것을 말해 준다. 더 중요한 점은 이 법칙에 의하여 행성 운동 법칙의 복잡한 문제 해결에 도움이 되었다는 사실이다. 지구를 포함한 모든 행성들은 크고 복잡한 구조로 되어 있으며 그 내부의 각 부분들은 서로 힘을 미치고 있다. 제 3 법칙에 따르면 힘의 성격에 관계없이 이들 내부적인 힘들은 서로 상쇄된다. 따라서 태양 주위의 행성 운동의 계산에서 행성의 크기는 무시해도 좋다. 행성뿐만 아니라 태양도 마찬가지로 전체 중량이 그 중심에 집중되어 있다는 가정이 가능해진다.

광학

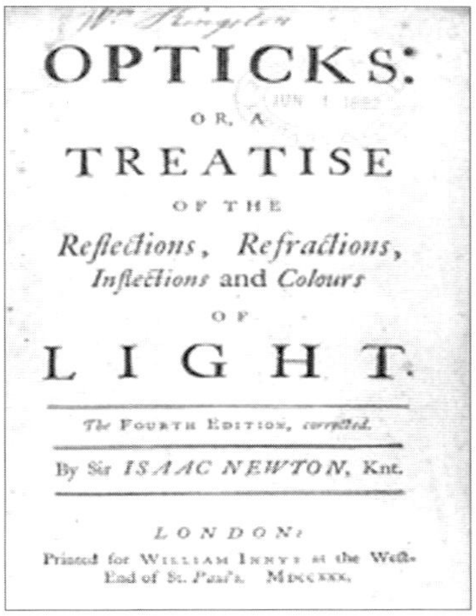

OPTICKS:
OR, A
TREATISE
OF THE
Reflections, Refractions, Inflections and *Colours*
OF
LIGHT.
The FOURTH EDITION, corrected.
By Sir *ISAAC NEWTON*, Knt.
LONDON:
Printed for WILLIAM INNYS at the West-End of St. *Paul's*. MDCCXXX.

뉴턴의 광학(Opticks) 원본

1965~1966년 동안 영국 전역에 걸쳐 대대적으로 유행한 흑사병(페스트)으로 캠브리지 대학교가 문을 닫게 되었기 때문에 고향인 링커셔(Lincolnshire) 주의 울스 소호프(Woolstrorpe)로 내려간 뉴턴은 훗날 "발견에 있어서 전성기를 이루었다"고 평가할 만큼 '경이의 해'로 기록되어 있는 2년의 이 기간 중 훗날 '프린키피아'라는 불후의 업적을 남기는데 공헌한 '만류인력' 이론 외에도 빛의 성질에 관한 다양한 실험을 하게 되는데, 이것이 바로1704년에 출판되어 뉴턴의 또 다른 업적으로 평가받게 되는 '광학(Opticks)'이다.

이기간 동안 뉴턴은 프리즘(Prism)을 가지고 빛과 색에 관한 연구에 심취해 있었다. 당시 과학자들은 하얀 빛을 순수한 빛으로 알고 있었으며, 이 순수한 빛이 프리즘을 통과하면 탁해지거나 어두워진다고 생각하고 있었다. 이에 대해 뉴턴은 방을 어둡게 한 뒤 창문을 통해 들어오는 빛이 프리즘을 통과하게 하여 한 쪽 벽의 스크린에 7가지의 각자 다른 색으로 구성된 무지개로 펼쳐지는 스팩트럼을 발견했으며, 다시 스크린과 첫 번째 프리즘사이에 두 번째 프리즘을 거꾸로 설치하여 스팩트럼의 무지개 색을 다시 원래의 한 가지 색으로 모아지는 것을 발견하였다. 뉴턴은 이 실험을 통해 빛이 프리즘을 통과하는 동안 굴절된다는 사실은 알아냈으며, 여러 빛이 반사와 굴절을 다르게 하고 물체의 색이 그 입자들의 두께와 관계한다는 것을 알게 된다.

뉴턴은 1666년 '색채에 관하여(Of Colours)' 란 논문을 출판한 이후 빛의 균일성에 관한 문제와 빛의 입자 개념에 대해 아직 명백한 주장을 내리지 못하고 있었다. 그러나 1672년에 로버트 후크(Robert Hooke, 1635~1703)를 비롯한 과학자들 간의 계속되는 토론을 통해 마침내 자신이 주장하던 빛의 입자설에 대해 '빛에 관한 가설(Hypothesis of Light)' 을 통해 확신하게 되고, 1675년에는 박막의 간섭무늬 실험에서 밝고 어두운 동심원 모양의 원무늬를 관찰하여 '뉴턴의 원무늬(Newton's Ring)' 로 이름 붙여진 간섭현상을 발견하였다.

마침내 1704년 뉴턴은 자신이 1675년에 주장했던 '관찰에 관한 강론(Discourse of Observation)' 과 함께 물체의 색과 빛의 균일성에 적합한 박막현상을 통해 빛을 입자로 보고, 새로운 실험 도구인 프리즘을 이용해서 빛의 반사, 굴절, 분산을 비롯해서 색에 대한 다양한 성질에 대한 연구를 집대성한 '광학(Opticks)' 을 출판하게 된다. 그러나 이 책은 1672년경에 이미 거의 완성된 논문이었지만 '만류인력' 과 '망원경' 등 자신의 연구와 광범위한 논쟁을 벌였을 뿐만 아니라 '빛이 파동의 형태로 전달된다' 는 뉴턴의 논문이 후크 자신의 아이디어를 표절했다고 비난 하는 등 최대 정적으로까지 표현되었던 후크가 죽고 자신이 1703년 왕립학회의 회장이 된 후에야 출판되었다. 특히 뉴턴이 캠브리지 대학에서 강의했던 '광학' 은 뉴턴이 죽은 뒤 1729년에 '광학강의' 로 출판되었다.

이 책의 주요한 특징 가운데 하나로는 뉴턴은 데카르트주의자들이 가정했던 빛에 대한 미시적 메커니즘은 그 존재론적 근거가 불충분하다고 생각했고, 따라서 자신은 실험적으로 분명히 입증할 수 있는 거시적인 메커니즘만을 논의하려 했던 것이다. 이처럼 뉴턴은 이미 아리스토텔레스에 의하여 빛이 파동의 일종이라고 추론된 이래로, 호이겐스(Christian Huygens, 1629~1695)와 로버트 후크(Robert Hooke, 1635~1703)를 통해 파동설로 자리매김하고 있던 당시의 빛에 대한 개념에 대해 자신의 실험을 통해 빛이 입자에 의해 전달된다는 입자설을 내놓게 되며, 이러한 두 논리는 결국 빛이 파동이며 입자라는 빛

우주로 보낸 현대 허블 망원경

의 이중성개념으로 자리 잡게 된다. 물론 이 같은 주장들은 1905년에 아인쉬타인의 광전효과를 통해 '광자'라는 개념으로 현대물리학에 확인된다.

이처럼 뉴턴은 빛의 분명한 직진성 때문에 파동성을 부정하였지만, 이러한 이유 외에는 입자론적 설명을 고집하지는 않았다. 오히려 빛의 본성을 설명하기 위해, 정량적 방법을 택하게 된다. 여기서 뉴턴의 과학 방법론을 한마디로 표현하자면 수많은 현상들 속에서 '가설'을 설정하고, 이에 대해 수학적인 방법을 사용해서 그 현상을 다시 설명함으로써 '가설'을 '이론'으로 이끌어낸다. 그러나 데카르트나 베이컨이 그랬듯이 수 많은 현상들로부터 '가설'을 세우고, 이로부터 다시 '이론'을 도출해 내는 과정은 다분히 가상적일 수 밖에 없기 때문에 상상이나 사색적인 측면이 강할 뿐 아니라 수많은 임의성을 배재할 수 없다는 것이 문제로 남게 된다.

이러한 뉴턴의 업적에 대해 그 자신 스스로 한 말 중에 '세상 사람들 눈에는 내가 어떻게 보일지 모르지만 내 입장에서 보면 나는 마치 바닷가에서 놀면서 가끔은 보통 보다는 반들반들한 조약돌이라든가, 예쁘게 생긴 조개 따위를 찾아내곤 하는 어린아이였다고 밖에 생각되지 않는다. 그런데도 진리의 망망대해는 전혀 이해하지 못한 채 내 앞에 가로놓여 있다'라는 부분이 기억된다.

"When Newton saw an apple fall, he found
In that slight startle from his contemplation 'Tis said (for I' ll not answer above groundFor any sage' s creed or calculation) A mode of proving that the earth turn' d roundIn a most natural whirl, called "gravitation;" And this is the sole mortal who could grapple,Since Adam, with a fall or with an apple"

과학 패러다임
우주를 훔친 과학자 II

알버트 아인쉬타인(Albert Einstein, 1879~1955)

헝클어진 머리와 길게 내민 혀 그리고 짙은 눈썹 아래로 깊게 파인 큰 눈으로 묘사되는 천재라는 아이콘은 갖은 과학자 또는 노벨물리학상 수상자 하면 쉽게 떠오르는 인물하면 서슴없이 알버트 아인쉬타인을 지목 할 것이다. 이처럼 알버트 아인쉬타운은 인류 역사상 빼놓을 수 없는 경이로운 업적을 남긴 천재과학자 중 한 사람으로 인정받고 있다.

그러나 1879년 독일에서 태어난 아인쉬타인이 3살 때까지도 또래 아이들처럼 가장 기초적인 말도 따라하지 못하고, 내성적이고 겁 많은 아이였다는 사실을 알고 있는 사람은 별로 없을 것이다. 뿐만 아니라 그가 어린 시절이었던 1984년 정신분열증이라는 이유로 학교를 퇴학당한 적이 있으며(공교롭게도 그의 큰아들인 에드워드 아인쉬타인 역시 정신분열증으로 어린나이에 죽은 것으로 기록되어 있다), 더욱이 1896년 아인쉬타인이 취리히의 한 과학기술고등학교를 다닐 때 그의 수학 교사였던 헤르만 민코프스키(H. Minkowski, 훗날 아인쉬타인의 상대성 이론을 기하학 적으로 설명 하였다) '게으른 개'라는 말을 들을 만큼 학교공부에 있어서 자신이 흥미를 갖고 있던 물리와 수학과목 이외에는 성적이 좋지 않았다는 기록들을 아는 사람들은 드물 것이다.

특히 아인쉬타인은 수학보다는 물리학에 더 큰 관심을 갖고 있었으며, 그가 하숙생활로 궁핍한 생활을 하던 시기에 읽었던 오스트리아의 물리학자 마하(Ernst Mach, 1838~1916)의 '역학의 발견' 내용 중 절대적 시간이라든가 공간에 대한 마하의 비판은 훗날 아인쉬타인이 상대성 이론을 제안 하는데 큰 영향을 미친 계기가 되었다. 1901년에는 스위스의 시민권을 획득한 후 친구 아버지의 주선으로 1902년에 특허신청서를 검토하는 연방특허 사무소의 말단 직원으로 취직하게 되며, 이곳에서 그는 물리학 공부에 많은 시간을 투자할 수 있는 기회를 얻기에 이른다.

이를 계기로 아인쉬타인은 그의 나이 26살인 1905년 독일의 월간 학술지인 '물리학 연대기(Annalen der Physik)'에 '분자차원의 새로운 결정(A new determination of molecular dimensions)'이라는 논문을 발표하였고, 이 논문으로 나중에 스위스 취리히 대학에서 박사학위를 받게 되며, 그 후 기존의 뉴톤(Issac Newton, 1642~1727)이 주장했던 시간과 공간 개념을 뛰어넘어 물질은 에너지로 변할 수 있고, 에너지가 물질로 변할 수 있다는 내용으로써 훗날 원자력 에너지를 활용한 원자폭탄의 탄생에 결정적인 열쇠역할을 한 "$E=mc^2$(여기서 E는 에너지, m은 질량, c는 진공속에서의 빛의 속도)"이라는 식으로 대표되는 특수 상대성 이론, 빛은 입자와 같은 성질을 갖는 다는 이론으로써 훗날 양자역학에 커다란 기여를 한 광양자설 그리고 분자의 존재와 분자의 열의 운동을 실험적으로 증명한 브라운 운동 이론 등의 논문을 발표하게 된다.

그러나 이러한 아인쉬타인의 이론들이 곧바로 학계에서 인정받은 것은 아니었다. 상대성 이론의 경우에는 1908년 독일의 물리학자였던 막스 플랑크(Max Karl Ernst Ludwig Planck, 1858~1947, 1918년 노벨물리학상 수상)가 질량이 속도와 더불어 변한다는 것을 실험적으로 확인함으로써 비로소 인정받기에 이른다.

이처럼 그는 논문을 발표하기 전까지는 그냥 평범한 유태인 출신의 스위스 베른에 있는 연방특허사무소의 말단 사원이었다는 사실에 대해서도 역시 많은 이들은 모르고 있을 수도 있을 것이다.

그 후 스위스의 연방특허사무소를 떠나 아인쉬타인은 학계의 인정을 받아 스위스 취리히 대학의 이론 물리학 교수가 되며, 32살이 되던 1911년 체코의 프라하 대학 교수를 거친 후, 3년 후에는 아인쉬타인의 모교였던 취리히의 과학기술고등학교의 교수가 되었다. 그 후 그

마흐(Ernst Mach, 1838~1916)
오늘날 체코로 불리는 모라비아에서 출생하였으며, 빈대학에서 물리학과 수학을 공부하였다. 1860년 논문 '전하와 전자기유도'로 학위를 받고, 빈대학 강사가 되어 물리학 및 감각생리학 연구를 시작하여, 1864년 그라츠대학 수학과 물리학 교수를 지냈으며, 1867년에는 프라하대학 실험물리학 교수가 되었다. '질량상수'(1868)를 논하여 뉴턴역학의 기초를 다지고, '에너지보존법칙의 역사와 기원'(1870)을 써서 에너지론의 기초를 닦는 등 물리학의 기초적 분석과 체계화에 이바지하였다.

플랑크(Max Karl Ernst Ludwig Planck, 1858~1947)
독일의 물리학자이며, 엔트로피·열전현상·전해질용해의 연구 등으로 열역학의 체계화에 공헌하였다. 또한 열복사 문제를 연구하여 '플랑크의 복사식'을 발표하고, 보편상수 h(플랑크상수)를 도입하는 등으로 양자론의 전개를 초래하고 물리학에 커다란 전기를 가져왔다.

맨해튼 계획(Manhattan Project)

1939년 8월 2일 대통령 F.루스벨트가 A.아인슈타인으로부터 권유를 받은 것이 계기가 되어 최초로 정부기구인 '우란(Uran)자문위원회'를 설치해 1940년부터 미국에서 영국과 캐나다의 도움을 받아 행해진 최초의 핵무기 개발 계획의 암호명이며, 미국의 물리학자 로버트 오펜하이머가 책임자였다.

이곳에서 제조된 두 번째 폭탄인 우라늄 폭탄 리틀 보이(15킬로톤)는 8월 6일 히로시마 시에 투하되었고 8만명의 인명을 빼앗으며, 6만명의 사람들에게 죽음의 재로 인한 암을 안겨주었다. 또한 세 번째는 플루토늄 폭탄인 팻 맨(21킬로톤)은 8월 9일 나가사키 시에 투하되어 히로시마 때보다는 피해가 작은 사망 3만9천명, 죽음의 재로 인한 사망 7만 5천명을 기록하였다.

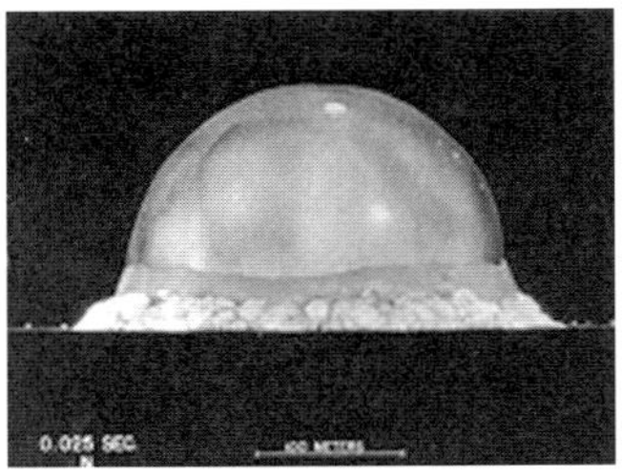

원자폭탄

는 1914년부터 1933년까지 베를린 대학의 이론 물리학 교수와 카이저 빌헬름 물리학 연구소 소장을 지내며 그의 연구를 계속해 나갔다.

그러던 중 1921년 중국 상하이(상해)에 머물고 있던 아인쉬타인은 '광전법칙과 이론물리학 분야에서의 업적(for his services to Theoretical Physics, and especially for his discovery of the law of the photoelectric effect)'으로 마침내 노벨 물리학상을 수상하게 된다. 그러나 1933년 아돌프 히틀러의 등장과 함께 시작된 유태인 말살정책으로 인해 그는 급기야 독일을 떠나 미국으로 망명하였으며, 1939년에는 미국 대통령인 루스벨트에게 전쟁에 임박한 독일의 원자탄 제조 가능성에 대한 위험 경고를 알리는 편지를 보냄으로써 미국의 원자탄 제조를 위한 '맨해튼 계획(Manhattan Project)'을 수립하게 하였다.

그 후 아인쉬타인은 1940년 미국의 시민권을 얻어 프린스턴 대학에서 연구원으로 지내면서 1955년 그의 생을 마감 할 때 까지 20여년간을 산책과 이론 물리학 연구와 함께 말년을 보냈으며, 그가 프린스턴 대학병원에서 숨을 거두기 직전 "나는 신이 이 세계를 어떻게 만들었는지 알고 싶고, 나는 신의 생각을 알고 싶다"라는 유명한 말을 남기고 세상을 떠났다.

1. 특수상대성이론(Special relativity theory)

1905년 아인슈타인에 의하여 제창된 특수상대성 이론은 크게 "모든 관측자에 대하여 빛이 일정한 속력으로 진행한다"는 등속직선운동을 하는 관성계에서만 성립하는 광속불변의 원리와 "자연법칙은 일정한 상대속도를 가지는 모든 관측자에 대하여 불변인 형식을 가진다"는 상대성원리를 기본가정으로 하며, 시공간과 시간지연 그리고 질량증가와 공간수축의 5개 개념으로 나눌 수 있다.

이러한 그의 이론이 발표 당시 크게 호응을 받지 못한데는 기존에 학계를 지배하고 있던 소위 고전역학으로 일컬을 수 있는 뉴턴의 이론, 즉 '시간과 공간은 어떤 상태에 따라서도 변하지 않는 절대성을 갖고 있다'는 소위 기존의 절대개념을 완전히 뛰어넘어 파란을 일으키는 과학계에 일대 반란과 같은 주장이었기 때문이었다.

특히 아인슈타인이 관심을 가졌던 분야는 그가 1905년에 '물리학 연대기'에 발표한 '운동하는 물체의 전기 역학에 대하여'란 논문으로써 "모든 좌표계에서 빛의 속도가 일정하고 모든 자연 법칙이 똑같다면, 시간과 물체의 운동은 관찰자에 따라 상대적이다"라는 내용이었다.

실제로 이러한 그의 이론은 시간과 공간의 절대성을 부정하고, 시간과 공간이 관찰자에 대해서 상대적으로 의미를 가지기 때문에 만약에 서울에서 부산을 오가는 초고속 열차인 KTK안에서 객실 한쪽 끝 출입구에 앉아있는 사람이 자신의 머리위로 사과 하나를 던져 올렸을 때 반대쪽 출입구에 앉아 있는 사람의 눈에 이 사과는 직선으로 올라갔다가 다시 직선으로 떨어지는 것처럼 보일 것이다. 그러나 만약 기차 밖에서 기차를 지켜보는 사람이 있다면 이 사과의 동선이 머리 위로 올라갔다가 다시 떨어지는 상황이 직선이 아닌 포물선처럼 휘어져 움직이는 것으로 관찰 될 것이다. 이처럼 시간과 공간은 절대적이 아니라 상대적이라는 것이다.

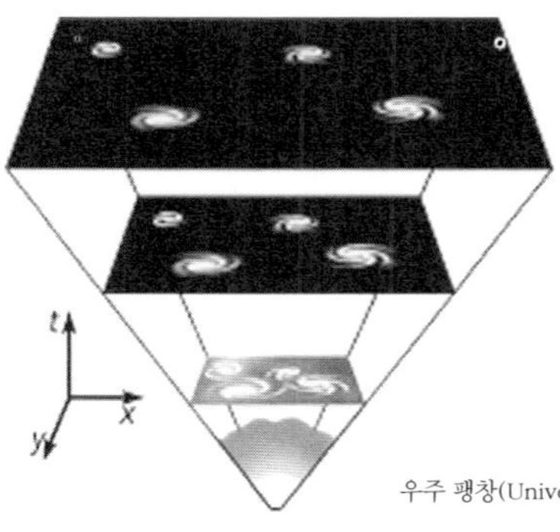

우주 팽창(Universe expension)

또한 아인슈타인은 빛은 입자와 파동의 이중성을 가진다는 내용을 중심으로 하는 '광속불변의 법칙'도 주장했다. 기존의 빛의 파동과 관련된 이론들은 17세기 유명한 '흔들이 추시계'를 발명한 네델란드 물리학자이며 천문학자였던 크리스천 호이겐스(Christian Huygens, 1629~1695)가 1978년 '빛에 관한 논고(Traité de la Lumière)'를 통해 빛의 파동설과 굴절현상 등을 설명하였으며, 이때 처음으로 빛은 파동이며 '에테르(ether : 빛을 파동으로 생각했을 때 이 파동을 전달하는 매질로 생각했던 가상의 물질)'라는 무게 없는 공기와 비슷한 매질을 통해 전달된다고 제안하였다.

특히 호이겐스의 이러한 이론은 이미 1704년 뉴톤(Issac Newton)이 '광학(Opticks, 1704)'이라는 책을 통해 주장했던 '빛이라고 하는 에너지는 에테르라고 하는 가상의 매개체에 의해 전달된다'는 입자설을 뒷받침하는 내용이었다.

이처럼 아인쉬타인은 빛을 파동이 아닌 입자의 개념으로 설명하고, '에테르'라는 빛을 전파하는 물질을 통해 '광양자'라는 새로운 단어를 만들어 내기에 이른다. 그러나 '에테르'라는 개념은 훗날 과학자들의 실험에 의해 허구라는 것이 밝혀지게 되었다.

뿐만 아니라 아인쉬타인은 이러한 광속의 개념을 토대로 빛처럼 빠른 속도, 즉 초속 30만km라는 속도로 이동한다면 시간을 '0'으로 만들 수 있으며, 또한 이러한 빛의 속도를 뛰어 넘을 수만 있다면 시간을 역으로 거슬러 올라가서 과거시간으로 갈 수 있다는 '타임머신'과 같은 '시간지연효과(The effect of time delay)'를 주장하기도 했다.

그러나 이러한 아인쉬타인의 주장은 빛의 속도, 즉 물질이 광속으로 이동하기위해서 가해지는 힘 때문에 물질의 질량이 증가하게 되고, 질량이 증가 할수록 더욱 더 엄청난 양의 에너지가 필요하다는 '질량증가' 이론에 도달하게 된다. 따라서 빛보다 빠르게 이동하기 위해서는 그 만한 에너지를 감당 할 수 있는 엄청난 질량 문제를 해결할 수만 있다면 소위 '타임머신(Time machine)'은 공상영화 속에서만 등장하는 이야기가 아니라는 것이다.

여기서 아인쉬타인은 다시 한번의 천재성을 발휘하게 되는데, 그것이 바로 그 유명한 '$E=mc^2$' 식이다.

이 식은 "어떤 물질이 갖는 에너지는 그 물질의 질량에 빛의 속도의 제곱을 곱한 것과 같다"라는 내용으로써 '물체의 관성은 에너지 함량에 의존하는가(On the Electrodynamics of Moving Bodies, 1905)'라는 논문을 통해서 $E=mc^2$(여기서 E는 에너지, m은 질량, c는 진공 속에서의 빛의 속도로써 3×108m/sec), 즉 물질의 질량이 에너지와 동일하다 라는 주장이다.

이러한 아인쉬타인의 공식에 의한다면 빛의 속도로 이동하는 광양자의 경우 질량과 에너지는 거의 같아지기 때문에 빛의 속도의 제곱을 곱한 양은 결국 에너지로 변하기 때문에 엄청난 양의 에너지가 생성되는데, 특히 방사성 물질이 핵분열을 일으킬 경우에는 알파 선(α)과 같은 방사선의 위력 때문에 그 파괴력은 측정 할 수 없을 만큼 엄청나다. 결국 이러한 아인쉬타인의 이론은 핵분열에 의한 가공할 만한 에너지를 토대로 설계되어 세계 제2차 대전 중에 일본 히로시마에 투하된 원자폭탄으로 현실화되었다. 이를 두고 아인쉬타인은 훗날 "전쟁에는 이겼지만 평화는 오지 않았다"라는 유명한 일화를 남기기도 했다.

아인슈타인의 특수상대성 이론에 의해

$E=\dfrac{M_0C^2}{\sqrt{1-\left(\dfrac{V}{C}\right)^2}}$ (단, M_4 : 정지 질량, C : 광속, V : 질량 M의 운동속도

이때, 속도 V가 C에 비하여 대단히 작을 때,
$E=M_0C^2+\dfrac{1}{2}M_0V^2$ 임을 증명하세요.

〈풀이〉 $\underset{X\to t}{\text{In}}(1+X)^N=1+NX$ 를 이용한다.

$$\begin{aligned}E&=M_0C^2\left[1-\frac{V^2}{C^2}\right]^{-\frac{1}{2}}\\&=M_0C^2\left[1+\frac{1}{2}\cdot\frac{V^2}{C^2}\right]\\&=M_0C^2+\frac{1}{2}M_0V^2\end{aligned}$$

만약 $V=0$ 이면, $E=M_0C^2$ 이 된다.
만약 $C=0$ 이면, $E=\frac{1}{2}M_0V^2$ 이 된다.

"I deduced that the forces which keep the planets in their orbs must be reciprocally as the squares of their distances from the centres about which they revolve, and thereby compared the force requisite to keep the moon in her orb with the force of gravity at the surface of the earth and found them to answer pretty nearly."

—Isaac Newton, 1666—

2. 일반상대성원리(General relativity theory)

아인쉬타인이 1905년 내놓았던 특수상대성이론은 말 그대로 특수한 경우, 즉 등속직선운동을 하는 관성계에서만 성립한다는 근본적인 한계를 지니고 있었다. 가속운동을 하는 좌표계나 회전운동을 하는 경우에는 맞지 않는 얘기다.

아인슈타인은 이런 특수상대성이론의 문제점을 보완하기 위해 1915년 '중력장 방정식(The Field Equations of Gravitation)'을 완성하고, 1917년 물리학연보에 '일반상대성이론(Cosmological Considerations in the General Theory of Relativity)'을 발표한다.

리만(Georg Friedrich Bernhard Riemann, 1826~1866)

독일 하노버에서 태났으며, 괴팅겐대학교와 베를린대학교에서 공부하였으며, 비록 40세의나이로 일찍 사망한 탓에 발표한 논문의 수는 비교적 적지만, 수학의 각 분야에서 획기적인 업적을 남겼다. 그는 유체역학적 고찰에 의해 수학의 다른 많은 영역과 복소함수론 사이에 광범위한 유사성이 있음을 보여주었으며, 복소함수의 기하학적인 이론적 기초를 닦아 놓았다. 특히 '직선 밖의 한 점을 지나, 이것에 평행한 직선은 존재하지 않는다'를 공리로 하는 리만기하학은 타원적 비유클리드기하학이라고도 하며, 구면기하학으로 표현된다. 리만기하학은 미분기하학 · 텐서기하학 등 폭넓게 응용되고 있다.

일반상대성 이론이란 가속도를 가진 임의의 좌표계에서도 상대성이 성립하도록 체계화한 이론으로써 기존의 특수상대성이론을 구성하고 있던 상대성원리와 광속도불변의 원리에다가 등가원리, 즉 관성질량과 중력 질량이 같다는 원리를 합치고, 공간왜곡(리만공간)의 기하학적 구조에 대한 중력이론을 더한 것이었다.

'공간왜곡'이란, 즉 "물질과 에너지의 존재가 평평한 공간을 변형시키고, 이 근처를 지나가는 모든 물체들의 경로는 눈에 보이지 않는 시공간의 굴곡에 따라 좌우된다. 따라서 지구에서 자유낙하하는 물체는 지구에 의해 변형된 시공간의 굴곡을 따라 자유롭게 이동한다"는 내용이다. 그러나 아인쉬타인의 이러한 주장은 학계에 큰 파란을 불러 올 수 밖에 없었다. 1687년 뉴턴이 '자연철학의 수학적 원리'를 통해 '만류인력의 법칙'을 발표 할 당시에도 중력에 대해 이해하는 사람들이 거의 없었다.

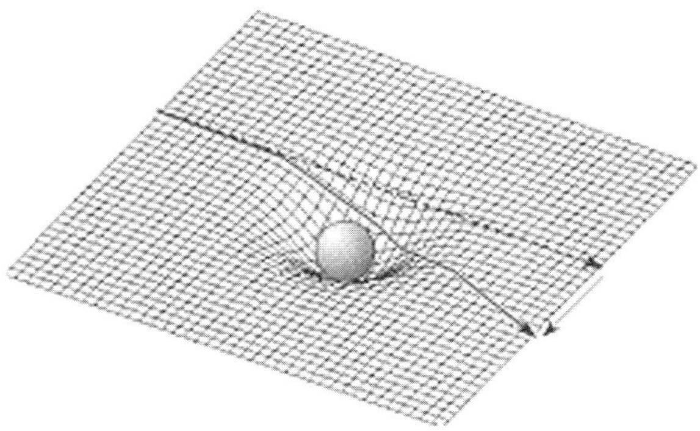

Einstein rings I

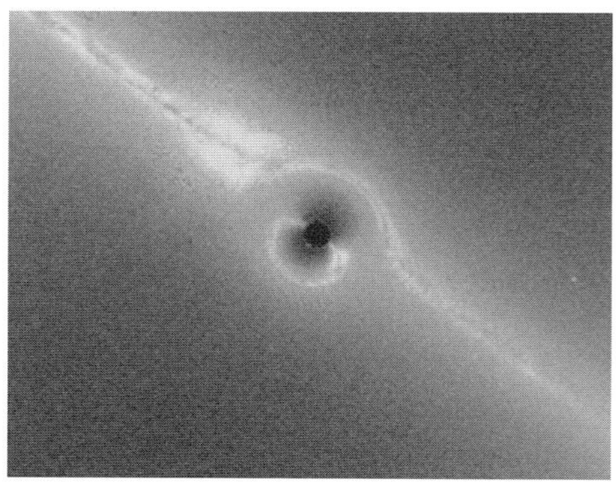

Einstein rings II

그러나 그로부터 200년 후 아인쉬타인은 중력과 가속도가 같다는 등가원리에서 출발된하는 일반상대성이론을 통해 질량을 가진 물체든 질량이 없는 빛이든 중력에 의해 휘어진 공간을 통과하는 것은 모두 휘어진다라는 것을 내놓게 된다. 그는 "빛의 진로가 강한 중력 장속통과할 때 빛이 중력의 영향으로 굽어진다"라는 이러한 자신의 주장에 대해서 "이 같은 현상은 개기일식 때 태양 바로 옆에 보이는 별의 위치를 측정하면 알 수 있고. 만약 별에서 나오는 빛이 태양의 중력으로 휘어진다면 별은 평소위치에서 2배 굽어져 어긋나게 보일 것이다" 라며 확신했다.

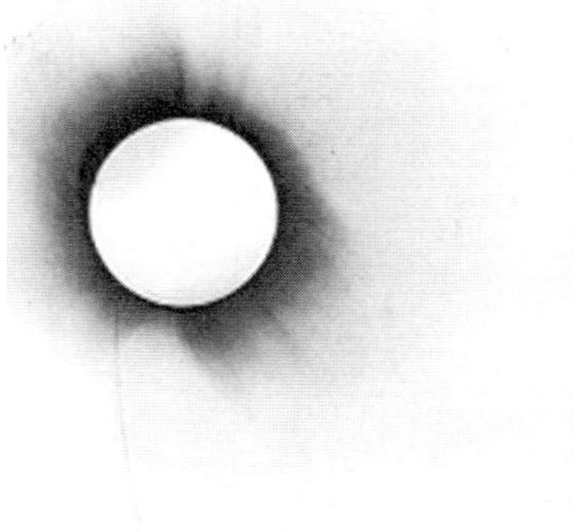

Eddington's photographs of the 1919 eclipse,

그러나 이러한 아인쉬타인의 주장은 당시 중력이란 힘이 아니라 질량에 의해서 휘어진 공간이라는 뉴턴의 주장에 반하는 것이었기 때문에 반론은 더 심 할 수 밖에 없었다. 그러나 이 같은 반론은 실제로 영국의 천문학자인 에딩턴(Arthur Stanley. Eddington, 1882~1944)은 1919년 5월 29일 개기일식 때 아프리카 기니에 있는 프린시페 섬과 브라질 북부에 위치한 두 곳의 관측소에서 태양에서 가까운 히아데스 성단(星團)의 위치에 대해서 태양광선의 세기가 약해진 틈을 타 별빛이 태양 근처를 지나는 경로를 관찰하고, 다시 같은 별 빛이 태양의 영향을 받지 않고 오는 경로를 측정해 태양 가까이를 지나가는 별 빛일수록 중력효과를 크게 받는 다는 것이 관찰됨으로써 잠식되었다.

에딩턴(Arthur Stanley. Eddington, 1882~1944)

드디어 1919년 11월 영국왕립학회와 런던 타임스는 에딩텐의 관측결과를 토대로 "과학의 혁명-뉴턴주의는 무너졌다"라는 내용의 신문기사와 함께 아인쉬타인의 일반상대성이론을 인정했다.

이처럼 아인쉬타인의 일반상대성이론은 특수상대성이론에서 밝힌 자연법칙의 절대성과 시간 · 공간의 상대성이라는 개념을 강화함과 동시에, 시간과 공간자체가 물질의 존재와 밀접한 관련을 맺고 있음을 밝혔다는 데 중요한 의의가 있고, 물체는 그 둘레의 공간을 변형시켜 만유인력의 장을 형성한다는 결론을 내렸다.

블랙 홀(Black hole)

또한 아인슈타인은 일반 상대성 이론에서 충분히 큰 질량이 충분히 작은 영역의 공간에 존재한다면, 모든 공간의 경로는 공간의 중심을 향하여 안쪽으로 휘어져, 모든 물체와 복사를 안쪽으로 떨어지게 된다고 예측하였다.

이는 아인슈타인이 일반 상대성 이론에서 블랙홀은 텅 빈 공간이며, 그 중심에 특이점, 외부 경계에는 사상의 지평선이 있다고 묘사하였는데, 양자 역학이 고려되면 이러한 묘사는 바뀌게 된다. 스티븐 호킹(Stephen William Hawking, 1942~)대 이론물리학자들의 견해에 따르면 사건의 지평선 표면에서도 에너지가 외부로 복사(Radiation)될 수 있다고 하는데 이러한 현상을 '호킹 복사'라고 한다.

블랙홀(black hole)은 중력장이 너무나 커서 사상의 지평선을 지나면 전자기 복사(=빛)조차도 빠져나올 수 없게 되는 공간의 영역으로써, 내부를 볼 수 없게 한다는 사실에서 유래되었다. 블랙홀은 사상의 지평선 바깥쪽의 물체와 상호작용할 수 있다면 검출이 가능하며, 주위를 회전하는 별로부터 기체를 끌어들이는 경우는 그 한 예이다. 기체는 안쪽으로 나선을 그리며, 그 과정에서 매우 높은 온도로 가열되어 많은 양의 복사에너지를 방출한다. 따라서 블랙홀의 표면은 통칭 사건의 지평선(Event Horizon)이라 불리며, 외부에서는 물질이나 빛이 자유롭게 안쪽으로 들어갈 수 있지만, 내부에서는 빛조차도 밖으로 나올 수 없기 때문에 이러한 이름이 붙었다.

호킹(Stephen William Hawking, 1942~)

또한 아인쉬타인의 일반상대성 이론으

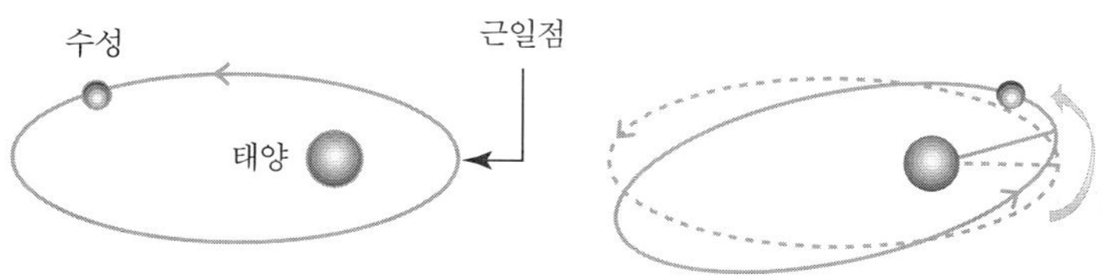

근일점이동현상

로는 당시까지만 해도 뉴턴역학으로 설명이 되지 않았던, 1843년 프랑의 천문학자인 르베리어(Le Verrier, 1811~1877)가 수성(Mercury)의 근일점이 100년마다 43초씩 이동한다는 수성의 세차운동(precession)인 근일점이동현상을 질량을 가진 다른 천체 없이도 설명이 가능 하였다. 그 후 1960년에는 수성은 100년에 8초씩 이동한다는 세차운동사실이 추가로 확인 된 바 있다.

뿐 아니라, 강한 중력장에서는 원자의 진동이 느려져서 스펙트럼이 붉은 색 쪽으로 치우친다는 소위 '적색편이(red shift)' 또는 '아인쉬타인의 편이'라고 불리는 아인쉬타인의 주장 역시 1925년 미국의 천문학자인 애담스(Adams)가 시리우스 동반 별의 스펙트럼을 조사한 결과 백색 왜행성(dwarf planet, 행성이라는 뜻의 planet에 상응하는 용어)에서 나오는 빛이 적색편이를 일으킨다는 사실을 관찰함으로써 확증되었다. 특히 '적색편이(red shift)'는 오늘날의 많은 과학자들이 우주가 팽창하고 있다는 이론을 뒷받침하는 증거로써도 활용하고 있다.

광양자설(light quantum theory)

아인슈타인이 1905년에 광전효과를 설명하기 위해 만들었으며, 빛은 그 주파수의 제곱에 비례하는 에너지를 갖는 입자, 즉 파동이 아닌 광자(photon)들로 구성되어 있고, 불연속적인 에너지 분포를 갖기 때문에 높은 진동수의 약한 빛과 낮은 진동수의 센 빛은 총 에너지량은 같지만 두 번째 빛은 광전효과를 일으킬 수 없다는 것을 뒷받침한 가설이다.

빛을 금속에 조사(injection)하면 광전효과의 현상으로 전자가 튀어나오는데, 이 튀어나오는 전자의 운동에너지는 빛의 세기에는 관계하

근일점(perihelion) 이동 현상
뉴턴 역학이 해결하지 못한 문제 중에 수성의 근일점(perihelion) 이동 현상이 있었는데, 뉴턴 역학에 따르면(그리고 케플러가 그 이전에 발견한 바에 따르면) 태양계의 모든 행성들은 태양을 하나의 초점으로 하는 안정되고 고정된 타원궤도를 돌고 있다. 따라서 수성의 타원궤도가 고정되어 있지 않고 궤도가 이렇게 회전하게 되면 궤도의 근일점 또한 이에 따라 회전하게 되기 때문에 '근일점 이동'이라는 말이 붙었다. 결국 이 문제는 아인슈타인의 중력이론인 일반상대성이론에 의하면 뉴턴의 고전역학에는 없는 새로운 중력효과가 생겨나는데, 이에 의한 수성의 근일점 이동은 100년에 약 43초(1초는 1도의 1/3600에 해당하는 각도)이다.

적색편이(red shift)
먼 곳에 있는 성운의 스펙트럼선이 파장이 약간 긴 쪽으로 몰려 있는 현상으로 적방편이라고도 한다. 일반상대성이론에 의하면 매우 중력이 큰 별에서 나오는 스펙트럼선은 약간 긴 파장쪽으로 몰리게 되는데 이와 같은 현상도 적색편이라고 한다. 이것은 우주팽창에 의한 도플러효과로 파장이 몰리기 때문이라고 생각된다. 일반상대성이론에 의하면 매우 중력이 큰 별에서 나오는 스펙트럼선은 약간 긴 파장쪽으로 몰리게 된다.

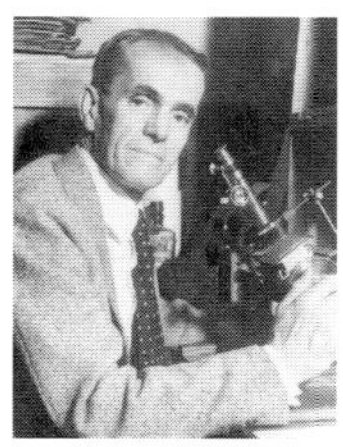
애담스(Walter sydney Adams, 1876~1956)

지 않고, 다만 빛의 파장만으로 그 최대값이 결정되며, 빛의 파장이 짧을수록 전자의 에너지가 크다는 것 등이 관측되었다.

플랑크(Max Karl Ernst Ludwig Planck, 1858~1947)는 1900년 '양자가설(Quantum hypothesis)'을 통하여 흑체 복사 에너지가 입자의 형태를 가진다고 가정함으로써 이 f 복사 에너지의 스펙트럼에 대한 식을 복사체의 온도에 대한 함수로 유도해 낼 수 있었다.

이러한 에너지 입자를 양자(quantum)라 한다. 플랑크는 특정 진동수 f인 빛에 관계된 양자는 모두 같은 에너지를 가지며, 그 에너지 E는 진동수 f에 비례한다는 것을 밝혀내었다.

$E = hf (h = 6.626 \times 10^{-34} J/s$: 플랑크 상수)

이처럼 에너지가 연속적인 값이 아니라, 불연속적인 값을 가지고 존재한다는 플랑크의 양자가설에 힌트를 얻어 아인슈타인은 빛에너지가 양자의 형태로 방출된다면, 빛을 광자(photon)의 형태로 전파되고 흡수되어야 한다고 생각하였다. 따라서 빛은 그 진동수에 비례하는 특정 에너지를 가진 에너지의 덩어리(에너지원자)라 생각하면 쉽게 그 관측사실을 통일적으로 설명할 수 있다고 생각하였으며, 이는 빛이 전자기파로 이루어졌다는 고전물리와는 전혀 다른 새로운 것이었다. 광전효과는 파장이 짧은 빛(광자)을 금속 표면에 쪼여줄 때 금속 표면으로부터 전자가 튀어나오는 현상을 말하는데, 이를 간단한 식으로 표현해 보면 다음과 같다.

빛(광자)의 에너지 = 전자의 최대운동에너지 + 금속의 일함수

여기서 금속의 일함수란 금속 표면에서 전자를 떼어내기 위해서 필요한 최소한의 에너지로 플랑크상수와 한계 진동수를 곱한 값이며, 한계 진동수란 금속 표면에서 전자가 튀어나올 수 있는 빛(광자)의 최소 진동수이다.

전자기파로서의 빛과 광양자로서의 빛이라는 2개의 대립되는 성질은 뒤에 일반적으로 인정된 물질의 이중성(파동과 입자)의 최초의 발

플랑크(Max Karl Ernst Ludwig Planck, 1858~1947)

독일의 물리학자이며, 1899년 새로운 기본상수인 플랑크 상수를 발견하고, 1년 후에는 플랑크의 복사 법칙이라 불리는 열 복사 법칙을 발견한다. 이 법칙을 설명하면서 그는 최초로 "양자"의 개념을 주창하였고, 이는 양자역학의 기초가 된다. 플랑크는 1918년에 양자 역학의 기초를 마련한 공로로 노벨 물리학상을 수상하였다. 또한 스위스의 아마추어 과학자에 불과하던 알베르트 아인슈타인을 발굴하였다.

양자가설(quantum hypothesis)

1900년에 플랑크(Max Planck)는 진동자의 에너지는 특정의 불연속 값을 갖는다는 가정과, 진동자는 한 상태에서 다른 상태로 천이가 일어날 때 에너지를 흡수하거나 방출한다는 두 가지 가정을 통하여 양자가설을 주장하였다.

모든 물체는 어떤 온도에서도 물체의 표면에서 열복사를 방출하고, 이 복사에너지는 물체의 온도와 표면이 성질에 의존하며 방출된 열복사는 전자기 스펙트럼의 연속적 파장 분포로 구성된다. 열복사를 설명하기 위하여 입사되는 모든 복사를 흡수하는 이상적인 계인 흑체의 열복사인 흑체복사를 이용하는데, 흑체복사에 대해 고전 이론으로는 긴 파장(적외선 영역)에서 관측된 에너지의 분포는 설명할 수 있었으나, 짧은 파장(자외선)의 에너지에 대해서는 설명하지 못하였다.

양자역학의 출발은 19세기초 막스 플랑크의 양자가설이었으며, 그는 열복사의 선 스펙트럼을 통하여 에너지가 양자화되어있다고 주장했다. 양자가설은 원자와 분자와 같은 미시 세계의 현상을 이해하는 출발점이 되었다. 특히 1905년 아인슈타인에 의해 19세기 후반에 실험적으로 발견된 광전효과가 이론적으로 설

견이었다. 1923년 콤프턴(Arthur Holly Compton, 1892~ 1962)에 의한 콤프턴효과의 발견과 그 이론적 해명에 의해서 이 가설의 타당성이 입증되고, 또한 광화학반응의 해명에 위력을 발휘하였는데, 특히 광양자가 가지는 입자성은 빛의 파동성과 크게 대립되어 뒷날 양자역학 성립을 위한 본질적 계기를 이루었다. 광양자는 소립자의 일종으로 현재 광자라고 한다. 이것은 전자기파로서의 빛에너지를 전자가 연속적으로 흡수하는 것으로 생각되었던 그때까지의 이론에서는 이해할 수 없는 수수께끼였다.

콤프턴(Arthur Holly Compton, 1892~ 1962)

명되면서 발전하였으며, 보어의 원자구조, X선의 발생과 특성, 콤프턴 효과 등이 양자가설을 이용하여 설명되었다.

과학 패러다임
근대화학의 아버지

라부아지에(Lavoisier, Antoine Laurent, 1743~1794)

라그랑주(Joseph Louis Lagrange, 1736~1813)

프랑스의 수학자 · 천문학자이며, 그가 해명한 해석역학은, 뉴턴의 미적분에 의한 운동방정식이 확립된 후 100년만의 일로그때까지 발전한 해석학을 역학에 응용한 것이며, 그의 저서 '해석역학' 에 의해 역학은 하나의 새로운 발전의 단계로 들어서게 되었다. 그 외에 정수론 · 타원함수론 · 불변식론 등에 관해 많은 연구 업적이 있다

나폴레옹이 주도하던 프랑스혁명이 한창이던 1794년 5월 8일, 혁명재판소로부터 부패한 세금징수관리인으로 고발된 "근대 화학의 아버지"로 일컫는 라부아지에는 지금의 콩코르드 광장인 혁명 궁에서 단두대의 이슬로 사라졌다. 이를 두고 '해석역학(Mécanique analytique)'로 유명한 이탈리아 태생 프랑스의 수학자인 라그랑주(Joseph Louis Lagrange, 1736~1813)는 "이 머리를 베어버리기에는 일순간으로 족하지만, 같은 두뇌를 만들려면 100년도 더 걸릴 것이다."라고 그의 죽음을 애통해 했다고 한다.

"Cela leur a pris seulement un instant pour lui couper la tête, mais la France pourrait ne pas en produire un autre pareil en un siècle." ("It took them only an instant to cut off that head, but France may not produce another like it in a century.")

라부아지에는 질량 보존의 법칙과 연소이론의 확립, 화학물질의 명명법 과 최초의 화학교과서인 화학원론을 출간 등 그가 남긴 화학사의 혁명적인 업적은 근대화학사의 밑거름이 되어 현재까지 이르고 있다.

1743년 파리에서 출생한 라부아지에는 당시 변호사였던 아버지의 영향으로 마자랭학원(Collége Mazarin)에 입학하여 법학과 함께 문학과 철학과 같은 고전교육뿐만 아니라 수학과 천문학 그리고 화학 등 과학교육도 받았다.

특히 라부아지에는 학문적으로 영향을 미친 인물로는 프랑스의 대표적인 철학자였던 콩디야크(Étienne Condillac, 1715~1780)와 화학자였던 게타트(Jean Etienne Guettard, 1715~1786)를 들 수 있다. 콩디야크는 '감각론(Traité des sensations)'을 출판하여 데카르트, 라이프니츠, 스피노자의 추상적 · 형이상학적 사고법에 반대하고, 경험적 · 구체적인 감각론을 주장하며, 당시 프랑스의 관념학파를 이끌던 대표적 철학자 중 한사람이었다.

콩디야크(Étienne Condillac, 1715~1780)

또한 게타르는 지구의 모습이 성경속의 모세의 대홍수(Moses flood)와 같은 급격한 지구 활동으로 짧은 시기에 현재모습이 되었다는 기존의 격변론(catastrophism)또는 수성론(nepunism)에 반대되는 화성론(vulcanism)을 주장하던 지질학자였었다.

이처럼 철학적 사고와 화학적 열정에 영향을 미친 두 사람 모두 기존의 전통적 학문적 주류에 반하는 근대적 의식을 갖고 있었다는 점에서 라부아지에에게는 매우 고무적이었다고 볼 수 있다. 특히 라부아지에는 20세 때 게타르를 만나 지질학, 화학 등과 같은 과학연구에 심취하게 되는 등 본격적으로 과학탐구에 대한 열정을 키워가게 된다. 된다.

1764년 라부아지에는 변호사자격을 취득한 뒤에도 계속해서 게타르의 연구를 도와가며 자신만의 과학세계를 만들어 간다. 이러한 그의 과학에 대한 열정은 1765년에는 석고에 관한 논문을 과학아카데미에 제출하고, 뒤이어 파리 시내 가로등 조명램프개량에 관한 현상공모전에서 1등을 차지하는 등 연구업적을 인정받아 1768년 25세의 젊은 나이로 아카데미 준회원이 된다.

그 후 라부아지에는 흑색화약판매 관리관을 지내며 얻은 경제력과 비교적 부유했던 가문의 도움을 받아 훗날 프랑스 혁명 재판소로부터 사형을 언도 받는데 결정적인 원인을 제공하게 된, 당시 루이 16세의 부르봉왕조(House of Bourbon)가 권력을 잡고 있었던 국가를 대신해 세금을 징수하는 일종의 폭력조직형태를 띈 청부징세역할을 하는 세금관리조합인 페르메(Ferme-Générale)의 간부가 된다.

어쩌면 라부아지에의 화학적 업적은 그가 이러한 세금관리조합의

도량형(weights and measures)
도량형이란 도(度)는 길이 또는 길이를 측정하기 위한 자, 양(量)은 부피 및 되, 형(衡)은 무게 및 저울을 말한다. 관련이와 관련된 국제단위계(SI 단위계 : Le Systéme International d'unités)는 미터법 또는 MKS 시스템(Metre-Kilogram-second)이라고도 불린다. 국제단위계는 현재 세계적으로 도량형의 하나로 널리 쓰이고 있다.

질량보존의 법칙(law of conservation of mass)
화학반응의 전후에서 반응물질의 총질량과 생성물질의 총질량은 같다고 하는 법칙으로써, 질량불변의 법칙이라고도 한다. 1774년 프랑스의 화학자 라부아지에에 의해서 발견되고, 란돌트(1908)와 L. 외트뵈시(1909)에 의해 실험 증명되었다.

화학명명법(Chemical nomenclature)
화학명명법이란 화합물의 이름을 짓는데 통용되는 규칙을 말하며 국제순수 및 응용화학회(IUPAC = International Union of Pure and Applied chemisty)체계와 관습체계(older system) 두가지 명명체계를 주로 사용하고 있다.

세금징수로부터 얻어진 재정적 뒷받침이 없었더라면 그 같은 많은 연구를 수행 할 수 없었을 지도 모를 일이다. 이 같은 추측은 1794년 그가 혁명재판소로부터 재판을 받을 당시, "나는 젊었을 때부터 화약 감독관으로써 국가에 공헌 했으며, 도량형(현재의 미터법의 전신이 된 새로운 질량과 길이의 단위 제정)을 개정하는데도 최선을 다함으로써 좋은 성과를 거었다. 또한 시대는 나와 같은 뛰어난 능력 있는 과학자가 필요 할 것이며, 화학교과서와도 같은 '화학원론'도 내가 집필했다"며 자신을 변호한 내용에서 읽을 수 있다.

그리고 1771년 28세의 라부아지에는 세금관리조합에서 함께 일하던 동료의 딸인 14세 연하의 마리안 폴즈와 결혼하게 되며, 그녀는 뛰어난 라틴어와 영어, 화학 그리고 그림실력 등을 통해 라부아지에가 실험하는 모습이나 실험 장치를 그리기도 하고 영어논문을 번역하는 등으로 라부아지에를 도와 1789년에 역사적인 화학 교과서 '화학본론(Traité élémentaire de chimie)'을 출간하는데 직접적인 역할을 하게 된다.

뿐만 아니라 라부아지에는 1777년에는 새로운 연소 이론인 '산화설(Oxide Theory)'을 통해 연소 반응에서 산소의 역할을 밝히고 원소를 기본 물질이란 개념으로 파악했으며, 1783년에는 화학반응 전후에 있어서 반응 전 물질의 총질량과 생성물의 총질량이 변하지 않고 보존된다는 '질량 보존의 법칙(Law Of Constant Composition)'을 발표했다.

또한 1787년에는 베르톨레(Claude Berthollet, 1748~1822), 드 모르보(Guyton de Morveau, 1737~1816), 푸르크루아(Antoine Fourcroy, 1755~ 1809) 등과 함께 현재 사용되는 화학용어의 기초가 되는 '화학명명법(Methode de nomenclature chimique)'를 출간하기도 했다.

마리(Marie-Anne Pierrette Paulze, 1758~1836)

이처럼 1789년 프랑스혁명의 중심에서 이루어진 라부아지에의 화학적 업적이 가져온 변화가 근대 화학발전에 끼친 영향 때문에 '화학혁명'이라 부르며, 그를 '근대 화학의 아버지'로 부른다.

베르톨레(Claude-Louis Berthollet, 1748~1822)

이탈리아의 탈루아르에서 출생하였으며, 프랑스의 화학자로서 염색술의 권위자였다. 그는 염소를 표백에 처음으로 사용하였으며, 그 당시 믿고 있던 '모든 산(acid)에는 산소가 있다'는 라부아지에의 학설에 반대하고, 염산 · 플루오르화수소산 · 붕산 등은 산소를 함유하지 않는다는 것을 입증하였다.
라부아지에와 함께 '화학명명법'을 저술하였으며(1785), 나폴레옹의 이집트 원정에 동행했을 때(1798), 천연소다를 석출하는 호수를 발견하였는데, '어떠한 화학반응도 정반응과 동시에 역반응이 일어난다(가역반응). 이는 반응물질의 양(농도)에 좌우된다. 일정 조건에서는 가역반응이 평형상태가 된다(화학평형)'는 사실 등을 알아냈다.

기통드모르보(Louis Bernard Guyton de Morveau, 1737~1816)

프랑스의 화학자이며, 금속이 연소한 후에 중량이 증가하는 이유를 처음에는 플로지스톤설로 설명하려고 하였다. 그러나 J.블랙의 고정공기 이론의 영향으로 금속은 연소할 때 공기와 결합하지만, 동시에 플로지스톤을 방출한다는 절충론을 취하였다가 라부아지에의 영향으로 반(反)플로지스톤자가 되었다.

푸르크루아(Antoine Fourcroy, 1755~1809)

프랑스의 화학자로서, 화학의 체계화와 명명법을 고안하였으며, 보클랭과 협력하여 무기물질 · 유기물질 분석에 공헌이 컸으며, 가연성 가스 · 수질 분석을 하였다. 동식물체의 분석, 의학과 화학의 결합에도 노력하여 당시에 대두하기 시작한 생물화학의 준비작업에 큰 업적이 있다.

'Réflexions sur la Phlogistique'

오늘날 소위 '근대과학'이란 개념은 천문학의 코페르니쿠스(Nicolaus Copernicus, 1473~1543)와 갈릴레이(Galileo Galilei, 1564~1642) 그리고 '프린키피아(Principia)'로 대표되는 뉴톤(Issac Newton, 1642~1727)의 고전 역학을 꼽을 수 있다. 그러나 이에 비해 화학은 이보다 100여년 늦게 '근대화학의 아버지'라 일컫는 라부아지에(Lavoisier, Antoine Laurent, 1743~1794)에 의해서 성립되었다고 할 수 있다.

이처럼 천문학이나 역학에 비해 화학이 근대적인 과학으로서의 위상을 늦게 갖추게 된 배경에는 당시를 지배해 오고 있던 기존의 아리스토텔레스(Aristoteles, B.C.384~322)의 전통적 사고를 깨트리지 못한 데 있다고 볼 수도 있을 것이다.

아리스토텔레스 적 자연관은 모든 물질을 물, 불, 공기, 흙의 4 가지 원소로 이루어져 있다고 생각하고, 이 원소들은 불변하는 것이 아니라, 그 특성이 물질의 근본이 되고 그것이 혼합되는 비율에 따라 여러 가지 물질이 생성된다는 개념이다.

이러한 4 가지 물질의 정체를 몰랐던 당시의 과학자들은 이들을 원소로 생각하고 있었으며, 물에 불을 가하면 물이 흙이라는 원소로 변한다고 믿고 있었다. 특히, 공기 중에서 물질을 가열하면 이것이 연소되어서 재(ash)가 되는데, 이와 같은 현상은 물질 속에 불타는 근원이 되는 물질이 들어 있다고 믿게 되었고, 이처럼 물질을 가열했을 때 빠져나가는 물질을 '플로지스톤(Phlogiston)' 이라고 부르고 있었다.

당시 화학현상을 통일적으로 설명하는 최초의 이론으로 인정받고 있었던 플로지스톤설(Phlogiston Theory)은 과거로부터 계승되어 내려오던 아리스토텔레스 4원소의 개념 중에서 '불' 원소설과도 개념을 같이하고 있어서 더욱 더 연소이론으로써의 자리를 확고히 하고 있었다. 특히, 화학이나 약학, 야금 등과 같은 분야에서는 어떤 물질을 고온으로 가열하여 그 휘발성분의 일부 또는 전부를 제거하는데 가장 흔한 조작으로 응용되고 있던 하소(Calcination)의 경우 연소 전과 연소 후 물질의 질량 차이를 설명할 수 있는 이런 이론은 그 당시 학자들의 매우 중요한 관심사였다.

그리스어로 '불에 타는 것 또는 불꽃' 의 어원을 갖고 있는 '플로지스톤' 이란 단어를 처음으로 사용한 사람은 독일 과학자 슈탈(Georg Ernst Stahl, 1660～1734)이다. 그는 물질을 연소 시킬 때 플로지스톤이 많이 함유된 물질은 그만큼 더 잘 타고, 이러한 연소 과정을 이 플로지스톤이 물질에서 튀어나가는 것으로 설명하였으며, 최초로 '연소설(Combustion theory)' 을 주장하기도 하다.

$$S = k. \log W$$

묘비에 새겨져 있는 슈탈의 열역학 식

그 후 플로지스톤 이론은 당시의 저명한 화학자인 캐번디시(Henry Cavendish, 1731～1810), 베리만(Torbern Olof Bergman, 1735～1784), 프리스틀리(Joseph Priestley, 1733～1804), 블랙(Joseph Black, 1728～1799)의 연구를 통해 유력한 화학이론으로 인정받기도 했다.

그러나 1768년 라부르지에는 지금의 증류장치인 속실렛 추출기(Soxhlet extractor)처럼 연속적으로 증류가 가능한 장치를 사용한

플로지스톤(Phlogiston)

플로지스톤이란 그리스어로서 '불꽃' 이라는 뜻이다. 갖가지 일상현상 중에서도 연소현상은 중요하며, 또 화학 · 약학 · 야금 등의 기술에서도 연소나 하소는 가장 흔히 사용되는 방법이었으므로, 이 현상의 설명은 그 당시 학자들의 관심사였다. 연금술의 사상적 흐름을 이어받은 베허(Becher, J.J)는 물질이 물과 3종류의 흙으로 이루어져 있다고 하였으나, 1679년에 그의 후계자인 슈탈(Georg Ernst Stahl)은 이 중에서 유성(油性)인 흙(테라 핑귀스)을 들어 이것에 플로지스톤이라는 새로운 이름을 붙였다.

슈탈(Georg Ernst Stahl, 1660～1734)

독일의 의학자 · 화학자이며, 1707년 저서《의학 진정설, Theoria medica vera》을 발표하였고, '아니미스무스(Animismus)' 를 주장하였다. '아니마(Anima : 영혼)' 가 생명의 궁극적 근원이고, 모든 생리적 · 병리적 현상은 결국 '아니마' 에서 유래한다는 것이다. 이것이 뒤에 일어나는 '생기론(Vitalismus)' 에 커다란 영향을 끼쳤다. 또한 연소(燃燒)를 '연소설' 로써 설명한 최초의 사람이기도 하다

블랙(Joseph Black, 1728～1799)

프랑스의 보르도 출생하였으며, 영국의 화학자로서, 1754년 식물의 재를 물로 침출하고 증발 · 건고시킨 온화알칼리가 탄산알칼리이며, 이를 석회와 반응시켜서 얻는 것이 가성알칼리인데, 그는 천칭에 의한 중량변화측정으로 그 관계를 밝혀 정량적 연구의 길을 연 것으로 근대 화학사상 높이 평가된다. 그와 동시에 공기 속

'페리칸의 실험'을 통해 플로지스톤 이론에 반대되는 결과를 얻게 된다. '펠리칸' 장치는 당시 연금술에 이용된 실험기구로서 증류기가 동시에 유출물을 모을 수 있도록 고안된 장치인데, 그는 이처럼 유리 플라스크로 구성된 '펠리칸'에 물을 넣고 가열하여, 가열 전 물의 양과 최종 침전물질(sediment)의 질량 차이를 측정함으로써 유리용기가 가벼워진 만큼 침전물이 생기며, 이처럼 생성된 물질은 흙이 아니라는 사실을 확인함으로써 당시까지 불가지론(agnosticism)과 같았던 '물에 불을 가했을 때 생성된 물질이 흙이라는 원소로 변한다'는 아리스토텔레스의 4원소 변환설에 정면으로 대응하는 획기적인 결과를 내놓게 된다.

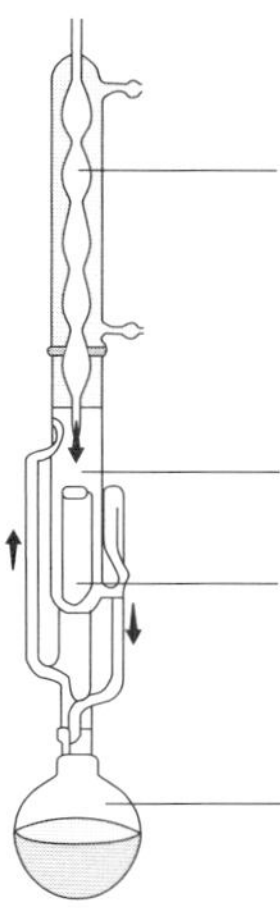

속슬렛추출기의 구조

이처럼 라부아지에는 그 후에도 계속해서 자신이 개발한 실험 장치들을 통해 화학적 문제를 해결하려는 노력을 통해 당시의 주류를 이루던 아리스토텔레스와 같은 전통적인 르네상스(Renaissance)적 사고로부터 벗어나려는 시도를 하는데, 이러한 그의 열정은 훗날 '근대 화학의 아버지'란 명성을 얻게 한다.

1772년에는 다이아몬드와 같은 금속뿐만 아니라 인, 황, 과 같은 비금속의 연소실험을 밀폐기 속에서 실시하였으며, 라부아지에는 이를 통해 생성되는 기체물질의 무게까지 고려한 정확한 실험을 통해 금속이 하소(Clination)할 때 뿐 만 아니라 비금속이 연소(Combustion)할 때 질량이 늘어나는 것을 확인 하였고, 그 이유로 공기를 흡수하기 때문이라는 의문을 갖게 된다. 특히 산화납II(lead oxide, PbO)를 숯과 같이 가열하여 생긴 금속성 납은 공기를 잃어버려서 원래의 산화

에 포함된 탄산가스를 고정공기(fixed air)라 명명하고, 대기와 다른 기체임을 확실히 인식시켰다.

캐번디시(Henry Cavendish, 1731~1810)
프랑스 니스에서 태어난 영국의 물리학자·화학자로서 탄산가스의 성질과 함께 수소가스를 발견하였다. 그는 1784년 논문 '공기에 관한 여러 실험'에서 프리스틀리가 발견한 산소가스에 수소가스를 가해서 전기불꽃으로 화합(化合)시켜 물방울을 만들었으며, 이로서 고대 그리스 이래 원소(元素)라 생각되었던 물이 화합물이란 것을 입증하였다. 또한 질소가스와 산소가스가 전기불꽃에 의해서 질산이 된다는 것도 알아냈다. 1785년에 발표된 쿨롱의 법칙을 1772~1773년 사이에 이미 발견했고, 1782년에 발표된 옴의 법칙을 옴(1827)보다 45년 먼저 앞선 1781년에 발견했다. 전류계가 없었던 당시 자기 몸의 쇼크로써 전류의 세기를 측정하기도 했다.

베리만(Torbern Olof Bergman, 1735~1784)
스웨덴의 화학자·광물학자이며, '물의 분석에 관해서'(1778)는 여러 가지 광천(鑛泉)에 관하여 조직적으로 정량분석을 한 것으로 습식 정량분석의 기초를 닦았다. 또한 이산화탄소의 연구(1774)로써 블랙 이후의 기체화학 진보에도 이바지하였다. 베리만은 59개 물질에 대하여 3,000회 이상을 분석 실험함으로써 습식과 건식반응의 경우를 포함한 친화력표를 작성하여 조프로아의 친화력 연구를 완성하였다

수소 연소장치

납보다도 무게가 감소한다는 사실을 과학 아카데미에 보고하기도 했다.

특히 1773년에는 수은을 공기 중에서 가열 하였을 때는 붉은 재가 남고, 그 붉은 재를 더 가열 하게 되면 가스(gas)와 함께 원래의 수은이 남는다는 사실을 통해 수은의 붉은 재는 '수은+공기 중 어느 특정한 부분'이 결합한 '특정한 물질'이라고 확신하였다. 1774년에는 이러한 새로운 '공기'에 대한 내용을 그의 첫 저서인 '물리와 화학 소론(Opuscules Physiques et chimiques)'에 실어 출판했다.

이와 비슷한 시기 영국에서는 이산화탄소를 중심으로 하는 기체화학자들의 연구가 도입된 시기였으며, 그 들 중 프리스틀리(Joseph Priestley, 1733~1804)는 질산염, 산화수은 등의 가열실험을 통해 얻은 기체를 라부아지에가 실험을 통해 확인한 '특정한 물질'과 같은 종류의 기체로써 '플로지스톤이 없는 공기(Dephlogisticated air)'로 이름 붙여 발표하였다.

또한 프리스틀리는 셸레(Karl Wilhelm Scheele, 1742~1786)와의 실험을 통해 보통의 공기는 '불순한 공기(spoiled or foul air)'와 좋은 공기인 '불의 공기(fire air)'가 각각 1 : 3의 비율로 구성되어 있으며, 이 중 '불의 공기'가 연소 시 필요한 기체일 것이라고 하였다.

라부아지에는 프리스틀리가 얻은 '불의 공기' 실험을 계기로 자신이 궁금해 하던 '특정한 물질'에 대한 확신을 갖게 된다.

특히 프레스틀리보다 앞서 산소를 발견한 것으로 알려진 셸레는 1777년 작성한 '공기와 불에 관한 화학논문(Chemical Treatise on Air and Fire)을 통해서 산화수은 · 탄산은 · 질산마그네슘 · 질산칼륨 등을 가열하거나 이산화망간을 비산 또는 황산과 함께 가열하여 얻어진 기체가 연소를 유지하고 동물의 호흡을 돕는다는 사실에서 이 기체를 '불의 공기(fire air)'라고 하였으며, 뿐만 아니라 이기체가 탄소와 결합 하면 이산화탄소(carbon dioxide, CO_2)가 된다는 사실도 입증했다. 바로 이 기체는 1754년 블랙(Joseph Black, 1728~1799)이 발견한 '고정된 공기(fixed air)'로써 이산화탄소(carbon dioxide, CO_2)가 된다는 사실을 입증한 것이기도 했다.

1777년에 과학 아카데미에 제출한 보고서(일반적인 연소에 관하여, Sur la combustion en général)에서는 새로운 플로지스톤이 제거된 기

하소(煆燒, calcine)
어떤 물질을 고온으로 가열하여 그 휘발 성분의 일부 또는 전부를 제거하는 조작으로써, 그 구성물질이 보다 고온 때문에 소결(燒結)하면 하소라고 하지 않으며 그 이하 온도로 휘발물을 제거하는 경우를 말한다.

프리스틀리(Joseph Priestley, 1733~1804)
영국의 신학자 · 철학자 · 화학자이며, 런던에서 프랭클린을 만나 그의 영향으로 과학에 흥미를 가지게 되었다.

1771년 수소 기체와 산소 기체를 혼합하고 전기 스파크를 일으키면 물이 생성되는 것을 알아내었다. 1772년 탄산가스를 이용하여 소다수를 발명하고, 뒤이어 기체를 물 또는 수은 위에서 포집하는 장치를 고안하였으며, 일산화이질소 · 암모니아 · 염화수소 · 이산화황 · 플루오르화규소 등을 발견하였다. 1774년 집광렌즈를 이용하여 산화수은에 태양광선을 쬐어 산소와 수은으로 분리하였지만 플로지스톤설을 믿었기 때문에 새로운 기체인 산소를 발견하고도 산소의 정체를 밝혀내지 못하였다. 이후 산소의 정확한 규명은 프리스틀리의 실험결과를 토대로 라부아지에가 밝혀내었다. 신학자로서는 유니테리언의 입장에서 삼위일체와 그리스도교의 신성(神性)을 부정하였다. 자연권의 도그마를 부정하고, 사회의 다수 성원의 상호이익이라는 공리주의적 원리에 기초를 두어 J.벤담 등에게 큰 영향을 미쳤다.

체를 산소 또는 산생성물이라고 명명했다. 그는 연소가 이제까지 믿어져왔던 것처럼 플로지스톤(가상의 불의 요소)이 빠져나간 결과가 아니라 연소물이 산소와 결합해서 생긴 결과라고 주장했다.

또한 영국의 화학자 캐번디시(Henry Cavendish, 1731~ 1810)는 우연한 기회에 사용한 수돗물이 흐린 것을 보고 그 물의 성분을 조사하면서 아연이나 철에 산을 넣으면 수소가 발생한다는 것을 발견하고, 산소와 합치면 물이 되는 것이 수소라는 것도 확인하였으며, 이는 그때까지 단 한 종류의 원자로만 만들어진 '원소'라고 알고 있던 물이 원소가 아니라는 사실이 밝혀지는 계기가 된다.

산화 · 환원(酸化還元, oxidation-reduction)
산화란 산소와의 결합, 수소의 떨어져 나감, 산화수의 증가(전자의 수가 줄어듦)의 경우를 말하며 환원은 산소와의 분리, 수소와의 결합, 산화수의 감소(전자의 수가 늘어남)의 경우를 말한다. 한 원소가 산화하면 다른 원소는 환원되기 때문에 항상 동반되어 발생한다고 볼 수 있다

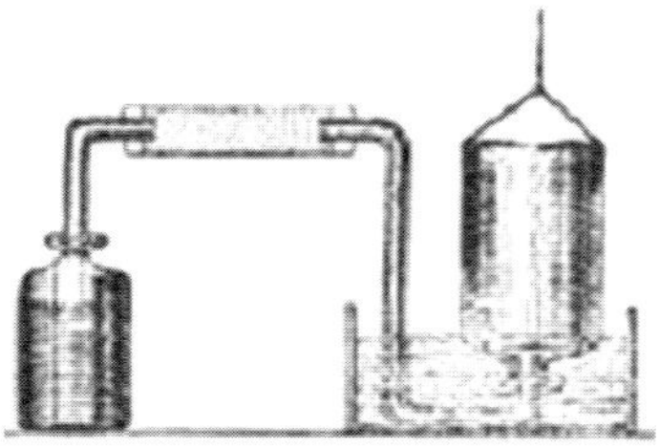

캐번디쉬가 고안한 산소를 모으는 장치

라부아지에는 이러한 캐번디시의 실험결과를 토대로 산소와 수소가 반응하여 물이라는 화합물을 만드는 과정을 이해한 뒤, 물질이 타는 것은 플로지스톤이 빠져 나가는 것이 아니라 산소가 더해지는 것이라는 '산화설(Considérations Générales sur la Nature des Acides, 1778)'의 개념을 확립하게 된다.

또한 1779년에는 가열된 관에 수증기를 통과시켜 산소와 수소로 분해하는 실험에 성공하였으며, 이 실험에서 발생한 기체에 대해 '산처럼 강한 맛을 가진 물질(becoming sharp)'이라는 의미를 가진 '산소(oxygen)' 그리고 '물을 만드는 원리(Hydrogen)'라는 의미에서 수소라고 불렀다. 또한 공기 중에 존재하면서도 연소에는 관여하지 않는 물질을 발견하여 이를 그리스어로 '생명이 없는(no life)' 뜻을 가진 '아조트(azote)'라고 명명하였으며, 이는 훗날 '질소'로 밝혀졌다.

라부아지에는 1783년에 과학아카데미에서 공기는 두 종류의 기체로 되어 있다는 것과 물이 수소와 산소의 결합에 의해 생성된 것이라는 '플로지스톤에 관한 고찰(Réflexions sur la Phlogistique)'을 발표하면서 물이 원소가 아니라 수소와 산소의 화합물이라는 근대적인 화학개념을 확립한다.

특히 라부아지에는 연소실험 전,후 물질의 양을 정확히 계량하여 반

응 전 사용한 물질의 총질량과 반응 후에 생성된 물질의 총질량차이를 계산하는 등 정량적 분석방법을 추구함으로써 오늘날 '질량보전 법칙(law of conservation of mass)'을 최초로 시도한 인물이기도 하다.

또한 라부아지에의 실험실에는 무려 1만 3000개의 비이커(beaker)가 있을 만큼 시설적인 측면에서 훌륭했으며, 이런 실험장비를 이용하여 그는 당시 알려졌던 분해법을 활용하여 흙을 비롯한 주변물질들을 분해하여 얻은 결과들을 토대로 불이나 빛 등도 원소로 분류해 놓는 등 총 33종의 원소를 밝혀내어 분류함으로써 원소를 '화학 분석이 도달한 현실적 한계'로 정의하였을 뿐 만 아니라, 원소와 화합물을 구별할 수 있는 새로운 질량과 길이의 단위를 제정하기도 했다. 이 같은 그의 노력으로 1787년에는 현재 사용되는 화학용어의 기초가 되는 '화학명명법(Mthode de nomenclature chimique)'를 출간하기도 했다.

그러나 라부아지에는 자신의 화학체계에 반대하는 프리스틀리와 같이 프로지스톤 이론을 추종하고자 하는 과학자들의 반대에도 불구하고 자신이 수립한 새로운 화학체계와 명명법을 사용하는 학자들을 중심으로, 1789년 최초의 화학 전문 학술지인 '화학연보(Annales de chimie)'를 창간하여 그들의 연구를 게재하게 된다. 특히 이와 함께 라부아지에가 직접 저술한 최초의 체계적인 화학 교과서로 평가받고 있는 '화학요론(Traité élémentaire de chimie)'를 출판한다.

그의 책은 1권과 2권으로 구성되어 있으며, 당시까지 주류였던 프로지스톤 이론을 부정하고 새롭게 연소개념을 확립했으며, 아리스토텔레스의 4 원소설을 일깨운 새로운 원소관과 물질의 질량보전의 법칙 등을 자세히 소개하고 있다. 또한 훗날 '근대화학의 어머니(Mother of Chemistry)'로 칭송 받게 되는 그의 아내 마리(Marie Lavoisier, 1758~1836)의 뛰어난 라틴어와 영어, 화학 그리고 그림실력으로 그의 논문은 영어를 비롯한 독일어, 이탈리아어로 번역되기도 하며, 라부아지에가 실험하는 모습이나 실험장치와 실험조작법 그리고 과학적인 탐구방법에 의한 교수법이 그림으로 묘사되는 등 근대 교과서로의 역할도 함께 하고 있다. 특히 그의 책이 프랑스 혁명이 일어나던 해인 1789년에 출판된 탓에 화학이 독자적인 학문의 한 분야로 탄생되었음을 알리는 계기가 되어 '화학혁명'으로 불리기도 한다.

그러나 이처럼 근대화학의 아버지로 칭송 받는 라부아지에의생을 단두대에서 마지막을 장식하게 한 프랑스 혁명 재판소의 재판관의 말은 매우 간단했다.

"The Republic needs neither scientists nor chemists; the trial can not be restrained."

과학 패러다임
원자와 분자

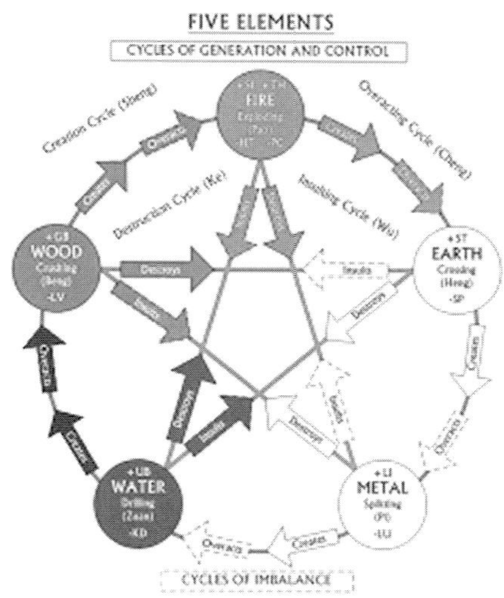

돌턴(John Dalton, 1766~1844)

"우주는 더 이상 나눌 수 없는 미립자인 원자(atom)로 되어 있다"고 '원자론(atomism)'을 주장한 사람은 '웃는 철학자'인 그리스의 철학자 데모크리토스(Demokritos, B.C. 470~B.C. 380)로 알려져 있다. 데모크리토스는 소크라테스(Socrates, B.C. 469~B.C. 399)와 같은 시대 사람으로서 그의 철학 사상은 물질주의에 바탕을 둔 이른바 원자론을 먼저 손꼽을 수 있다.

그러나 실제로 원자론의 창시자로 알려져 있는 사람은 B.C. 440년경에 활약했던 레우키포스(Leucippus)로서, 그 당시 엘레아학파(Eleatics)의 제노(Zeno, B.C.495~B.C.430)와 파르메니데스(Parmenides, B.C.515~?)의 영향을 많은 데모크리토스는 존재의 유일성과 영원불변처럼 '더 작게는 분할할 수 없는 것'으로써 '원자, Atom'이란 단어를 사용하였는데, 이는 원자(atom)란 쪼개질 수(tom) 없는(a) 것(a tom)을 뜻한다.

또한 원자는 형태와 크기가 다양하고 무한히 존재하며, 이러한 무한의 공간에서 우주만물이 생성되기도 하고 소멸되기도 한다고 주장했다. 그 후 레우키푸스의 원자론은 그가 설립한 학교 압데라(Abdera, B.C. 440~B.C.430)에서 가장 유명한 제자인 데모크리토스에 의해 완성되었다. 데모크리토스는 "원자와 공간은 그 수와 면적이 무한하기 때문에 원자의 운동은 처음부터 항상 존재하고 있었으며, 이 때문에 우주에는 항상 무수한 세계가 존재해왔다"는 원자론을 통

소크라테스(Socrates, B.C. 469~B.C. 399)
고대 그리스의 철학자로서, 그 때까지의 그리스 철학자들은 우주의 원리를 묻곤 했다. 소크라테스에서 비로소 자신과 자기 근거에 대한 물음이 철학의 주제가 되었다. 이런 의미에서 소크라테스는 내면(영혼의 차원) 철학의 시조라 할 수 있다

자기 자신의 '혼(魂 : psychē)'을 소중히 여겨야 할 필요성을 역설하였으며, 자기 자신에게 있어 가장 소중한 것이 무엇인가를 물어, 거리의 사람들과 철학적 대화를 나누는 것을 일과로 삼았다. 그는 결국 고발되어 재판에서 사형을 선고받았다.

한 우주의 기원을 주장했다.

이처럼 데모크리토스는 철학적 관점에서 "존재하지 않는 것(non-being)도 존재하는 것(being) 못지않게 존재하기 때문에, 원자가 운동하기 위한 장소인 '진공(vaccum)'이 존재 한다"는 것을 강조함으로써 '공허(space)', 즉 비존재도 하나의 실재이며 단지 실재하는 방식이 틀리다고 설명하였다. 이처럼 데모크리토스는 철학적 관점에서 '원자론'을 '존재하는 것'과 '존재하지 않는 것' 그리고 '공허'의 차원에서 해석하였으며, 원자는 만물의 원질인 동시에 실체라고 보지만, 무게는 있으나 성질은 없는 실체이기도 하기 때문에 '유'는 단지 '원자(Atom)'의 분열과 이동에 의해 이루어지는 것으로써 원자의 운동을 통해서 '유'는 설명하려고 했다.

데모크리토스가 주장했던 '원자론'은 이처럼 '형이상학적 사상'에 지나지 않았다. 이러한 '원자론'에 대해서 '정비례의 법칙', '배수비례의 법칙', '상호비례의 법칙' 등의 실험적 근거에 입각한 원자론을 제창한 사람이 바로 돌턴(John Dalton, 1766~1844)이다

데모크리토스(Dēmokritos, B.C. 460~B.C. 370)
트라키아 지방의 압데라에서 출생한 고대 그리스 최대의 자연철학자이다. 낙천적인 기질 때문에 '웃는 철학자(Gelasinos)'라는 별명이 있었다. 스승 레우키포스와 함께 고대 원자론을 확립, 거기서 충만과 진공(眞空)을 구별하였다. 충만은 무수한 원자로 이루어지고, 이들 원자는 모양·위치·크기로 다만 기하학적으로 구별될 뿐이다. 원자론을 중심으로 한 그의 학설은 유물론의 출발점이다.

레우키포스(Leukippos, B.C.460~?)
밀레투스 출생한 고대 그리스의 철학자로서, B.C. 440년경에 활약한 것으로 알려졌으며 원자론(原子論)의 창시자이다. 엘레아학파처럼 불생불멸의 아톰(더 작게는 분할할 수 없는 것)을 상정하였는데, 이 아톰은 무수히 많으며 공허(空虛)라는 무한의 공간에서 운동하고 있고, 이들 아톰의 이합집산에 의하여 우주만물이 생성되기도 하고 소멸되기도 한다고 하였다. 이 원자론은 데모크리토스에 의하여 완성되었다.

파르메니데스(Parmenides, B.C. 515?~B.C. 445?)
고대 그리스의 철학자이며, 엘레아학파의 시조로서 존재와 비존재, 존지와 사유라는 철학의 중대문제로 출발했다. 그 사상의 중심은 '존재하지 않는 것'에 대립하는 '존재하는 것'이다. '존재하는 것'만이 있으며 '존지하지 않는 것'은 없다고 하는 근본사상으로부터 '존재하는 것'의 성질을 논리적으로 연역(演繹)하였다.

이와 같이 존재와 비존재, 존재와 사유라는 철학의 중대문제를 시사하고, 후에 대두하는 존재론(存在論) 및 인식론(認識論)에 커다란 영향을 끼쳤다. 존재의 철학자라 불린다.

오로라(Aurora)

성공회(The Anglican Domain)
성공회는 칼뱅주의로서, 영국 종교개혁으로 로마 가톨릭에서 분리된 기독교 교파이다. 성공회라는 명칭은"하나이요 거룩하고 보편적인 사도적 교회"(the One, Holy Catholic Apostolic Church)라는 전통적인 신경(사도신경, 니케아 신경)의 교회 개념을 한자로 번역한 것으로, 한자 문자권인 동북아시아 지역에서 사용되는 단어이다. 보통 성공회를 영국 교회(the Church of England) 또는 영국국교회와 혼동하는 경우가 있으나, 영국국교회나 영국교회는 영국 성공회를 뜻할 뿐, 세계 성공회 전체를 뜻하는 것은 아니다

색맹(color blindness=Daltonosm)
사람의 망막의 시세포에 있는 추상체(錐狀體)와 간상체(桿狀體)가 있는데, 이런 한 망막의 시세포에 이상이 있어서, 색깔을 제대로 구별하지 못하는 유전 형질을 말하는데, 대부분이 선천적이며, 후천적으로는 망막 질환이나 시신경 질환의 경우에 볼 수 있으나 그 예는 드물다. 따라서 색맹이란 전색맹과 부분색맹으로 대별되며, 부분색맹은 적록색맹과 청황색맹으로 나뉘고 또한 적록색맹은 적색맹과 녹색맹으로 세분된다.

돌턴은 1766년 영국의 컴벌랜드(Cumberland)주의 작은 마을 이글스필드(Eaglesfield)에서 그리스도교의 분파인 엄격한 퀘이커(Quakers)교를 신봉하는 가난한 직물공의 아들로 태어났다. 돌턴의 집안은 퀘이크 교도였던 탓에 초등교육을 비롯하여 중고등학교 역시 당시 영국에서 국교(Englican Church)였던 성공회(Protestant Episcopal Church) 교도들이 누렸던 많은 사회적 혜택에 비해 누리지 못하고 라틴어, 프랑스어와 그리스어와 같은 어학 뿐 만 아니라 수학도 대부분 독학으로 깨우쳐야만 했다.

돌턴은 켄달(Kendal)의 기숙학교에 있는 동안 자신에게 철학적 과학관을 심어준 맹인 철학자 고프(John Gough, 1757~1825)를 만나 수학과 과학을 배웠으며, 특히 고프는 1787년 부터 돌턴에게 습도와 온도 등 날씨를 관찰한 기상자료를 기록하게 하는 등 돌턴이 켄달에 머물러 있었던 동안 죽을 때까지 약 57년 동안 약 20만 항목에 이르는 방대한 기상 관찰 자료를 수집하는데, 훗날 1793년에 돌턴의 첫 번째 저서인 '기상학적 관측과 논문(Meteorological Observations and Essays)'을 출판하는 계기가 된다. 뿐만 아니라 이 책에는 무역풍의 발생이 지구의자전과, 온도 변화와 관계있다는 것과 오로라(Aurora)와 지구 자기장의 관계, 강우 및 기압, 증발, 구름의 형성과 같이 과학적 방법으로 관측한 기상·기후자료들에 대해서도 서술해 놓았다.

또한 돌턴은 자신과 그의 형이 유전으로 알고 있었던 자신이 남들이 볼 수 있는 모든 색들을 다 볼 수 없다는 색각 장애(colour blindness)에 대해서도 관심을 갖고, 1794년 '색각에 관한 놀라운 사실(Extraordinary facts relating to the vision of colours)'을 출판하게 된다. 현재는 돌턴의 이러한 업적이 인정되면서 실제로 안과학(Ophthalmology)에서는 색맹(deuteranopia)을 가리켜 '돌터니즘

(Daltonism)' 이라고 하고 있다.

훗날 돌턴은 자신이 선천적으로 빨간색과 녹색을 구별하지 못하는 적록색맹(red-green color blindness)이라고 알고 있었으나, 1995년 그동안 돌턴의 유언대로 자신이 죽은 후 눈동자를 해부해서 색맹을 밝혀 달라는 뜻에 따라 보관되어오던 눈동자유전감식 결과, 그의 눈은 적록색맹이 아니라 녹색맹(green-blind)인 것으로 밝혀졌다.

이처럼 독학을 통해 기상학, 식물학과 곤충학, 수학 등에 뛰어난 실력을 갖춘 돌턴은 1793년 고우의 조언으로 맨체스터(Manchester)에 있는 뉴칼리지(New College)에서 수학과 과학, 철학을 강의하게 된다. 당시 케임브리지와 옥스퍼드 대학은 성공회 교도들에게만 입학을 허용하고 있었기 때문에 대부분의 퀘이크 교도들은 이처럼 지금의 장로교에서 세운 뉴칼리지에서 교육을 받아야만 했다. 이때 돌턴은 훗날 자신의 화학적 업적에 영향을 준 라부아지에(Lavoisier Antoine Laurent, 1743~1794)가 저술한 '화학요론(Traité élémentaire de chimie)' 교재로 화학과목을 강의하기도 한다.

돌턴은 맨체스터에 온지 얼마 되지 않은 1794년에는 '맨체스터 문학 · 철학협회(Manchester Literary and Philosophical Society)'의 회원이 되었으며, 1817년에는 회장까지 역임하게 된다. 돌턴은 이 협회 회원으로 있으면서 문학에 관심을 갖고 100여편이 넘는 작품을 비롯하여 1801년에는 '영문법 기초(Elements of English Grammar)'을 발표하는 등 많은 활동을 한다.

뿐만 아니라 1799년에는 '맨체스터 문학 · 철학협회'의 지원을 받아서 프랑스의 화학자 프루스트(Joseph Louis Proust, 1754~1826)가 "일반적으로 화학반응에 관여하는 두 가지 이상의 성분물질로 이루어진 화합물을 구성하는 성분물질사이에는 항상 일정한 질량비가 성립한다"는 내용을 핵심으로 하는 '일정 성분비의 법칙' 또는 '정비례의 법칙(law of definite proportions)'에 자극을 받아 본격적으로 기체에 관한 연구를 시작한다.

프루스트(Joseph Louis Proust, 1754~1826)
프랑스의 화학자이며, 2가지 화합물 사이에는 모든 중간적 단계가 가능하다고 하는 '베르톨레 설'에 반대하고, 2가지 원소 사이에서 조성(組成)의 변화는 정비례한다는 사실을 증명함으로써 8년간에 걸친 논쟁을 승리로 이끌었다. 1816년 프랑스아카데미 회원이 되었으며, 결정 포도당의 정제, 마니톨 류신(mannitol leucine)의 분리 등에 업적을 남겼다.

특히 1800년에는 '맨체스터 문학 · 철학협회' 회장직을 역임하면서 기체의 다양한 화학적 특성과 관련된 '실험 에세이집(Experimental Essays)'를 발간했고, 또한 기체의 팽창에 관한법칙을 주장하는 사이, 몇 달이 채 안되어서 프랑스의 물리학자 게이뤼삭

(Gay-Lussac, Joseph Louis, 1778~1850)이 '게이뤼삭의 법칙(Gay-Lussac's law), 또는 샤를의 법칙(Charles's law)으로 알려져 있음'을 발표하게 된다. 돌턴은 '게이뤼삭의 법칙'을 몇 차례 읽어본 뒤1803년에 '물과 다른 액체에 의한 기체흡수에 관하여(On the absorption of gases by water and other liquids)'란 논문을 발표하게 되는데, 바로 이 논문집에 실린 논문 중 하나가 바로 '부분압력의 법칙(law of partial pressures)'이다.

훗날 '돌턴의 법칙(Dalton's law)'으로 잘 알려져 있는 이 법칙은 "혼합기체의 부피는 같은 온도, 같은 압력아래에서는 각각의 기체가 차지하는 부피의 합과 같다"라는 내용을 핵심으로 하고 있다. 그러나 이 법칙은 이상기체아래서만 성립하며, 실제 공기에 존재하는 기체의 경우에는 부분적 문제를 안고 있는 것으로 밝혀졌다.

1802년에는 "두 종류의 원소가 화합하여 두 종류 이상의 화합물을 생성 될 때, 어느 한쪽 원소의 일정량에 대한 다른 쪽 원소가 화합하는 양은 간단한 정수비를 이룬다"는 사실을 발견하였는데 이 주장은 훗날 스웨덴의 화학자 베르셀리우스(Jons Jacob Berzelius, 1779~1848)에 의해 '배수비례의 법칙(law of multiple proportions)'로 이름 붙여지게 된다.

1808년에는 '화학 원리의 새로운 체계(New System of Chemical Philosophy)'를 출간하며, 그는 이를 통하여 "물질을 세분화하면 더 이상 분리 할 수 없는 아주 작은 입자에 도달하며, 동일한 원소의 원자는 질량이나 성질이 일정하다"라는 주장을 통하여 체계적으로 정리된 '원자론(Atomic theory)'을 확립한다.

Statue of Dalton by Chantrey

돌턴은 1832년에는 옥스퍼드의 영국학술협회(Royal academy)로부터 박사학위(Doctor of Civil Law)를 받았고, 뒤이어서 1834년에는 에딘버러(Edinburgh) 협회에서 박사학위(Doctor of Laws)를 받게 된다. 그 후 그는 1844년 평생 독신으로 살다가 발작(stroke)증세가 악화되어 그의 나이 78세에 외로운 죽음을 맞이하며, 맨체스터의

게이뤼삭(Joseph Louis Gay-Lussac, 1778~1850)

프랑스의 물리학자 · 화학자이며, 1802년 기체팽창 법칙을 발견하고 1818년에는 황산제조법을 개량하였고, 1827년에는 게이뤼삭탑을 발명하였다. 1805년에는 대기의 성분비에 관한 논문을 발표하였는데, 여기에서 산소와 수소가 1:2라는 간단한 정수비로 화합한다는 사실을 지적하였으며 이것은 1808년 게이뤼삭이 발견한 기체반응의 법칙의 기초였다.

라부아지에 이후의 유기분석법을 개량하여, 유기물을 처음에는 염소산칼륨(1810), 다음에는 산화구리(1815)와 함께 연소관에서 완전연소하는 방법을 알아냈다. 1815년에 발표한 시안화수소산의 조성(組成)에 대한 연구로 시안화수소산 속에 비교적 안정된 원자단(原子團)인 시아노기 CN-이 있음을 밝혔다.

베르셀리우스(Jöns Jacob Berzelius, 1779~1848)

스웨덴의 화학자이며, 염류수용액의 전기분해를 함으로써 산성과 염기성 성분이 각각 양극과 음극에 모인다는 것을 밝혔으며, 세륨, 셀렌, 토륨 등도 발견하였다. 그 외 많은 연구와 함께 라틴명, 때로는 그리스명의 머리글자를 원자기호로 쓰는 것을 고안하였으며, 이성질체현상 · 촉매 등에 관한 견해도 그가 처음으로 밝혔다.

아드윅(Ardwick cemetery)묘지에 안치된다.

Experimental Essays

자연계의 현상을 이해하려는 노력은 일찍이 고대 문명의 중심지였던 그리스에서부터 이루어져왔다. 특히 자연계에 있는 모든 사물의 본질에 대한 의문은, 만물의 기본은 '물'라고 생각했던 탈레스(Thales, B.C.625~B.C.547), '공기'에 두었던 그의 제자인 아나크시메네스(Anaximenes, B.C.585~B.C.525) 그리고 '불'에 두었던 헤라클라이토스(Heraklitos, B.C.544~B.C.483)등에 의해 '1원소 설'을 주장하는 철학자들에 의해 출발하였다.

그 후 플라톤(Platon, B.C.427~B.C.347)과 그의 제자 아리스토텔레스(Aristoteles, B.C.384~B.C.322)는 모든 물질은 흙(Earth), 물(Water), 불(Fire), 공기(Air)의 4가지 원소로 이루어졌다는 '4 원소설(Classical element)'을 주장하였다.

- Γαια, gaia earth
- ὓδωρ, hydor, water
- ἀήρ, aer, air
- ἑιλή, heile, heat (fire)
- ἰδέα, idea or ἱερόν, hieron(a divine thing)

특히 아리스토텔레스는 4가지 원소 외에 물질의 고유성질인 건(cold and dry), 습(cold and wet), 온(hot and dry.), 냉(hot and wet)의 4 가지 특성의 배합에 의하여 물질이 형성된다는 '4원소 가변설'을 주장하였으며, 이러한 그의 학설은 1808년 돌턴이 '원자론'을 주장할 때까지 당시 과학세계를 지배하여 왔었다. 그 후 데모크리토스(Demokritos, B.C.460~B.C.370)는 '더 작게는 분할할 수 없는 것'으로써 '원자, Atom'이란 단어를 처음으로 사용하였는데, 이는 원자(atom)란 쪼개질 수(tom) 없는(a) 것(a tom)을 뜻한다.

돌턴의 연구에서 가장 중요한 업적 중 한 가지가 바로 원자론에 관한 것들이다. 돌턴이 죽은 후에 그의 연구실에서 밝혀진 공책에서는 이러한 원자론이 자신이 주장했었던 '배수 비례의 법칙'과 관련된 물

4원소설(Classical element)

고대 그리스의 철학자였던 엠페도클레스에 의해 처음으로 주장되었던 설로 플라톤과 그의 제자인 아리스토텔레스에 의해서도 주장되었다. 이후 아리스토텔레스에 의해 '4원소 가변설'로 변형되었는데 그 내용은 물, 불, 공기, 흙의 네 가지 원소 외에 물질의 특유한 성질인 건, 습, 온, 냉이 배합되어 만물이 형성된다는 것이다.그 후에 데모크리토스가 물질을 계속 쪼개어 나가면 더 이상 쪼개어질 수 없는 아주 작은 입자가 된다고 주장하며 이를 원자라 말하고 원자설을 주장하였다. 하지만 그의 원자설은 플라톤과 아리스토텔레스의 명성에 밀려 그후 약 2000여 년간 인정받지 못하였고 4원소설이 정론으로 받아들여졌다. 그러다 1803년 돌턴이 원자설을 제기하면서 사람들은 만물의 근원이 물, 불, 공기, 흙의 4원소에 있는 것이 아니라 원자라는 것을 받아들이게 되었다.

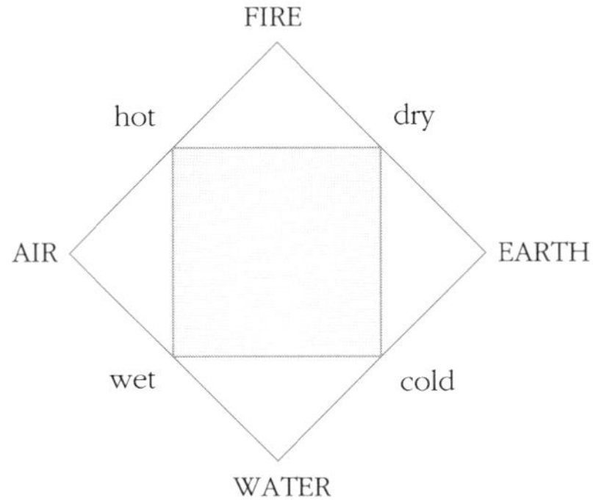

4원소설

질의 질량 특성이나 원자의 상호작용에 의한 화학결합과는 거리가 먼 순수한 물리적 개념으로써 대기(air)와 관련된 기체의 물리적 특성을 연구하다가 얻게 된 것으로 기록되어 있었다.

사실 돌턴의 스승이었던 고프(John Gough, 1757～1825)에게서 배운 수학과 과학을 통해 그는 1787년부터 기록한 기상관찰 자료를 토대로 1793년 자신의 첫 번째 저서인 '기상학적 관측과 논문(Meteorological Observations and Essays)'을 출판하게 된다.

이처럼 돌턴은 처음으로 접했던 기상학을 통해 공기를 비롯한 기체의 화학적 특성에 대해 온도와 압력 그리고 이에 따른 반발력에 관여하는 원자의 특성에 관심을 갖게 되며, 훗날 이러한 그의 연구를 통해 '배수비례의 법칙', '부분 압력의 법칙'과 같은 기체의 화학적 특성을 다룬 논문들이 탄생하게 된다.

돌턴이 기체의 화학적 특성을 연구하면서 얻은 또 하나의 성과인 원자에 관한 내용은 1805년에 발표한 논문인 '기체의 흡수에 대하여(On the Absorption of Gases by Water)'에서 확인할 수 있다. 이 논문의 마지막 부분에서 그는 "왜 다른 기체들은 물에 용해되지 못할까?

일정성분비의 법칙

(law of definite proportions)

화합물을 구성하는 각 성분원소의 질량비는 항상 일정하다는 법칙으로 프랑스의 화학자 프루스트가 1799년에 발표했다. 이 법칙은 화합물이 어떻게 이루어지는가를 설명하는 중요한 이론으로 질량보존의 법칙과 더불어 돌턴의 원자설에 토대가 되었다.

부분압력의 법칙

(Dalton's law of partial pressure)

1801년 영국의 화학자 J.돌턴이 발견한 혼합기체의 압력에 관한 법칙으로, 분압의 법칙 또는 돌턴의 법칙이라고도 한다. 이는 여러 종류의 기체가 섞여 있을 때 기체의 압력은 각각의 기체의 부분압력의 합과 같다는 법칙이다. 따라서 공기와 같은 혼합기체에서는 많은 분자수를 가진 기체일수록 전체압력에 더 큰 영향을 미치므로 부분압력도 크다는 것을 알 수 있다.

배수비례의 법칙

(law of multiple proportions)

1802년 J.돌턴에 의하여 제창되었으며, 2종류의 원소가 화합하여 2종 이상의 화합물을 만들 때, 한 원소의 일정량과 결합하는 다른 원소의 질량비는 항상 간단한 정수비를 나타낸다는 법칙이다. 이 법칙은 정비례의 법칙과 함께 물질의 불연속성을 나타내며, 이에 따라 돌턴의 원자설이 유도되었다.

그것은 물에 녹는 몇몇 기체들의 특성이 다른 기체들의 특성과는 다른데 있으며, 이는 물을 구성하고 있는 몇몇 특수한 입자들의 수와 질량에 의할 것이라고 추측한다." 라는 돌턴의 고민을 엿볼 수 있다. 이처럼 돌턴은 용해도(Solubility)와 같은 물의 화학적 특성을 설명하는 과정에서 모든 기체들은 각각 작은 입자들로 되어 있으며, 이 입자들의 특성에 따라 물에 대한 용해도가 달라질 것이라는 생각을 하게 된다.

돌턴은 자신의 실험실의 노트를 통해 1803년이 지나서야 비로서 당시 화학자들의 분석결과를 토대로 물(H_2O), 암모니아(NH_3), 이산화탄소(CO_2) 등의 물질 수에 따른 원자의 상대 질량과 화합물의 원자 구조를 시각적으로 묘사하여 기호로 나타내었다.

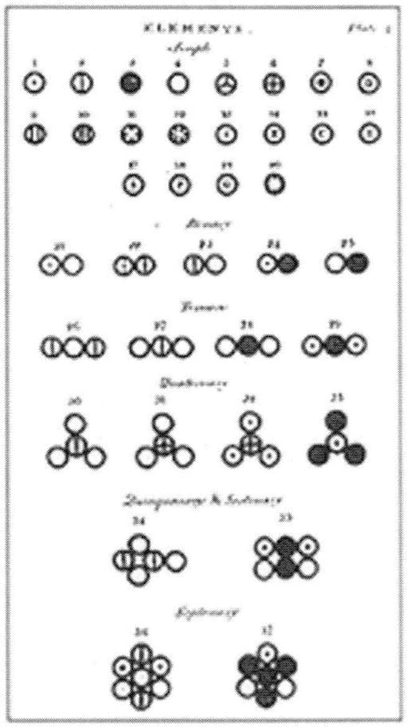

돌턴의 원자기호

당시 이러한 원자구조에 대한 관심은 돌턴 뿐 만 아니라 라부아지에(Antoine Lavoisier, 1743~1794)와 히긴스(William Higgins, 1763~1825)와 같은 당시 과학자들에 의해도 폭 넓게 진행되고 있었다. 그러나 1808년 돌턴은 '화학 원리의 새로운 체계(New System of Chemical Philosophy)'를 통해 체계적으로 정리된 '원자론'을 발표함으로써 업적을 인정받기에 이른다. 그는 이 책을 통해 "물질을 세분화하면 더 이상 분리 할 수 없는 아주 작은 입자에 도달하며, 동일한 원소의 원자는 질량이나 성질이 일정하다".

여기서 돌턴이 주장한 원자이론의 요점은 다음과 같다.

1) 모든 원소는 원자라고 하는 작은 입자들로 이루어져 있다.
2) 어느 한 원소를 이루는 원자는 모두 같고, 다른 원소를 이루는 원자들은 서로 다른 성질을 가진다.
3) 원자는 나누거나 창조, 파괴할 수 없으며 한 원소의 원자는 다른 원소의 원자로 바꿀 수도 없다.
4) 다른 종류의 원자들은 일정한 간단한 정수의 비율로 결합하여 화합물을 만든다.
5) 화학 반응은 원소나 화합물에서 원자들이 결합하거나 분리, 또는 재배치할 때 일어난다.

아보가드로

(Lorenzo Romano Amedeo Carlo Avogadro, 1776~1856)

아보가드로는 1776년 북부 이탈리아의 토리노에서 성직자의 아들로 태여났다. 그는 20세에 대학에서 교회법(Ecclesiastical law)을 전공 한 후, 물리학과 수학을 접하면서 과학에 많은 관심을 갖기 시작했으며, 1809년에는 베르셀리(Verecelli)에 있는 리코(Lico)고등학교에서 실증철학(당시에는 물리와 수학을 일컬음)을 가르쳤다. 그 후 1820년 토리노(Turin)대학에 신설된 수리물리학 강좌의 교수가 되었으며, 1823년 당시 사르디니아(Sardinia, 1720~1859)의 왕에게 대항하여 쫓겨났다가 다시 복직된 기간을 제외하고는 1850년 은퇴할 때까지 그

자리에 있었다.

1811년에는 아직은 '아보가드로의 가설(Avogadro's hypothesis)' 이라고 불리는 '단위입자의 상대적 질량 및 이들의 결합비를 결정에 관한 연구(Essai d'une manière de déterminer les masses relatives des molécules élémentaires des corps, et les proportions selon lesquelles elles entrent dans ces combinaisons)' 을 발표하게 되는데, 그는 이 논문에서 기체밀도의 비에서 기체물질의 분자량을 결정하는 방법과 그 근거를 주장한다. 그러나 아보가드로가 논문을 발표할 당시 북 이태리가 1789년 프랑스 혁명을 주도했던 나폴레옹(Napoleon Bonaparte, 1769～1821)의 지배하에 있었기 때문에 그의 논문은 이태리가 아닌 프랑스어로 쓰여서 프랑스 학회에 제출했어야만 했다. 특히 이 논문에서 아보가드로는 1787년에 프랑스의 물리학자 샤를이 주장했던 '샤를의 법칙(Charles's law)' 에 주목하여, 기체가 원자가 아닌 분자로 되어있다고 주장한 것으로 분자의 존재를 처음으로 분명히 나타낸 논문이라고 할 수 있다. 이와 같이 그는 분자라는 개념을 도입하고, 처음으로 분자(Molecule, 작은 입자라는 의미)라는 말을 사용했다. 그러나 이 분자설은 그가 죽고 난 후인 1860년에서야 인정을 받게 되었다.

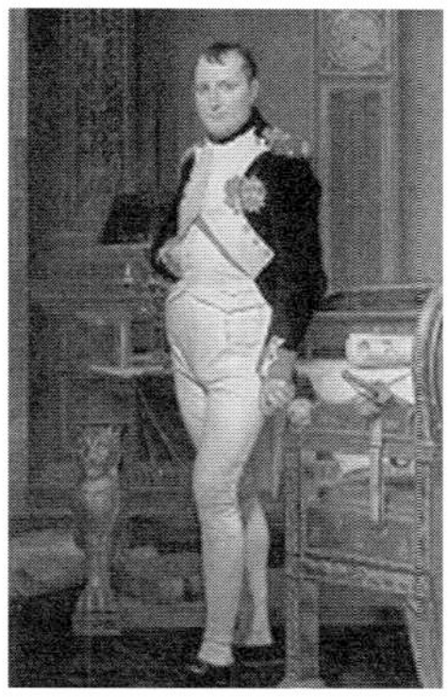
나폴레옹(Napoleon Bonaparte, 1769～1821)

Avogadro's law

아보가드로는 평생을 토리노(Turin)대학에서 강의하다가 세상을 떠났다. 뿐만 아니라 그는 당시에 시대적 흐름에 순응하지 못한 채 평범하지 못하다는 성격을 탓하며, 공교롭게도 당시 '아보가드로의 가설(Avogadro's hypothesis)' 이라고 불리는 그의 연구업적은 그가 죽은 뒤 50년이 지나서야 정설(Theory)로 인정받는다.

아보가드로는 과학자들이 그랬듯이 당시 과학계의 주류였던 돌턴의 '원자론' 의 한계를 실감하고, 이를 해결하기 위해 '분자

아보가드로의 법칙(Avogadro's law)
아보가드로는 게이뤼삭이 기체의 온도와 부피와의 관계를 통하여 주장한 기체반응의 법칙을 설명하기 위해 '같은 온도와 압력 하에서 모든 기체는 같은 부피 속에 같은 수의 분자가 있다' 는 새로운 가설을 제안하였다. 이는 0°C, 1기압에서 여러 가지 기체의 1몰당 부피를 측정한 결과 기체 분자들은 화학적, 물리적 특성과는 무관하게 같은 온도와 압력에서 기체 시

료가 차지하는 부피는 기체의 몰수(분자수)에 비례한다는 것이다.

보일, 샤를, 게이뤼삭 및 아보가드로의 발견들을 종합하여 기체의 압력(P), 부피(V), 온도(T) 및 몰수(n) 사이에 PV = nRT라는 간단한 관계식을 얻을 수 있는데, 여기서 R은 기체상수로 모든 기체에 대하여 같은 값을 갖는다. 이 식에서 압력과 온도가 일정하면 부피는 분자의 몰수에 비례한다($V \propto n$)는 아보가드로의 법칙에 따른 식으로 표현할 수 있다. 기체를 이해하는 데 결정적인 공헌을 한 아보가드로를 기려 어떤 물체 1몰이 가진 입자들의 수를 아보가드로수(아보가드로 상수)라고 부르며 그 수는 6.022×1023개이다.

(Molecule)' 라는 개념을 도입한다.

그는 "모든 기체는 그 성질을 지니는 최소 단위가 분자이고, 같은 기체의 분자는 같은 모양과 같은 무게를 가지며, 온도가 같고, 압력이 같고, 부피가 같을 경우에는 기체의 종류와는 상관없이 같은 수의 분자가 들어있다" 라는 가설을 제기한다.

먼저, 돌턴의 '원자론' 은 한 원소의 원자 1개와 다른 원소의 원자 1개가 결합하여 새로운 물질 1개가 생기는 것은 쉽게 설명할 수 있지만, 2부피의 수소와 1부피의 산소가 결합하여 2부피의 수증기로 되는 반응은 설명할 수가 없었다. 그리고 '기체 반응의 법칙' 은 게이뤼삭이 기구를 사용하여 7016m상공의 대기 성분을 조사한 후 산소와 수소가 1:2의 부피비로 화합한다는 사실을 발견한 것이다.

아보가드로는 이러한 돌턴의 '원자론' 과 게이뤼삭의 '기체반응의 법칙' 을 동시에 만족 시킬 수 있다는 생각에 이에 대한 가설을 세우게 된다.

아보가드로는 먼저 게이뤼삭의 "일정한 온도와 압력 하에서 화학반응에 관여하는 기체들의 부피 사이에는 간단한 정수비가 성립한다" 는 주장에 대해서 "같은 온도, 같은 압력 하에서 모든 기체는 종류에 관계없이 같은 수의 분자를 가진다" 라는 첫 번째 가설을 제기한다.

아보가드로의 이러한 주장은 "입자의 질량비는 같은 온도, 같은 압력에서의 기체의 밀도비와 같으며, 한 화합물 속의 입자의 상대적인 수는 그것을 생성하는 기체의 부피 비에 의해 주어진다" 는 것이었다. 다시 말해서 기체의 경우, 온도와 압력이 같으면 모든 기체는 같은 부피 속에 같은 수의 분자를 포함한다는 내용이다.

그런데 돌턴의 '원자론' 에 의할 경우 한 원소의 원자 1개와 다른 원소의 원자 1개가 결합하여 새로운 물질 1개가 생기는 것은 쉽게 설명할 수 있었지만, 1 부피의 산소(O_2)와 2 부피의 수소(H_2)가 결합하여 2 부피의 물(H_2O)을 생성하는 경우에 대해서는 설명 할 수 없었다. 즉, "물을 구성하는 산소(O_2) 입자의 수는 수소(H_2) 입자의 수와 같기 때문에 부피는 당연히 같아야 하지만 그렇지 않다". 아보가드로는 이 사실을 설명하기 위해서 "같은 부피 속의 원자의 수를 같도록 하기 위하여 산소 원자를 반으로 나누어야 한다" 라는 또 다른 가설을 제기한다.

아보가드로는 이처럼 "원자는 더 작게 나눌 수 없다"라는 돌턴의 주장을 반박하기 위해서 분할된 원자를 포함하지 않는 새로운 입자 모형을 제시하였다. 즉, 수소나 산소는 각각 2개의 원자가 1개의 새로운 입자를 만들어 내는데, 이에 따라 물(H_2O)은 수소(H_2)원자 2개와 산소(O_2) 원자 1개가 결합하여 1개의 새로운 입자를 이룬다는 것이었다. 이와 같이 분자의 개념을 도입하면 돌턴의 '원자론'이 낮고 있는 문제점을 해결함과 동시에 게이뤼삭의 '기체 반응의 법칙'도 설명 가능하다.

여기서 아보가드로가 제시했던 가설은 다음과 같다.

1) 물질은 분자라는 작은 알갱이로 되어 있다.
2) 같은 물질의 분자는 크기, 모양, 질량이 같다.
3) 분자는 다시 몇 개의 원자로 쪼개어질 수 있다. 이때 분자의 성질을 잃는다.
4) 모든 기체는 온도, 압력이 같으면 같은 부피 안에 같은 분자가 들어 있다.

이렇게 해서 아보가드로는 수소 · 산소 · 질소 등의 기체원소입자는 2원자분자라는 것을 주장하고 수소분자에 대한 다른 원소나 화합물분자의 상대질량을 산정하였다.

그러나 이러한 '아보가드로의 가설(Avogadro's hypothesis)'은 당시 영국과 프랑스 과학계에서 유명했던 돌턴의 명성에 비해 아보가드로는 화학자가 아닌 물리학자였을 뿐만 아니라, 그의 가설이 실험을 통한 증명이 아니라 서술적 측면이 강하여, 명료하지 않았으며, 당시 처음으로 도입된 '분자(Molecule)'라는 개념을 이해할 수 없었기 때문에 오랫동안 학계로부터 무시되는 처지에 놓이게 된다.

그러나 이처럼 무시되었던 아보가드로의 가설은 1860년 독일의 카를스루(Karlsruhe)에서 열린 화학자 국제회의에서 이탈리아의 카니차로(Stanislao Cannizzaro, 1826~1910)가 원자의 상대적인 질량을 이용하여 입증함으로써 50년 만에 정설(Theory)인정 받게 되며, 그 후 4년 뒤인 1864년 아보가드로는 80세의 여생을 마감하게 된다.

카니차로(Stanislao Cannizzaro, 1826.7~1910)

이탈리아의 화학자이며, 1851년 알렉산드리아대학의 교수가 되어 카니차로 반응을 발견, 아보가드로의 가설을 원자량 · 분자량 결정의 기초로 해야 함을 밝혔다. 논문 '기초화학강의요약(Sunto di un corso di filosofia chemica)' (1859)을 1860년 칼스루에에서 개최된 화학자 국제회의에서 발표하여 아보가드로의 가설을 인정하는 데 결정적인 역할을 하였다.

과학 패러다임
118개 원소로 지구를 분해하다

멘델레예프(Dmitri Ivanovich Mendeleev listen, 1834~1907)

아주 오래전 유년 시절 "네 꿈이 무엇이냐?"라는 질문에 한결같이" 이 다음에 커서 훌륭한 과학자가 될래요" 혹은 용감한 군인 아저씨 아니면 대통령이라고 말했던 기억이 떠오른다.

이처럼 많은 어린이들에게 '과학자'는 꿈이고 이상이었다. 뿐만 아니라 그런 과학자들의 이름은 잘 몰랐어도 훌륭한 과학자들을 물어보면 어김없이 '노벨상'을 수상했어야만 했던 것으로 알고 있었다. 그러나 지금에 와서 생각해 보면 참 막연한 질문에 막연한 대답이었던 것 같다. 우리들에게 진정한 과학자로 칭송 받는 인물들 중에는 노벨상이 제정되던 1895년 이전의 시대를 살았던 사람들 뿐 만 아니라, 비록 노벨상을 수상하지는 못했지만 그 보다 더 값진 명성을 훗날에 얻은 이들도 적지 않다는 사실을 기억해야 할 것이다.

맨델레예프가 그랬다. 비록 1표 차이로 노벨상을 수상하지 못했지만 그가 이룩해 놓은 업적은 오늘 날 화학계 뿐 만 아니라 물리학계에서 조차 그 누구도 함부로 과소평가 할 수 있는 이들은 아무도 없을 것이라고 장담하고 싶다.

맨델레예프가 만들어 놓은 '주기율표(Periodic table)'에는 원래 63개의 원소가 있었다고 한다. 그는 이 외에도 훗날에 발견될 원소들을 위해 빈칸을 남겨 두었으며, 예상했던 것처럼 그가 남겨놓은 그 빈 칸들은 각각의 원소로 모두 채워졌다. 특히 현재 사용되고 있는

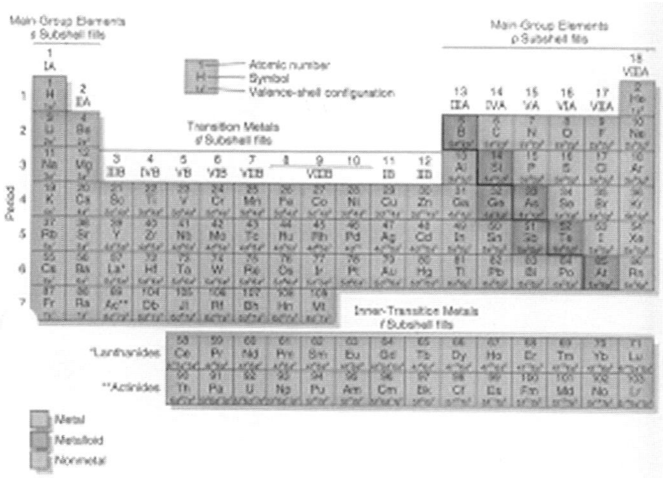

최근의 주기율표

주기율표에는 자연계에 존재하는 자연원소(natural elements)로서는 질량 92번인 우라늄(Uranium)을 마지막으로, 크네듐(Technetium, 43번), 프로메듐(Promethium, 61번), 아스타틴(Astatine, 85번), 프란슘(Francium, 87번)을 포함하여 그 보다 질량이 많은 것은 대부분 가속기나 원자로를 사용하여 핵반응 또는 핵분열을 일으켜 인공적으로 만들어진 인공원소(artificial element)들 로서 2008년 현재까지 117개로 구성되어 있다.

주기율표(Periodic table)

멘델레예프는 1834년 러시아의 시베리아(Siberia) 토볼스크(Tobolsk)에서 14남매의 막내로 태여났다. 그는 교사였던 아버지의 죽음이후 가난했던 대가족 탓에 풍족한 생활을 할 수는 없었지만 어렸을 때부터 역사와 수학, 물리학에 관심을 보인 탓에 어머니의 믿음으로 1500마일이나 떨어진 모스크바(Moskva) 대학에 입학 지원서를 냈으나, 당시 시베리아 주민들에게는 학군이 달라 입학을 금지되어있었기 때문에 결국 500마일이나 더 떨어진 상트페테르부르크(Saint Petersburg)대학에 입학 할 수밖에 없었다. 멘델레예프는 1855년 염의 결정 또는 인산염이나 아르신산 같은 원소의 성질에 관심을 갖고 물질의 구조와 조성의 관계에서의 화학의 결정을 공부하여 상트페테

분광학(spectroscopy)
물질에 의한 빛의 흡수나 복사를 분광계, 분광광도계 등을 사용하여 얻은 스펙트럼을 해석하여 물질의 성질에 대해 연구하는 광학의 한 분야이다. 초기에는 주로 기체의 원자 · 분자가 방출하거나 흡수하는 빛을 연구하였다. 스펙트럼 분석으로 얻은 전자의 에너지준위가 불연속적이라는 관찰결과는 양자론의 바탕이 된다. 이후에 양자역학이 액체 · 고체에 적용됨에 따라 물성론의 분야가 개척되었다. 파장에 따라서 자외선 및 적외선으로 확장되어 자외선분광학 · 적외선분광학이 생기고, 긴 파장을 다루는 전파분광학, 짧은 파장의 X선을 다루는 X선분광학 등도 등장했다. 더 나아가서 γ선을 다루는 핵분광학, 전자의 에너지 스펙트럼을 연구하는 전자분광학, 또는 방사성원소에서 나오는 β선의 에너지를 연구하는 β선 분광학 등도 있다.

르부르크 교육대학을 수석으로 졸업한다.

그러나 그는 지병인 결핵이 악화되어 가족들과 함께 흑해(Black sea) 북쪽에 있는 크림반도(Crimean Peninsula)부근으로 요양을 떠난다. 1856년 상트페테르부르크로 돌아온 멘델레예프는 1859년부터 1861년 까지 독일의 하이델베르그(Heidelberg)에서 액체의 모세관 특성(Capillarity)과 분광학(Spectroscope) 연구를 하는데, 1861년에는 분광학에 관한 그의 첫 번째 책을 출판한다. 특히 이시기에 접한 분광학에 관한 연구를 통해서 그는 원소의 특성과 물질의 구조와 조성이 유사한 동형(isomorphism)에 관한 연구분야에 대해서 깊은 관심을 갖게 되는데, 이는 훗날 그가 주기율표를 이용하여 원소의 특성을 분류하는데 결정적인 공헌을 한다.

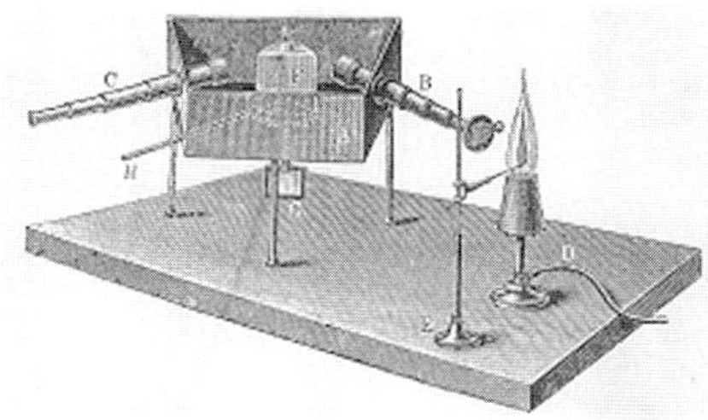

키르히호프의 첫 번째 분광기

분광학(Spectroscope)이란 빛을 프리즘에 통과시키면 가시광선영역의 스펙트럼인 무지개 색 띠를 얻을 수 있는데, 이렇게 파장에 따른 굴절률 차이를 이용해 빛을 파장 또는 진동수에 따라 분해한 것을 스펙트럼이라 한다.

하이델베르그에서 멘델레예프에게 분광학을 일깨워준 사람은 당시 독일 화학자였던 키르히호프(Gustav Robert Kirchhoff, 1824~1887)와 분젠(Robert Wilhelm von Bunsen, 1811~1899)였다.

실제로 스펙트럼 분석학의 기초를 이룬 사람은 독일의 물리학자였던 프라운호퍼(Joseph von Fraunhofer, 1787~1826)이며, 그는 자신이 개발한 프리즘을 이용하여 천체를 측정하기위한 헬리오미터(heliometer)를 개량하여 1814년에는 태양스펙트럼 속에 많은 암선(프라운호퍼선)을 발견하였다. 키르히호프는 분젠과 함께 1857년 프라운호퍼가 제작한 프리즘을 입수하여 '석회 등(lime light)'의 스펙트럼 연구를 통해 얻은 자료들을 기초로 각종 물질에 대한 스펙트럼 표를 작성하는 등 미량의 원소검출이 가능한 스펙트럼분석 연구를 하

헬리오미터

였으며, 그들은 이러한 검출법에 의해 새로운 원소 루비듐(rubidium, 37번)과 세슘(cesium, 55번)을 발견하였다.

뿐만 아니라 1875년 프랑스의 부아보드랑(Paul Emile Lecoq de Boisbaudran, 1838~1912)이 섬아연광의 진한 보라색 선을 관찰하여 분리해낸 갈륨(gallium, 31번), 1879에는 스웨덴의 닐슨(Lars Fredrik Nilson, 1840~1899)이 발견한 스칸듐(scandium, 21번), 1885에는 독일의 빙클러(Clemens Alexander Winkler, 1838~1904)이 발견한 게르마늄(germanium, 32번) 등의 경우 스펙트럼이 먼저 발견되고 후에 순수한 형태로 분리되었다.

1860년 맨델레예프는 독일 카를스루(Karlsruhe)에서 열린 화학자 국제회의에 참석하여 매우 흥미로운 발표를 접할 기회를 갖는다. 그것은 이탈리아의 물리학자였던 아보가드로(Amedeo Avogadro, 1776

키르히호프(Gustav Robert Kirchhoff, 1824~1887)

독일의 물리학자이며, 전자기학 분야에서 정상전류에 대한 옴의 법칙을 3차원으로 확대하여 '키르히호프의 법칙'을 확립하였으며, 수리물리학에서 파동방정식을 다루어 하위헌스의 원리를 정식화하였다.

분젠(Robert Wilhelm von Bunsen, 1811~1899)

독일의 화학자로서, 무기화학 방면에서는 희토류와 백금족을 연구하였고, 세슘과 루비듐을 발견하였다. 분석화학 방면에서는 기체분석, 요오드적정법, 염색분석법을 확립하는 등 모든 화학분야에 탁월한 업적을 남겼다. 특히 키르히호프와 함께 분광분석법을 확립하였다. 또한 물리화학 방면에서는 광화학변화를 연구하여, 로스코와 함께 광화학의 기초가 되는 분젠로스코의 법칙을 발견하였다.

프라운호퍼(Joseph von Fraunhofer, 1787~1826)

독일의 물리학자로서, 광학기기의 개량으로 광학연구에 큰 업적을 남겼으며, 특히 색지움렌즈 연구 중에 휘선스펙트럼에 주목하여 태양스펙트럼 속에 많은 암선(프라운호퍼선)을 발견하는 등 스펙트럼 분석학의 기초를 이루었다. 또한 헬리오미터의 제작과 회절발에 의한 회절 연구, 빛의 파장 산출 등의 업적을 남겼다.

~1856)가 1811년 당시 주류였던 돌턴(John Dalton, 1766~1844)이 주장했던 "원자는 더 작게 나눌 수 없다"라는 '원자론(Atomic theory)'을 반박하며 기체 반응의 법칙을 합리적으로 설명할 수 있는 분자설(Molecule, 작은 입자라는 의미)을 제안하였는데, 이는 학계의 무시로 50년 동안 '아보가드로의 가설(Avogadro's hypothesis)'로 묻혀있었던 내용이었다. 이처럼 이탈리아의 카니차로(Stanislao Cannizzaro, 1826~1910)가 원자의 상대적인 질량을 이용하여 입증한 아보가드로의 분자설을 통해 맨델레예프는 자신이 관심을 갖고 있었던 '원자량'을 결정하는 연구방법론에 새로운 영감을 얻게 된다.

러시아로 돌아온 멘델레예프는 1861년에 27세의 나이로 상트페테르부르크 대학교에서 유기화학 강의를 시작하였고, 1862년 상트페테르부르크는 훗날 노벨상과 관련하여 자신의 명예와 업적에 흠집을 남기게 될 자신의 첫 번째 결혼(Feozva Nikitichna Leshcheva)을 하게 되며 1876년 Anna Ivanova Popova와 두 번째 결혼을 한다. 그러나 당시 사회적 통념상 첫 번째 부인과 이혼을 하지 않은 상태에서 두 번째 결혼을 하게 되면 중혼죄가 인정되어서 매우 큰 형벌을 받을 만큼 결혼에 관한 법률이 엄격했었다. 그러나 화학분야에 높은 기여를 한 공로로 황제로부터 사면을 받게 되어 형을 면하게 된다.

이와 함께 상트페테르부르크 대학 화학과 교수가 된다.

1865년에는 '알코올류와 물의 결합(On the Combinations of Water with Alcohol)'이라는 주제로 박사 학위를 받았다. 당시에는 용액에서 단순한 물리적 혼합이 일어나는지 화학적 결합이 일어나는지가 분명하지 않았는데 수소 결합이 알려지기 이전 당시 그는 알코올과 물의 상호작용에 관심을 가졌던 것이다.

1868년에는 맨델레예프를 주축으로 하는 러시아 화학회가 창립되고, 회장을 역임하는 등 그는 러시아 화학계의 구심점 역할을 하게 된다. 이 시기에 그는 원소들의 성질과 함께 그들 사이의 체계적인 관계를 자세하게 서술한 자신의 첫 저서 '화학의 원리(The Principles of Chemistry)'를 출판한다.

당시까지만 해도 발견된 원소들은 불과 63가지뿐이었다. 그러나 멘델레예프가 자신의 화학강의 시간을 통해 학생들과 함께 해결하고 싶었던 문제점 중 한가지가 바로 이들 63종 원소들에 대한 배열이었다. 이러한 원소들의 특성에 대한 주기적 배열은 이미 몇몇 학자들에 의해 시도되고 있었다. 그러나 그 어떤 연구도 당시까지 존재하고 있었던 63가지의 원소들을 만족하지는 못하고 있었다. 이런 시점에서 맨델레예프가 원소의 주기적 특성에 관심을 갖는다는 것은 어쩌면 시대적 운명이었을 지도 모른다는 생각이 든다.

현대적 시점으로 볼 때 큰 의미는 없지만 1789년 라부아지에(Antoine Laurent Lavoisier, 1743~1794)는 1789년에 출판한 그의 저서 '화학본론(Traité élémentaire de chimie)'을 통해 질량불변의 법칙뿐만 아니라 원소개념의 정의와 함께 광소 · 열소를 포함한 33개의 원소표를 실었었다.

1817년에는 되베라이너(Johann Wolfgang Döbereiner, 1780~1849)가 성질이 유사한 스트론튬(strontium, 38번), 칼슘(calcium, 20번), 바륨(barium, 56번)에서 뒤의 2원소 산화물의 당량에 관한 산술평균이 산화 스트론튬의 당량과 동등하다는 이른바 3조원소(Triad)의 관계를 지적하고 유사원소 관계를 표시하는 파라미터에 당량 원자량을 처음으로 도입하였으며 원소의 주기율 발견에 중요한 계기를 만들었다.

1863년 영국의 화학자였던 뉼런즈(John Alexander Reina Newlands, 1837~1898)는 원자량 사이의 규칙성에 관한 짧은 논문을 발표하였고, 1865년에는 카니차로의 원자량의 체계에 따라 원자량의 순서에 번호를 매기다가 성질이 닮은 원소가 8번째마다 나타남을 발견하였다. 그는 이것을 음계에 비유하여 '옥타브의 법칙(Law of Octaves)'이라 명명하였으며, 1884년에는 '주기율의 발견(Discovery of the Periodic Law)'을 출간하기도 하였으나 주목받지 못하고 있다가, 멘델레예프의 주기율 발견 후에야 비로소 업적이 인정되어 1887년 영국왕립협회로부터 데이비 메달(Davy Madal)을 수여 받았다. 1882년에는 맨델레예프도 마이어와 함께 영국왕립협회로부터 데이비 메달(Davy Madal)을 수여 받았다.

맨델레예프는 이처럼 많은 학자들을 통해서 일부 원소들은 성질이나 반응성이 매우 비슷하다는 것을 시작으로 카드에 꼼꼼하게 각 원소들의 특성들을 적어가며 나열해보는 등 규칙성을 찾으려고 애썼다. 지금까지도 그가 원소의 특성을 파악하여 그 것을 특성지어 배열하려던 노력을 적은 카드들은 보물처럼 소중하게 보존되어 전해오고

삼조원소(triad)

독일의화학자 되베라이너(Johann Wolfgang Döbereiner, 1780~1849)는 원소의 주기율이 확립된 1860년 이전에 리듐 · 나트륨 · 칼륨, 염소 · 브롬 · 요오드, 황 · 셀렌 · 텔루르, 칼슘 · 스트론튬 · 바륨 등 각각 3개로 이루어지는 원소의 조에 대하여, 이들 원소 사이에 원자량이 등차급수를 이루는 등 규칙성이 있음을 지적하였다. 이들 세 원소의 조를 3조원소 또는 세 쌍둥이원소라고 한다. 또한 원자핵물리학에서는 ^{10}Be, ^{10}B, ^{10}C 및 ^{14}C, ^{14}N, ^{14}O 등과 같이 하전공간으로 정의되는 하전스핀 1에 속하는 3개의 원자핵을 삼조원소 또는 삼조원자핵이라고 한다.

뉼런즈(John Alexander Reina Newlands, 1837~1898)

영국의 화학자로서 1865년에는 카니차로의 원자량의 체계에 따라 원자량의 순서에 번호를 매기다가 성질이 닮은 원소가 8번째마다 나타남을 발견하였다. 그는 이것을 음계에 비유하여 '뉼런즈의 법칙' 또는 '음계율', '옥타브의 법칙(law of octaves)'이라 부른다. 그러나 멘델레예프의 주기율 발견 후에 선구적 업적으로 인정되어 1887년 왕립협회로부터 데이비 메달을 수여받았으며, 1884년에는 《주기율의 발견 Discovery of the Periodic Law》를 출간하였다.

있다. 멘델레예프는 그러던 어느 날 원자량은 원자가 담을 수 있는 마치 보물단지처럼 많은 특성들(양성자 수, 전자 수 등)을 가지고 있다는 점을 주목하고, 그 들을 원자량 별로 카드를 나열하였다. 그의 예상은 적중했다. 물론 예외도 있었지만, 같은 가로줄에서 수소를 제외한 원소들이 원자량의 증가 순서대로 8번째마다 유사한 화학적 성질을 갖고 있다는 사실을 발견하게 된다.

그는 1869년 이러한 자신의 생각을 러시아화학회에 발표했으나 당시 학계의 주목을 끄리는 못했던 던 이유 중 하나지가 바로 맨델레예프가 발견한 이러한 나열의 규칙성으로는 그 당시까지 일부 빈칸에 맞는 원소들이 모두 밝혀지지 않았기 때문에 학자들 사이에서 쉽게 받아들여지지 않았다.

그럼에도 불구하고 "원소들이 유사성을 갖고 반복적으로 배열된다"는 자신의 신념을 굽히지 않고, 비워둔 미지의 물질이 존재할 것이라는 예측을 뒤로 남겼다. 이러한 그의 예측은 그대로 맞아 떨어져서 훗날 빈칸을 채우게 될 원소들이 발견되었다. 그가 비워둔 자리에는 에카-알루미늄은 알루미늄(aluminium, 13번)으로, 에카-붕소는 1875년 갈륨(gallium, 31번), 1879년 스칸듐(scandium, 21번)으로 각각 발표되었고, 에카-규소로 예언했던 것은 1885년 게르마늄(germanium, 32번)으로 발표되었다. 특히 게르마늄은 원자량, 원자가, 비중, 색상, 녹는점 등이 멘델레예프가 예언했던 정확히 일치했다.

그러나 당시 멘델레예프가 제안한 주기율표(원자량 순서)를 오늘날 사용되고 있는 모즐리의 주기율표(원자번호)와 비교했을 때 5곳에서 다음과 같이 앞뒤가 바뀌었다는 사실이 확인 되었다.

① 18번 Ar(39.9)과 19번 Kr(39.1)
② 27번 Co(58.9)와 28번 Ni(58.7)
③ 52번 Te(127.6)과 53번 I(126.9)
④ 90번 Th(232)과 91번 Pa(231)
⑤ 92번 U(238)과 93번 Np(237)

이처럼 멘델레예프가 제안한 주기율표의 문제점을 보안한 사람은 영국의 물리학자 모즐리(Henry Gwyn-Jeffreys Moseley, 1887~1915)였다. 그는 음극선을 물질에 조사했을 때 나오는 x-선 진동수의 제곱근이 원자번호에 비례하는 '모즐리의 법칙, Moseley's law'을 발견하여 원자의 구조론 확립에 기여했다. 특히 그가 발견한 모즐리의 법칙(Moseley's law)은 원소의 화학적 성격을 결정하는 것은 원자량(양성자수+중성자수)이 아니고 원자번호(양성자수), 즉 원자핵의 전하라는 사실을 실증적으로 밝혀냄으로써 원소의 정확한 원자번호의 결정, 미측정 스트럼선의 파장 예측, 주기율표 중의 미발견원소의 확인 등 중요한 성과를 거두었으며, 1923년 발견된 하프늄도 이 법칙을 적용함으로써 그 존재가 확인되었다. 이는 당시 멘델레예프가 숙제로 갖고 있던 문제점들을 해결 한 것으로써, 1882년 멘델레예프와 함께 영국왕립협회에서 데이비 메달(Davy Madal)을 수여 받게 된다.

그러나 이러한 업적에도 불구하고 멘델레예프는 1906년 불소(fluorine, 9번)을 발견한 프랑스의 무기화학자인 무아상(Moissan, Henri, 1852~1907)에게 1표 차이로 노벨상을 내주었다.

모즐리의 업적은 멘델레예프보다 원자량에 촛점을 두고 원소들을 배열한 반면 모즐리는 원자번호에 주목했다 점이다. 그러나 이들이 주기율표 상에 나타낸 원소들은 원소기호로서 표시되어있다. 원소기호는 고대의 화학자들인 연금술사들이 처음으로 사용했던 것으로 전해지고 있으며, 아리스토텔레스는 물, 불, 흙, 공기의 4원소설을 만으로 만물을 구성하고 있는 물질세계를 에 대한 정의를 거의 2000년을 지배해왔다, 그런 절대적 개념은 라부아지에(Lavoisier, Antoine Laurent, 1743~1794)에 의해서 통해 깨졌다.

라부아지에는 물을 높은 온도로 가열 하여 냉각수가 흐르는 주철관을 통과하게 함으로써 철과 산소가 결합하여 수소라는 기체를 탄생시킴으로써 물은 산소와 수소로 이루어져있음을 밝혀냈다. 이때 발생된 산소와 수소는 더 이상 다른 물질들로 분해되지 않은 채 산소와 수소로 남게 되며, 이때의 산소와 수소를 원소라고 할 수 있다.

이처럼 더 이상 분해되지 않는 63종의 원소들이 멘델레예프 시대까지 발견되었다. 돌턴(John Dalton, 1766~1844)은 원소들을 둥근 원으로 생각하고 이런 원에 점을 하나를 찍은 것은 수소, 원을 세로로 반을 나눈 것은 질소, 그리고 가로와 세로의 십자 모양의 경우에는 황, 검게 칠한 것은 탄소를 나타내는 등은 비교적 단순한 방식이었다. 오늘날에 사용되고 있는 근대적인 원소기호 표시법은 1813년 스웨덴 웁살라 대학(Uppsala Uni.)의 베르셀리우스(Jons Jacob Berzelius, 1779~1848)가 제안한 방법이다. 그는 라틴명, 때로는 그리스명의 머리글자를 원자기호로 쓰는 원소 이름의 알파벳 첫 글자를 쓰거나, 첫 글자

데이비(Humphry Davy, 1778~1829)
영국의 화학자로서 데이비 메달의 주인공이다. 그는 아산화질소의 생리작용을 발견하고 1803년 왕립학회 회원이 되어 전기분해에 의해 처음으로 알칼리 및 알칼리 토금속의 분리에 성공하였으며, 칼륨·나트륨·칼슘·스트론튬·바륨·마그네슘을 유리하였다.

베르셀리우스(Jöns Jacob Berzelius, 1779~1848)
스웨덴의 화학자이며, 염류수용액의 전기분해를 통해 산성과 염기성 성분이 각각 양극과 음극에 모인다는 것을 밝혔으며, 특히 이 실험에서 모든 화합물이 양과 음의 전기를 가진 두 성분의 결합에 의한다는 전기화학적 2원론이 형성되었다.

1803년에는 히싱거와 함께 세륨을 발견하고, 셀렌, 토륨 등도 발견하였다. 그 외 많은 연구와 함께 라틴명, 때로는 그리스명의 머리글자를 원자기호로 쓰는 것을 고안하였으며, 이성질체현상·촉매 등에 관한 견해도 그가 처음으로 밝혔다.

생명의 화학적 과정이 전혀 알려지지 않았던 당시에, 혈액·유즙(乳汁)·근육·쓸개즙·골수 등의 화학성분을 분석하여, 이를 '동물화학강의'(1806~1808)에서 정리하였다.

와 함께 가운데 글자 중 1 개를 함께 쓰는 체계를 사용했으며, 이 때 첫 글자는 대문자, 두 번째 글자는 소문자로 쓴다.

페르미([Enrico Fermi, 1901~1954)

퀴리(Pierre Curie, 1859~1906)

아인슈타인(Albert Einstein, 1880~1952)

이처럼 주기율표 상에 표시되어있는 원소기호들은 라틴어, 그리스어, 영어, 독일어 등의 어원에서 유래되었으며, 103가지의 원소이름 중에서 끝 자가 '늄(um)'으로 끝나는 것은 모두 과학자의 이름에서 연유된 것들이다. 예를 들면 페르미([Enrico Fermi, 1901~1954)의 이름을 붙인 페르뮴(Fm), 퀴리(Pierre Curie, 1859~1906)의 이름을 붙인 퀴륨(Cm), 아인슈타인(Albert Einstein, 1880~1952)의 이름을 붙인 아인시타이늄(Es) 등이 있다.

특히 훗날 과학자들은 멘델레예프가 화학계에 남긴 불후의 업적을 높이 기리기 위하여 101번째 원소를 멘델레비움(Mendelevium, MD)로 명명했다.

뿐만 아니라 원소에 붙여진 이름들은 대부분 그 원소의 발견과 관련이 깊다. 원자번호 1번인 수소는 영국의 캐번디시(Henry Cavendish, 1731~1810)가 발견하였다. 수소(Hydrogen)는 그리스어 hydro('물'이라는 뜻)+gennao('낳다'의 뜻)의 합성어로서 물을 만드는 원소란 뜻이다. 헬륨은 1868년에 영국의 천문학자 로키어(Joseph Norman Lockyer, 1836년~1920)가 인도에서 있었던 일식 때 태양스펙트럼 속에서 발견하였는데, 헬륨(Helium)은 그리스어 helios(태양신)에서 유래되었다.

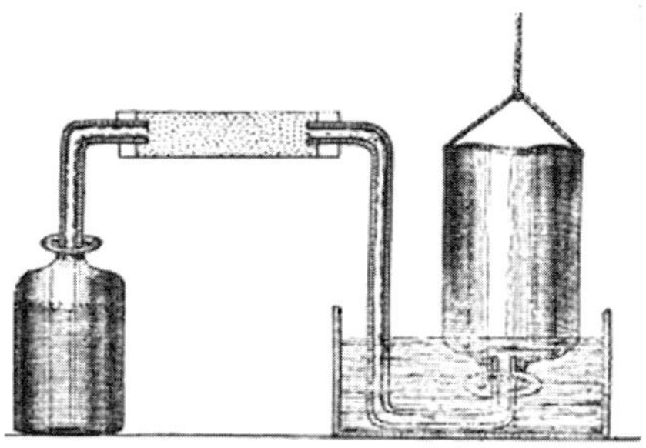
캐번디시가 고안한 산소제조기

산소(Oxygen)는 그리스어 oxys(시다)+gennao(생기다)에서 유래되었고, 네온(Ne)은 그리스어 neon(새롭다)에서 유래하였는데 '새로운 원소'라는 의미이다. 원자번호 43번 테크네슘(Technetium, 원소기호 Tc)은 그리스어 technetos(인공의)에서 유래되었는데. 이 원소는 최초로 인공적으로 합성된 원소이다.

이 밖에도 그리스어, 라틴어에서 유래된 원소는 금(Au=aurum), 구리(Cu=cuprum), 철(Fe=ferrum), 수은(Hg=hydrargyrum)이 있으며, 그리스, 로마 신화에서 유래한 원소는 헬륨(He, 태양신 helios), 세륨(Ce, 농업의 여신 세레스Ceres), 탄탈륨(Ta, 탄탈루스(Tantalus)), 니오븀(Nb, 탄탈루스의 딸 니오베(Niobe))이 있다.

또한 대륙의 이름에서 유래된 원소는 유로퓸(Eu), 아메리슘(Am)이 있고, 나라이름에서 유래된 원소는 게르마늄(Ge,독일), 프랑슘(Fr,프랑스), 폴로늄(Po,폴란드), 갈륨(Ga,프랑스), 루테늄(Ru,러시아)가 있다. 그 밖에도 도시이름에서 유래한 홀뮴(Stockholm, Ho), 이테르븀(Ytterby, Yb), 버클륨(Berkeley, Bk), 마그네슘(Magnesia, Mg)이 있으며, 혹성의 이름에서 유래한 원소는 우라늄(U, 천왕성 ; Uranus), 플루토늄(Pu,명왕성 ; Pluto=그리스로마 신화에 나오는 저승신의 이름을 딴 것), 넵투늄(Np, 해왕성 ; Neptune=그리스로마 신화에 나오는 바다의 신 이름을 딴 것)이 있다. 또한 색(color)에서 유래한 프라세오디움(녹색, Pr), 루비늄(붉은색, Rb), 세슘(하늘색, Cs)이 있다.

멘델레예프는 한때 대학에서 학생운동이 정치적 문제로까지 비화되면서 이에 동조했다는 이유로 한때 교수직에서 물러나 1893년에는 도량형국 책임자(Director of the Bureau of Weights and Measures)로 근무하게 되는데, 1894년 그는 이곳에서 현재 '러시아 술'로 통하는 '보트카(vodka)'의 알콜 함량을 알콜 38%와 물 62%로 표준화한 40% 보드카를 러시아 법으로 제정한 기준을 만들어 놓기도 했다.

Saint Petersburg State University (founded 1724)

멘델레예프는 죽기 2년 전인 1905년, 그가 몸담고 있었던 상트페테르부르크 대학교(Saint Petersburg State University)의 마지막 강의에서 제자들에게 다음과 같은 말을 남긴 채, 2년 후인 1907년에 독감이 악화되어 73세의 나이로 사망한다.

"I have achieved an inner freedom. There is nothing in this world that I fear to say. No one nor anything can silence me. This is a good feeling. This is the feeling of a man. I want you to have this feeling too; it is my moral responsibility to help you achieve this inner freedom."

"나는 내안에 자유를 얻었다. 두려워서 말 못할 것은 세상에 아무 것도 없다. 어느 누구도, 어떤 것도 나를 침묵시킬 수 없다. 이처럼 좋은 느낌. 이것은 인간이라는 느낌이다. 여러분도 이런 느낌을 가졌으면 한다. 여러분이 이러한 내안의 자유를 갖을 수 있도록 도와주는 것은 나의 도덕적 책무다."

과학 패러다임
모든 생물은 진화한다

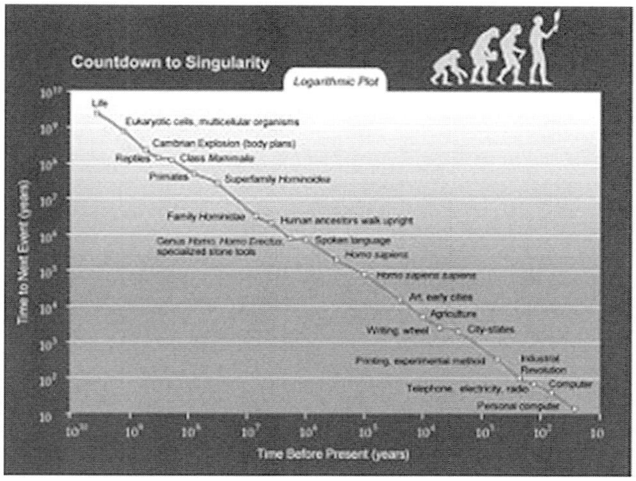

찰스 다윈(Charles Robert, Darwin, 1809~1882)

인류가 이룩해 놓은 과학사를 통 털어 최고의 사건을 손꼽으라면 코페르니쿠스의 '지동설'과 다윈의 '진화론'을 빼놓고 이야기 할 수 없을 만큼 중대한 사건 일 것이다.

프로이트(Sigmund Freud, 1856~1939)

이 같은 사실에 대해 프로이트(Sigmund Freud, 1856~1939)는 인류가 세가지 큰 타격을 받고서 자부심에 상처를 입었다고 말했다. 첫 번째는 코페르니쿠스가 지구가 우주의 중심이 아니라고 선언하고 갈릴레이가 우주는 이제껏 생각하던 것보다도 훨씬 넓다고 결론지은 것이며, 두 번째는 다윈이 생명체가 공통조상에서 진화했고 인간은 현재의 유인원도 거기서 기인한 동물의 후손이라고 말한 것이며, 끝으로 세 번째는 프로이트 자신이 무의식과정을 밝혀냄으로써 우리가 스스로 생각했던 것보다 훨씬 이성적임을 보임으로써 우리자신에 대한 우리들의 개념을 바꾸는 결정적인 역할을 했다는 것이다.

이처럼 코페르니쿠스나 갈릴레이 또는 다윈이 살았던 과학 혁명기를 몸소 접하며 성장했던 프로이트 역시 지구가 우주속의 일개 행성에 지나지 않으며, 그 지구 안에서 신의 피조물이라는 특권을 누리고 살아왔던 인간이 한낱 유인원과 같은 조상을 갖고 있다는 과학적 사실에 대해 "인류가 상처를 입었다"는 말로 슬픔을 표현했다.

물론 현대과학의 발달로 지구가 46억년전에 자이언트 임팩트

(Giant impact)에 의해 생겨났으며, 디이머(D. W. Deamer)는 1969년 오스트레일리아의 머치선(Murchison) 지역에 떨어진 운석에서 추출한 물질로 구상막(air screen)을 만들었으며, 원시지구에서 기포의 얇은 막 안에 생명의 요소들이 쌓이고 농축되기 시작해서 기포의 막을 중심으로 주위의 물질이 흡수되는 반복된 과정을 통해서 생명체가 탄생되었다는 기포막 유도설과 구약성서 속에 등장하는 아담에서부터 시작되어 신약성서속의 그리스도에 이르기까지 기독교적 세계관에 의한 6000년이란 인류의 창조론에 대해서도 역시 어느 누구도 쉽게 단정 지을 수 없는 것이 '인간탄생' 이란 개념이다.

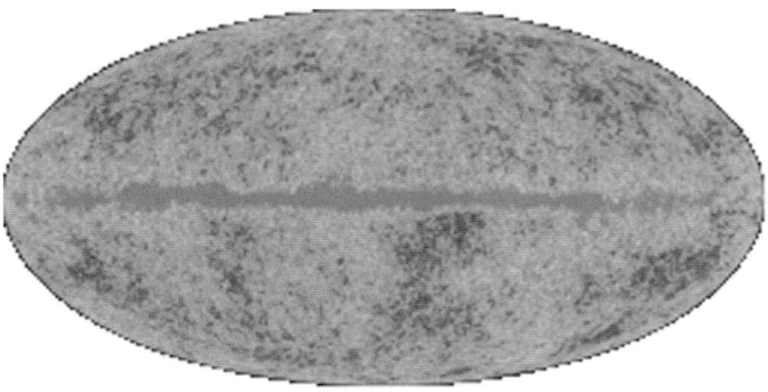

빅뱅(Big bang)에 의한 우주의 탄생

이처럼 인류역사를 통 털어 인류탄생과 관계된 주장은 '창조론' 또는 '진화론' 의 두 이론에 국한되어 발전되어 왔다.

그러나 그럼에도 불구하고 과학적 접근체계에서 '진화론' 으로 인간탄생을 설명하기위해서는 우리는 찰스 다윈(Charles Robert, Darwin, 1809~1882)의 불후의 업적인 '자연선택의 방법에 의한 종의 기원, 또는 생존 경쟁에 있어서 유리한 종족의 보존에 대하여(On the Origin of Species by Means of Natural Selection, or the Preservation of Favoured Races in the Struggle for Life), 혹은 줄여서 종의 기원' 으로부터 시작해야 할 것이다.

진화는 단순히 시간에 따른 변화를 의미한다. 그러나 진화에 관한 수많은 논쟁들 중 인간에 관한 부분은 이처럼 '창조론'과 관계된 기독교관에 부딪쳐 현실적으로도 논란을 앓고 있는 것이 사실이다.

영국의 스로즈버리(Shrewsbury)라는 곳에서 의사의 아들로 태여난 다윈은 비교적 유복한 어린 시절을 보냈다. 그러나 다윈은 집안의 뜻을 쫒아서 의사가 되기 위해 그의 형과 함께 에든버러 의과대학을 다니기도 했고, 캠브리지에 입학하여 목사가 되기 위한 신학수업을 들어야 하는 등 진화와 관련된 과학을 본격적으로 시작하기 전까지는 힘든 과정을 거쳐야만 했다.

그러나 다윈은 이곳에서 그의 미래를 결정질 운명적인 만남을 갖게 된다. 다윈은 적성에 맞지 않는 신학수업을 들으며 틈틈이 박물학(당시 지질학, 동.식물학, 광물학 등을 통틀어서 일컫는 학문)에 관심을 갖게 되며 이러한 다윈의 재능을 알아 헨슬리(John Steven Henslow) 교수가 건네준 '지질학 원리'라는 책을 읽고 나서 자신의 과학에 대한 열정을 본격적으로 설계하게 되는 계기를 갖게 된다.

라이엘(charles Lyell, 1797~1875)

이 책은 "현재는 과거를 푸는 열쇠이다"라는 유명한 말을 남긴 영국의 라이엘(charles Lyell, 1797~1875)이 안데스 산맥을 탐사하는 동안 산맥 양측의 기후와 토양이 비슷함에도 불구하고 그 곳에 살고 있는 동.식물의 분포가 다르다는 것을 관찰한 후 동물의 지리적 분포는 환경 변화에 영향을 받는다는 '변이(Variation)'에 대한 사실을 확인하게 된다는 내용을 중심으로 하고 있다.

당시 영국은 해양 강국으로의 식민지 확장을 위해 다양한 해양조사를 실시하고 있었으며, 1831년 그러던 다윈에게 남아메리카로의 항해조사를 위한 해군 측량함 '비글호'에 탑승 할 수 있는 운명 같은 기회가 찾아오게 된다.

몇 년의 항해 끝에 다윈은 자신의 '종의 기원'의 서두를 장식하게 될 진화의 현장인 에콰도르 영토중 하나인 갈라파고스 제도(Galapagos Archipelago)에 닻을 내리게 된다.

다윈은 이곳에서 훗날 '다윈의 핀치(Darwin's Pinch)'라는 참새과의 작은 부리를 갖고 있는 새를 발견하게 된다. 그가 발견한 핀치라는 새는 모두 14종으로써 이들 중 어느 종은 남아메리카 대륙에 살고 있는 종을 닮았지만 다른 몇몇 종은 전혀 다른 부리의 형태를 갖고 있었다.

특히 갈라파고스 제도를 구성하고 있는 각각의 섬에서 발견된 새들은 섬이 갖고 있는 생태 특성에 따라 조금씩 다른 부리형태를 갖고 있다는 것을 발견하였다.

예를 들면 곡식의 씨앗을 주로 먹고사는 새의 부리는 굵고 둥근 모습이었는데 비해 다른 섬에서 곤충이나 벌레를 먹이로 서식하고 있는 새의 부리는 이보다 뾰족하고 긴 형태를 하고 있었다.

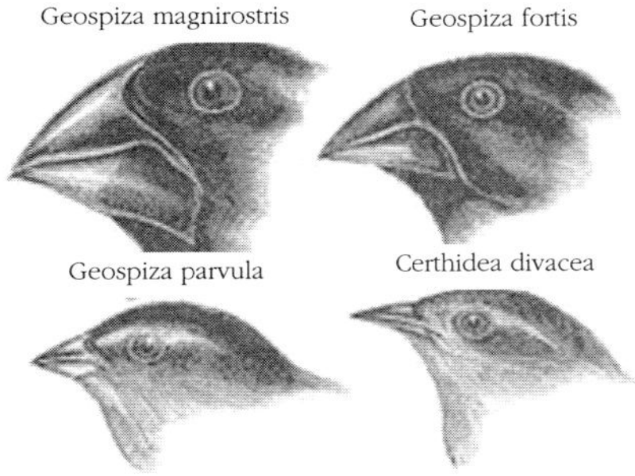

갈라파고스의 멧새(핀치)

이와 같은 다윈의 관찰은 갈라파고스 제도의 여러 섬에 흩어져 살게 된 새는 각각 자신이 서식하고 있는 섬의 서식환경이나 먹이종류에 따라 부리형태가 적응되어 변화한다는 '자연선택'에 대한 '진화론'을 기초하기 시작했다.

1836년 5년간의 항해를 끝내고 영국으로 돌아온 다윈은 1839년 자신의 항해 일기를 정리해서 '비글호 항해기(The Voyage of the Beagle)'를 출판하게 되며, 이를 학문적 업적으로 인정받아 영국 왕립협회 회원으로 추천받게 된다.

진화론

진화는 변천이라는 뜻을 내포하고 있다. 그러나 종에 따라서는 기관의 퇴화를 통해 생존해야 만하는 경우도 있기 때문에 몇몇 관찰된 진화를 통해서 모든 종이 발전적인 변이를 거쳤다고 주장하는 것은 무리일 수 있다.

따라서 진화는 몇몇 관찰된 결과를 통해서 유추해야만 하는 한계성을 갖고 있기도 하다. 이러한 이유에서 6000년이란 기간 동안 인류는 창조되어 현재에 이르기까지 생물학적 변이를 거치지 않았다는 기독교적 세계관에 의한 해석이 유지 될 수도 있다고 생각한다.

진화론과 관련된 학문의 본류는 생물학일 것이다. 그러나 앞서 살펴 본 바와 같이 소위 중세 과학혁명기 이전까지는 신의 영역에 도전하는 그 어떤 우수한 이론이나 주장에 대해서도 '이단(異端)'이라는 엄격한 잣대를 벗어 날 수는 없었다. 따라서 생물학과 관련된 연구들도 예외일 수는 없었다.

현대 21세기 과학이 발전하여 지구의 '대륙 이동설' 처럼 아프리카와 아메리카의 한쪽 면을 비교해보면 마치 이전에 같은 대륙이었는데 오랜 세월에 걸쳐 변화를 거듭한 끝에 현재의 모습으로 각각 남게 되었다는 이론을 증명하듯이, 인간과 관련된 진화과정에 대해서도 과학적으로 증명하기 위해서는 오랜 시간과 수 없이 많은 증거가 필요할지도 모른다.

하지만 지구가 오랜 세월을 걸쳐 동안 바뀌었듯이 오래 전부터 이미 동물과 식물에 대한 진화는 이미 여러 곳에서 많은 부분 사실로 증명되고 있다.

린네 (Carl von Linne, 1707~1778)

부퐁(Georges Louis Leclere Buffon, 1707~1788)

다윈 풍자그림

그리스 시대 과학사를 살펴보면 대표적으로 아리스토텔레스가 520종의 동물에 관한 관찰결과를 기초로 주장한 '동물지(Historia animalium)' 에서는 '자연은 생명이 없는 것으로부터 동물적 생명을 향하여 조금씩 진보해 가고 있다' 라며 생명의 단계적 배열에 대한 연속성을 주장한 바 있지만 아직은 진화라는 생각은 나타나지 않고 있는 것을 알 수 있다.

그 후 1735년 '자연의 체계(Systema naturae)' 를 집필하여 종(species)의 새로운 분류학(taxonomy)체계를 수립한 스웨덴의 린네(Carl von Linne, 1707~1778)와 지구의 나이를 18만년으로 계산했으며 백과사전인 '박물지' 를 출판한 프랑스 부퐁(Georges Louis Leclere Buffon, 1707~1788), 1809년에 종의 변화에 시간의 개념을 도입하여 '동물철학(Philosophie Zoologique)' 을 출판한 라마르크(Jean Baptiste de Lamarck, 1744~1829)의 그리고 뷔퐁의 사상을 계승하여 생물의 진화와 동물의 발생에 대해 진화설을 기초로 다룬 '주노미아(Zoonomiaor The Laws of Organic life)' 를 저술한 다윈의 할아버지 에라스무스 다윈(Erasmus Darwin, 1731~1802)등을 통하여 '생물의 기관은 쓰면 쓸수록 발달하여 오랜 시간이 지나면 새로운 개체 탄생 한다' 는 초기진화론이 힘을 받게 된다.

특히 라마르크는 시간은 종에 따라 변할 뿐만 아니라, 동물의 신체 일 부분 중 사용하지 않는 부분이 퇴화하는 현상, 그리고 동물을 길들이기 위해 그 성질을 인공적으로 변화시킬 수 있는 점 등을 들어 '생물이 주위환경에 적응하는 과정에서 어떤 형질을 획득하고, 그 형질을 다음 자손에게 이어주는 것을 통해 종이 변화 한다' 는 '획득형질

유전론'을 주장함으로써 종의 진화라는 개념을 기초하였다.

그러나 다윈의 진화이론은 여전히 개체가 이룬 변이가 어떻게 후속세대로 전달되는 가에 대해서는 설명하지 못했으며, 당시 발견된 화석을 살펴봤을 때 진화의 중간 단계를 설명 해 줄 수 있는 화석의 예를 발견 할 수 없었다는 점 이었다. 그러나 이러한 문제점들은 1865년 오스트리아의 수도사이며 생물학자인 멘델(Gregor Johann Mendel, 1822~1884)이 완두콩 실험을 통해 이를 증명했다.

다윈이 주장한 진화론은 주요 내용은 다음과 같다.

1. 생물은 필요 이상으로 자손을 낳는다
2. 개체간의 변이가 일어난다.
3. 이들 개체는 서로 경쟁한다.
4. 환경에 보다 더 잘 적응하는 개체가 확률적으로 더 잘 생존한다.
5. 자연은 이러한 방식으로 생존력이 강한 개체를 선택한다.

오웬의 타임스케일

종의 기원

다윈은 '진화론'을 통해 1839년 젊은 나이로 영국 왕립협회 회원 자격을 얻음으로써 자신의 학문적 연구 업적에 대해는 비교적 높은 평가를 받았지만, 당시 인간의 조상과 유인원이 같다는 진화론에 대한 주장이 성경의 가르침에 위배된다는 사실과 관련해서 교회로부터 쏟아지는 비판과 공격에 곤혹스러워하고 있었다. 이처럼 시대의 흐름에 어긋나는 다윈의 혁신적인 이론은 적절한 증거들과 논리가 있었음에도 불구하고 20여년 동안 빛을 볼 수 없었다.

그러나 바로 이 시점에서 다윈의 '진화론' 주장에 결정적인 역할을 한 사람이 바로 경제학자이며 성직자로서 '인구론(An Essay on The Principle of Population)'을 주장한 맬더스(Thomas Robert Malthus, 1766~1834)이다.

맬서스(Thomas Robert Malthus, 1766~1834)
잉글랜드 서리에서 출생하였으며, 영국 고전파 경제학자의 한 사람으로써, 그의 저서 '인구론'을 통하여 인구는 기하급수적으로 증가하나 식량은 산술급수적으로 증가하므로 인구와 식량 사이의 불균

맬더스는 "인간 사회에서 식량이 증가하는 비율은 인구가 증가하는 비율을 따라가지 못하기 때문에 인구가 무한정 늘어날 수 없으며, 질병과 굶주림 등으로 인구수가 제한된다"고 주장하였다. 다시 말하

형이 필연적으로 발생할 수밖에 없으며, 여기에서 기근 · 빈곤 · 악덕이 발생한다고 하였다. 맬서스는 이러한 불균형과 인구증가를 억제하는 방법으로 기근 · 질병 등으로 인한 사망과 같은 적극적 억제 외에 성적 난행을 막고 결혼을 연기하여 출산율을 감소시키는 등의 도덕적 억제를 들고 있다.

인구론의 특징은 인구를 자연법칙으로서 파악하는 점에 있으며, 후에 마르크스의 상대적 과잉인구론에서 비판을 받기는 하였으나, 이러한 사고방식은 당시 그의 논적을 포함한 모든 사람의 공통된 사고방식이었다. 뿐만 아니라 이후에도 노동자계급의 빈곤을 사회개혁의 방법이 아닌 도덕적 억제로 인구를 조절함으로써 해결하려는 맬서스주의 또는 인위적인 산아제한 등 출생률을 저하시킴으로써 해결하려는 신 맬서스주의(Neomalthusism)로 발전하였다.

월리스(Alfred Russel Wallace, 1823~1913)

면 인구의 증가는 기하급수적으로 증가하는데 반해 식량의증가는 산술급수적으로 증가하기 때문에 인구 수가 조절되지 않으면 전쟁과 같은 생존경쟁이 발생 할 수 밖에 없다는 내용으로서 과학의 발달에 따른 식량생산이나 산아 조절과 같은 해결책을 염두에 두지 못한 주장이었다.

그러나 이러한 맬더스의 주장을 통해서 다윈은 '경쟁'과 '선택'이라는 측면에서 "생물이 생존 경쟁에서 환경에 적을 할 경우에는 살아 생존할 수 있지만, 적응하지 못할 경우에는 멸종되며", 이것을 '자연의 선택'으로 받아들였다.

다윈은 이러한 맬더스의 주장을 통해 코끼리와 거북이를 예로 들어 코끼리 새끼가 모두 건강 하게 생존 할 경우와 거북이가 수백 개의 알을 낳아서 부화시켜도 결국 수십 개만 살아남는 까닭에 대해 자연계의 생존경쟁 속에서 살아남기 위한 선택으로 '적응'과 '진화'를 통한 자연 생태계의 '평형' 유지를 내세웠다.

결국 인간사회의 치열해져가는 생존경쟁에서 이기고 환경에 잘 적응하는 사람만이 살아남는다는 이 같은 맬더스의 논리는 다윈으로 하여금 다시한번 '경쟁'의 중요성을 인식하게 해 줌으로써, '경쟁'이 자연에서 어떤 한 종의 여러 개체 중에서 환경에 잘 적응하는 특성을 가진 개체만이 생존할 수 있다는 '자연선택설'의 개념을 완성 할 수 있는 결정적인 역할을 한 셈이다. 그러나 맬더스의 '경쟁'을 통한 '생존'을 위한 '선택'을 본받은 다윈의 이러한 주장은 훗날 '신 다위니즘'으로 많은 논란의 중심에 서게 된다.

1859년 출판된 다윈의 '종의 기원'은 당시 뉴턴의 '프린키피아'와 당대 최고의 고전적 가치를 인정받은 업적이다. 이 책이 출판 될 당시 영국의 머레이 출판사는 출판 하루 만에 1250권 매진이라는 베스트셀러가 될 뿐만 아니라 이후 7년 동안 16000여권이 판매되고 스페인을 비롯한 러시아 등 세계적인 명성을 얻게 되며, 1872년 까지 6번의 개정판을 출판하기에 이른다.

다윈은 진화론에 대한 확신을 가졌지만 당시 자신에게 향했던 사회적 비판을 감당하지 못한 채 그렇게 20여년을 발표를 미룬 채 있었다. 그러던 1858년 당시 말레지아에서 진화를 연구하던 영국의 젊은 박물학자 월리스(Alfred Russel Wallace, 1823~1913)로 부터 다윈 자신이 오랜 기간 연구해왔던 자연선택설과 거의 같은 논문인 '원래형

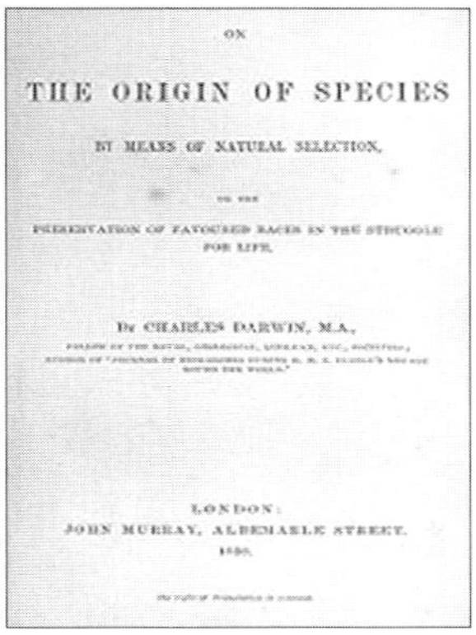

ON

THE ORIGIN OF SPECIES

BY MEANS OF NATURAL SELECTION,

OR THE

PRESERVATION OF FAVOURED RACES IN THE STRUGGLE FOR LIFE.

BY CHARLES DARWIN, M.A.,

LONDON:
JOHN MURRAY, ALBEMARLE STREET.

종의기원

태로부터 벗어나려는 다양한 경향에 관하여(On The Tendency of Varieties to Depart Indefinitely from the Original Type)'을 받게 된다.

결국 다윈과 윌리스 두 사람은 1858년 공동연구형태로 린네학회에 진화론을 발표하게 되는데, 적응의 현상에 자연적 설명 부여를 골자로 하며, 전문은 14장으로 구성하고, 변이의 법칙과 생존경쟁, 원래 종과 변형 종, 화석, 종의 지리적 분포 그리고 분류학 및 발생학 등의 여러 측면에서 다양하게 '자연선택설'을 주장하고 있다.

그러나 이러한 계기로 다윈은 자신이 20여년간 당시 사회적 비판 때문에 망설여왔던 '자연선택의 방법에 의한 종의 기원, 또는 생존경쟁에 있어서 유리한 종족의 보존에 대하여(On the Origin of Species by Means of Natural Selection, or the Preservation of Favoured Races in the Struggle for Life), 혹은 줄여서 종의 기원'을 마침내 1859년 3월 20만 페이지의 막대한 양의 원고는 세상에 나가 빛을 보게 된다.

그러나 당시를 지배하던 "세상만물은 각각 창조주이신 하나님의 피조물"이라는 절대적 논리에 반하는 이 같은 다윈의 진화론을 중심으로 하고 있는 '종의 기원'은 분명 이단으로 몰릴 처지임에 분명했다. 이를 두고 다윈은 "세상 사람들이 진화론을 알아주려면 생물이 진화한 만큼 오랜 세월 필요할 것이다"라며 위안을 삼았다.

특히 그는 "창조주가 몇 가지 능력으로 최초에 하나 또는 둘, 셋의 형태에 숨결을 불어넣어 주었다고 알고 있는 이 생명에는 본질적으로 위대함이 숨어 있다. 이 행성은 확고한 중력법칙에 따라 그저 회전을 하고 있다. 그러나 아주 단순한 것에서 시작해서 가장 아름답고 놀라운 모습을 가진 헤아릴 수 없이 많은 생명은 끝없이 진화해 왔고 진화하고 있다"라며 자신의 진화론에 대한 생각을 토로했다.

그러나 영국이 19세기 산업혁명을 거쳐 점차적으로 자본주의를 구축하게 되면서 일부 사회학자들 사이에서 '진화론'의 핵심인 '자연선택설'이 이와 같은 영국의 자본주의사회의 구조적 체제를 설명하기에 비교적 유용한 이론적 배경이 된다는 분위기가 서서히 나타나기 시작했다.

일부 신학자들의 격렬한 반대에도 불구하고 다윈의진화론은 자신의의도와는 다르게 '경쟁'과 '자연선택' 그리고 '적자생존'이라는 이론으로 경제학, 인류학, 정치학 등 여러 분야에서 인종 차별과 민족주의를 주장하는 기득권 세력의 주장에 편리하게 이용되기도 하여, 당시 독일을 지배하던 히틀러가 표방하던 '나치즘(Nazism)'의 배경이 되기도 한다.

특히 스펜서(Hervert Spencer, 1820~1903)는 "인간사회의 진화라는 것은 다른 여러 가지 진화현상들과 다르지 않으며, 그것은 보편적으로 적용할 수 있는 자연법칙의 한 사례일 뿐이다"라며 사회적 다윈주의(Social Darwinism)를 주장한다. 이처럼 스펜서가 다윈의 생존경쟁설(Survival of the fittest)에 따른 적자생존원칙을 사회학에 적용시킨 사회적 다윈주의(Social Darwinism)는 인종차별이나 약육강식을 합리화시켜 제국주의의 식민정책을 합리화시키려는 데 이용되었다.

이때 궁지에 몰린 다윈을 위해 앞장선 학자가 바로 유명한 생물학자이면서도 교육자인 헉슬리(Thomas Henry Huxley, 1825~1895)였다. 특히 헉슬리가 1860년 당시 영국의 해부학자인 오웬(Richard Owen, 1804~1892)과 '성경을 중심으로 하는 유신론적인 신학'과 '무신론적 유물론의 진화론'에 관해 영국의 옥스퍼드 대학에서 벌인 논쟁에서 다윈의 진화론의 우세성을 입증함으로써 다윈에게 힘을 실어주게 된다.

그러나 헉슬리와 같이 다윈을 옹호한 '진화론' 찬성자들만 있었던 것은 아니었다. 그 시대를 대표하는 영국의 과학자였던 톰슨(William Thompson, 1824~1907), 페러데이(Michael Faraday 1791~1867), 맥스웰(James Clerk Maxwell, 1831~1879)도 강경한 진화론 반대론자였으며,

헉슬리(Thomas Henry Huxley, 1825~1895)

오웬(Richard Owen, 1804~1892)

스펜서(Herbert Spencer, 1820~1903)

영국의 철학자이며, 36년간에 걸쳐 쓴 '종합철학체계'를 통해 성운(星雲)의 생성에서부터 인간사회의 도덕원리 전개에 이르기까지 모든 것을 진화(evolution)의 원리에 따라 조직적으로 서술하였다. 특히 다윈의 '종의 기원'(1859)의 생물진화론을 중심으로 하는 다윈주의 운동과 결합하여 1870년대 이후 놀라운 보급을 보았다. 또한 철학적으로는 불가지론의 입장에 서면서도 철학과 과학과 종교를 융합하려고 하였다. 스펜서에 의한 종교와 과학의 이와 같은 조정은 과학자로 하여금 종교에 의한 구속을 벗어나게 해 준 점에 시대적 의의가 있었다고 하겠다.

적자생존(Survival of the fittest)

적자생존은 생존경쟁의 원리에 대한 개념을 간단히 함축한 말로서, 다윈의 진화론에 대한 원리로 잘 알려져 있지만, 사실은 영국의 철학자 · 경제학자인 스펜서(H. Spencer)가 1864년 '생물학의 원리(Principles of Biology)'라는 저서에서 처음 사용했다.

다위니즘(Darwinism)

자연계에서 생물은 그 생활 조건에 적응해야만 살아있을 수 있다는 이론을 중심으로 하는 다윈의 진화 요인론이다. 다위니즘은 당시 유럽의 자유방임주의(laisser-faire)적 사회사상으로부터 다소의 영향을 받았다.

1865년에는 617명의 영국과학자협회 소속의 과학자들이 "성경의 진리에 의심을 던지는 과학자들의 태도에 마음이 아프다. 우리는 자연과학은 완전치 않으며, 성경과 연구내용이 일치하지 않는다 하여도 언젠가 일치할 때가 오리라고 확신" 한다는 반진화론을 선언하기도 한다.

톰슨(William Thompson, 1824~1907)

페러데이 (Michael Faraday 1791~1867)

어쨌든 다윈은 '종의 기원' 에서 사회적 비판을 두려워 한 나머지 인간의 진화와 그 조상에 대한 언급을 피했지만, 자신의 의도와는 상관없이 '창조론' 과 '진화론' 사회적 논쟁의 쟁점으로 계속되었다.

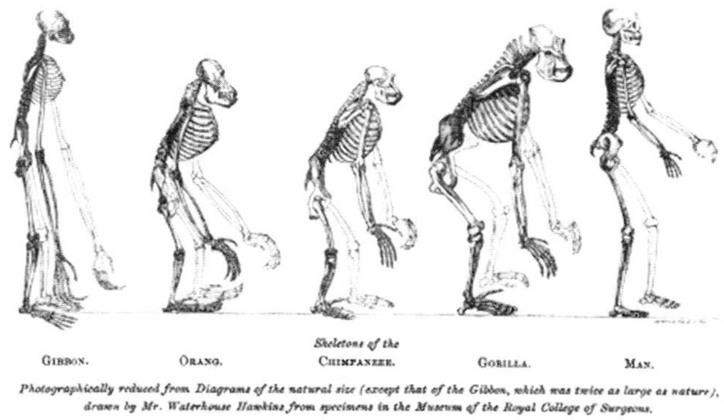

결국 다윈은 1871년에 발표한 '인간의 유래(The Descent of Man, and Selection in Relation to Sex)' 에 대한 해석이 인간의 조상이 원숭이라고 해석되고 있는 일부 주장에 대해서 "나는 주인의 목숨을 구하려고 적에게 당당히 맞섰던 영웅적인 작은 원숭이나 산에서 내려와 사나운 개로부터 자신의 어린 동료를 구하고 나서 의기양양하게 사라지는 늙은 개코 원숭이에게서 내가 유래됐기를 바란다" 라고 자신의 심정을 토로하며, 또한 자신의 '진화론' 에서 주장하는 진화라는 개념은 "인류와 유인원은 같은 조상에서 같이 진화한 것이지 유인원에서 인간이 진화했다는 생각은 잘못이다" 라며 논쟁의 불씨를 진화하기에 애쓴다.

사실 다윈이 '종의 기원' 을 통해 주장하고 있는 '진화론' 은 모든 사례에 대해 적용 가능한 이론은 아니었다. 다윈의 '진화론' 은 '생물의 어떤 종(species)의 개체 간에 변이가 생겼을 경우에, 그 생물이 생활하고 있는 환경에 가장 적합한 것만이 살아남고, 부적합한 것은 멸망한다' 는 '자연선택설' 을 바탕으로 진화의 메카니즘(mechanism)을 설명하고 있기 때문에 '개체간의 변이가 어떻게 계승되는가 하는 유전적 문제'에 대한 한계성을 갖고 있다. 여기서 다윈은 라마르크(Jean Baptiste de Lamarck, 1744~1829)가 제창한 '용불용설(Law of Use and Disuse)', 다시 말하면 "환경의 영향에 따라 생긴 변이가 다음 대에 유전한다"고 하는 획득형질유전론(Survival of the fittest)을 인용하게 된다. 또한 많은 학자들은 이와 같은 '경쟁'과 '생존'을 통한 '자연선택설'에 대해서 '환경에 잘 적응하여 적합한 형태의 변이를 통해 진화한 개체들은 생존 한다' 하더라도, 그렇다면 "왜 적응에 불필요한 생물체들의 기관들까지 계속 존재하는가?"라는 의문에 대한 논쟁도 계속 불씨로 남게 되었다.

이러한 문제점들은 오스트리아의 수도사이며 생물학자인 멘델(Gregor Mendel, 1822~1884)이 1856년부터 8년간에 걸친 완두콩을 사용한 교배실험에서 얻은 우열의 법칙, 분리의 법칙, 독립의 법칙에 관한 연구결과로 널리 알려진 '멘델의 법칙(Mendelism)', 즉 '식물잡종에 관한 연구(versuche ueber pflanzen-Hybriden)'과 이를 계승하여 노랑초파리(Drosophilia melanogaster)를 이용하여 유전자가 염색체에 존재한다는 '염색체 유전학(Chromosome genetics)'을 창시하면서 1933년 노벨상을 수상한 미국 캘리포니아 대학(University of California)의 모건(Thomas Hunt Morgan, 1866~1945)에 의해 해결의 실마리를 찾게 된다.

이처럼 다윈의 '종의 기원'은 세상 만물은 신이 창조했다는 '창조론'이 우세하던 당시 '자연선택설'을 통해 진화했다는 '진화론' 주장은 가히 혁명적인 사건임에 분명했다. 이는 아리스토텔레스 이후 내려온 인간에 대한 우수성에 대한 전통적인 사상체계를 근본적으로

인류유전학(human genetics)

근본적으로 사람의 생명현상도 유전자의 활동에 기인하는 형질발현이다. 따라서 인류유전학의 연구 성과는 인간생물학을 이해하기 위한 이론적 기반이 된다.

인류유전학은 G.J.멘델의 유전법칙이 발표되기 전인 1823년 로렌스가 사람의 육체와 도덕적 심리나 행위에 관한 유전도 가축의 유전과 근본적으로 동일함을 제창한 때부터 논의되었으며, 특히 1950년대 이후 분자생물학 · 생화학 · 세포생물학 · 면역학 · 의학 · 수학 등의 중요한 원리와 기술을 이용하여 급속한 발전을 거듭해 왔다.

유전현상을 지배하는 법칙은 사람의 경우도 근본적으로 다른 생물과 같다. 사람의 생식세포에는 22개의 상염색체와 1개의 성염색체가 존재하고, 거기에는 약 28억 5천만 개의 염기쌍으로 이루어진 DNA가 들어 있어서, 그 DNA의 특정부위가 유전자로서 활동한다. 성염색체에서 정자는 X 또는 Y염색체, 난자는 X염색체이다. 따라서 사람의 1개 체세포 중에는 약 56억 개의 염기쌍이 들어 있는 셈이다. 사람의 체세포에 있는 미토콘드리아에도 모친에서 유래한 약 1만 6000개 염기쌍의 DNA가 있다. 사람의 배우자에 들어 있는 23개의 염색체 DNA를 모두 연결하면 유전적거리로 약 3,000 모건 단위가 된다. 다른 표현으로 말하면 염기의 기호(A, T, G, C)로 나열된 상태를 A4판(版)의 보통책 크기에 수록한다면, 약 60만 페이지나 되는 방대한 양이 된다. 이러한 양의 염기쌍으로 구성된 유전자수는 약 26,000개 정도로 알려져 있다.

인류는 현재 생명과학에 있어서 첨단기술의 하나인 유전자공학을 발전시켜 자신의 유전자를 꺼내서 그 구조를 분석하거나, 유전자를 이식하거나, 또는 이식유전자에 의하여 유전정보를 변경시키는 등 많은 기술을 가지게 되었다. 인류유전학의 연구는 단순한 자연과학적 범주나 의학적인 한계를 훨씬 초월한 사회 · 경제 · 윤리 · 문화까지도 영향을 미치게 되었으며, 인류의 진화, 개인식별, 유전적 다양성의 적응성 등을 해명하는 데도 크게 공헌하고 있다.

모건(Thomas Hunt Morgan, 1866~1945)

뒤흔드는 것으로써, 신에 의해 선택되고 그로인해 지구의 모든 생물 세계를 지배하고 소유 할 수 있는 특권을 갖는다는 가치와 존엄성에 일격을 가하는 역사적인 사건이었다.

다윈은 1882년 심장마비로 생을 마감하고 영국의 웨스트민스터(Westeminster) 대성당 사원의 아이작 뉴턴 옆에 나란히 묻히게 되며, 훗날 그를 기리기 위해 영국의 화폐 20파운드(pound)짜리 지폐에 얼굴이 실게 되는 영광을 얻게 된다.

과학 패러다임

진화론을 완성한 사람들

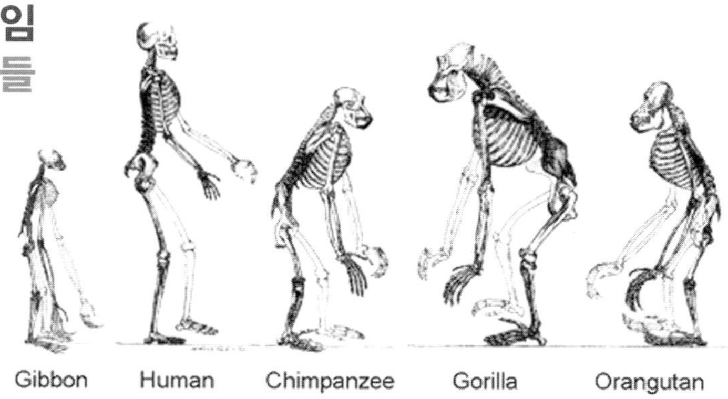

멘델(Gregor Johann Mendel, 1822～1884)

유전(heredity)

모든 생물은 생식을 통해서 자손을 남기는데, 이처럼 생식을 통해 자손을 남길 때 부모가 가지고 있는 머리 색깔, 피부 색깔, 얼굴 형태 등의 특성은 그 자식에게 전달된다. 과거 사람들이 유전에 대해서 가지고 있는 개념은 혼합 가설이었다. 특히 몸 속의 액체를 통한 혼합이 유전의 원인이라고 생각했기 때문에, 인간이 생식을 할 때에도 남성의 정액이 여성의 몸 속으로 섞여 들어가서 유전 현상이 나타난다고 생각했다.

판게네시스(pangenesis)

이 이론은 원자론으로 유명한 그리스의 철학자 데모크리토스가 처음 만든 이론인데, 원자와 같은 입자의 존재를 믿은 데모크리토스는 동물의 혈액 속에도 이러한 입자가 있다고 생각하여 아버지와 어머니의 혈액 속에 들어 있는 입자가 섞여서 자식의 특성을 결정한다고 생각했다.

1859년 영국의 찰스 다윈(Charles Robert, Darwin, 1809～1882)은 '종의 기원'을 출판하여, "인간은 창조주의 피조물"이라는 인류의 오랜 가치관인 '창조론'을 송두리 채 부정하는 당시 사회와 과학계에 가히 혁명적인 '진화론'을 주장한다. 그러나 이러한 다윈의 '진화론'은 "개체간의 변이가 어떻게 계승되는가 하는 유전적 문제"에 대한 한계성 때문에 설득력을 얻지 못하고 있었다. 이 때문에 다윈은 라마르크(Jean Baptiste de Lamarck, 1744～1829)가 주장하는 "환경의 영향에 따라 생긴 변이가 다음 대에 유전한다."는 '획득형질유전론(Survival of the fittest)'을 인용한다. 그러나 그럼에도 불구하고 다윈의 '진화론'은 "적응에 불필요한 생물체들의 기관들까지 왜 계속 존재 하는가"라는 '유전(Heredity)'과 관련된 의문에 대해서는 명백한 답을 내리지 못하고 있었다.

이처럼 오랜 시간을 필요로 하는 '유전'의 한계성 문제를 푼 사람이 바로 오스트리아의 수도사이며 생물학자였던 멘델이었다.

멘델(Gregor Johann Mendel, 1822～1884)은 1822년 오스트리아 살레이지 지방의 하인첸도르프(현 체코의 오드리 근처의 하이첸)에서 과수원을 하는 아버지와 원예 일을 하는 어머니사이에서 태어났다.

이처럼 멘델은 어릴 때부터 과수원에서 품종개량이나 원예 일을 도와가며 훗날 자신이 얻게될 '유전학의 아버지'라는 명성에 걸맞게 성장할 수 있었다. 그러나 집안이 가난했던 멘델은 가정교사를 하면서 학업을 계속할 수밖에 없었으며, 결국엔 학비와 생활을 걱정 한 나머지 브린(현 체코의 브르노)의 성 토마스교회에 들어가 성직자 수업과 함께 고등학교 교사의 꿈을 갖게 된다. 1847년 25세의 나이로 멘델은 정식으로 사제서품을 받고 성직자가 되며, 1851년에는 교회의 후원으로 빈 대학에 유학한 후 교사가 되기 위한 자격시험을 치루게 되는데, 멘델은 이 과정에서 생물과목에서 불합격함으로써 교사의 꿈을 접고 다시 수도원으로 돌아오게 된다. 바로 이시기에 멘델이 탐독하게 된 책이 바로 당대에 가장 화제작이었던 다윈의 '종의 기원'이었다.

수도원에 돌아온 멘델은 식물의 유전연구를 결심한다. 그는 수도원 뜰에서 식물의 유전에 관한 실험을 위해 8년 동안(1856~1863) 5평 남짓한 텃밭에서 성장주기가 짧고 종자가 많으며 잘 자라는 완두콩을 교배하여 잡종만 1만2,980개를 만들어냈다. 멘델은 실험을 통해서 우성만 남고 열성은 소멸된다는 연구결과를 통계적으로 조사한 뒤 1866년 브린의 자연과학협회 정기회의(Proceedings of the Natural History Society of Brünn) 에서 우열과 분리, 상반교잡 등 유전학의 기본법칙이 담긴 '식물 잡종에 관한 연구(Experiments on Plant Hybridization)'를 발표하게 된다. 멘델의 이 같은 연구결과는 당시 '한 생물의 종으로부터 다른 종으로 진화될 수 있다'는 다윈의 진화론과는 정면으로 충돌하는 주장이다.

그러나 멘델의 연구가 대 발견이었음에도 불구하고 당시대를 살았던 다윈의 그늘에 가려 빛을 보지 못할 처지에 이르고, 그나마 1868년 성 토마스 수도원 원장에 선출된 멘델은 교회 과세법으로 정부와

유전학

유전이라는 현상이 DNA상에 존재하는 유전자의 물리적인 법칙에 의해 지배된다는 사실이 알려지면서 생물학은 엄청난 발전을 하게 되었다. 현재는 염색체에 있는 DNA가 복제되어 동일한 생물 개체를 만들어 낼 수 있다는 사실이 널리 받아들여지고 있으며 이 DNA가 실제로 생물을 만들어 내기 위해 작동하는 방식도 잘 알려져 있다. 이러한 전반적인 부분을 연구하는 학문이 유전학이며 유전학은 멘델 이후 많은 발전을 거쳐 왔다. 현재의 생물학 전체에 걸친 학문적인 기반으로 굳게 자리잡고 있다.

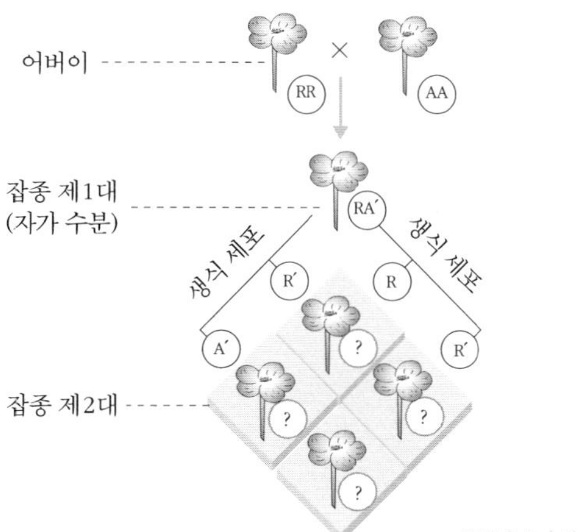

분꽃의 유전 현상

더프리스(Hugo de Vries, 1848~1935)

네덜란드의 식물학자 · 유전학자이며, 식물생리학에서는 호흡작용 · 팽압 · 원형질 분리 등을 주로 연구하였고, 유전학에서는 식물의 잡종에 관한 연구를 하여 유전현상에 대해서 세포내 팡겐설을 제창하였다. 나아가 멘델 법칙의 재발견과 돌연변이설을 제창하여, 그 후의 유전학과 진화론에 영향을 끼쳤다. '원형질 분리'라는 학술어를 만들었다.

코렌스(Carl Erich Correns, 1864~1933)

독일의 식물학자 · 유전학자이며, 1897년 식물의 교잡으로 F1의 형질이 어미식물의 몸에 즉시 나타나는 크세니아 현상을 발견, 1900년 4월 네덜란드의 H.드 브리스, 오스트리아의 E.체르마크와 동시에 멘델 법칙을 재발견하였으며, 비메델성 유전을 주장하였다.

체르마크(Erich Tschermak von Seysenegg, 1871~1962)

오스트리아의 식물학자이며, 1896년 학위를 받은 후에는 완두를 재료로 하여 유전(遺傳)을 연구하였으며, H.드 브리스, C.E. 코렌스와 더불어 멘델법칙 확립에 공헌하였다.

대립하는 등 교회업무로 더 이상 연구지속하지 못한 채 1868년 62세의 나이로 눈을 감았다.

그러나 멘델이 죽은 지 16년이 지난 1900년에 '달맞이 꽃의 돌연변이'에 관해 연구하고 있던 식물학자이며 유전학자였던 네델란드의 브리스(Hugo de Vries, 1848~1935), 독일의 코렌스(Carl Erich Correns, 1864~1933), 오스트리아의 체르마크(Erich Tschermak von Seysenegg, 1871~1962) 등이 '멘델 법칙(Mendelism)'이란 이름으로 멘델의 연구를 세상에 다시 소개함으로써 비로소 인정을 받게 되고, 결국 이들의 공로로 멘델의 유전법칙과 유전학은 새로운 시대를 맞게 됐다

멘델의 법칙(Mendelism)

멘델이 죽은 뒤 16년이나 되서야 그의 업적이 높게 평가 될 수 있었던 원인을 지적하라면, 어쩌면 그 중 한가지로서 멘델의 연구결과가 그가 살았던 당시대의 기술적 · 서술적 연구에의한 접근방식에 비해 지나치게 정확하게 계산된 통계에 의한 수학적 접근 방식 때문이었는지도 모른다는 생각을 해본다. 이러한 추측은 몇몇 과학자들 사이에 멘델의 연구가 너무 완벽해서 조작된 계산결과일수도 있다 라는

논쟁이 있었다는 기록 때문일 수도 있다.

이처럼 멘델의 완두콩 실험은 자신이 연구하고자 하는 특정 형질이 유전적인 면에서 일정하다는 것을 먼저 입증할 필요성을 전제로 시작하였으며, 이를 위해 실험의 초기에 식물이 정상적으로 자가 수분하여 그 자신의 형질과 닮은 자손만을 증식시키는 순종(순수교배종)을 확립하였다. 또한 이들 순종을 잡종(유전형질이 다른 개체들 사이의 교배로 생긴 자손을 뜻함)형성을 위한 교배의 어버이로 선택함으로써 훗날 유전의 법칙을 입증할 수 있는 실험의 발판을 마련한 것이다.

멘델의 완두

타가수분(cross-pollination)
수술에서 꽃가루가 나와서 암술머리에 도착하는 현상을 수분이라고 한다. 타가수분은 서로 다른 유전자를 가진 두 식물 사이에 수분이 일어나는 현상을 말한다. 많은 꽃은 암술과 수술을 하나의 꽃에 모두 가지고 있는 양성화지만, 유전적 다양성을 위해서 타가수분을 하는 경우가 많다. 이러한 타가수분은 일반적으로 곤충이나 바람 같은 외부 요인에 의해서 일어나게 된다.

멘델이 유전의 규칙성을 발견할 수 있었던 주된 이유 중 하나는 서로가 뚜렷하게 대립되는 관계에 있는 대립형질을 갖는 완두콩을 실험재료로 선택했을 뿐 아니라 완두콩이 갖는 특성으로써, 완두콩에는 쉽게 구별되는 형질이 존재하며, 자가수분에 의해 증식하기 때문에 1세대 순종확립이 쉽고, 교배가 쉬우며, 구하기가 쉽고 재배하기가 쉽고 또한 뚜렷한 대립성질을 가지고 있으며, 1세대가 짧고 그 후 세대 즉 자손의 수가 많고, 타가수분도 가능하여 잡종 실험을 쉽게 할 수 있다는 것이다.

멘델은 34종류의 순종을 구할 수 있었으며, 이중 7개의 형질을 취하여 연구를 시작하였는데, 그 각각은 두 가지씩의 변이를 가지고 있었다.

〈멘델의 연구에 사용한 완두의 7가지 대립형질〉

1. 종자 모양 : 둥글거나 주름진 것
2. 종자 색 : 노란색이거나 녹색
3. 종피 색 : 백색이거나 회색
4. 미성숙 깍지 색 : 녹색이거나 노란색

5. 깍지 모양 : 부풀거나 압축된 모양
6. 꽃 위치 : 축 둘레 혹은 정단
7. 줄기 길이 : 짧거나(23~46cm) 긴 것(183~213cm)

멘델은 노란완두콩과 녹색완두콩의 교배를 통해 자신의 유전법칙을 실험하는데, 제일 처음 교배를 통해 얻은 결과, 얻어진 잡종 제1대는 모두 노란완두였다. 이 노란 완두를 자가수정 시켰더니 잡종 제2대에서는 노란완두와 녹색완두의 비가 약 3:1로 얻어졌다. 여기서 멘델은 자신의 이러한 실험결과를 설명하기 위해 가설을 세웠다. 가설의 내용은 '잡종 제1대에서는 노란완두만, 잡종 제2대에서는 노란완두와 녹색완두가 3:1로 분리되므로 이것은 유전요소가 두개임을 말해준다. 만약 유전요소가 하나라면 잡종 제1대의 노란 완두를 자가수정해서 얻은 잡종 제2대도 모두 노란 완두일 것이며, 따라서 생물의 형질은 한 쌍의 유전요소에 의해 나타나고 이것이 어버이로부터 자손에 물려질 것이다'로서, 이처럼 똑같은 형질을 나타내는데 관여하는 한 쌍의 유전요소를 대립유전자라고 한다.

이러한 교배실험을 통해 얻은 방대한 자료를 수학적 방법으로 통계처리 한 결과를 토대로 하여 자신의 유전법칙에 대해 우열의 법칙, 분리의 법칙 그리고 독립의 법칙의 3법칙으로 설명하고 있다

1. 우열의 법칙(law of dominance)

멘델은 먼저 실험의 대상이 되는 형질에 대해 순종의 씨를 실험재료로 선택하여, 쉽게 구별할 수 있는 한 쌍의 대립되는 형질이 어떠한 형태로 유전되는가를 살펴보고자 하였다.

예를 들어 노란 콩을 생산하는 순종과 녹색 콩을 생산하는 순종을 교배(타가수분)하였을 때 얻어지는 잡종은 모두 노란 콩을 생산하는 잡종이었다. 이들 제1자식세대(F1)를 자가 수분하여 제2자식세대를 얻어 콩 모양을 살펴본 결과 원래의 두 어버이 형이 모두 나타났다. 노란 콩과 같이 두 종류의 순종을 교배하였을 때 F1 잡종세대에서 나타나는 형질을 우성형질(Dominant)이라고 한다. F1의 잡종세대에서는 나타나지 않았지만 제2자손세대(F2)에서 발견되는 형질(예 ; 녹색콩)은 열성형질(recessive)이라 한다. 이처럼 서로 대립하는 형질인 우

열성(recessive)
유전법칙을 처음 세운 멘델에 의해 우성과 열성이라는 용어도 만들어졌으며, 생물 내에 한 쌍 존재하는 염색체 상에서 동일한 위치에 자리잡고 있는 대립유전자 중 상대 대립유전자에 비해 그 효과가 잘 드러나지 않는 한쪽유전자의 특성을 일컫는 말이다

우성(dominance)
생물 내에 한 쌍 존재하는 염색체상에서 동일한 위치에 자리잡고 있는 대립유전자 중 상대 대립유전자보다 그 효과가 더 잘 드러나는 한쪽유전자의 특성을 일컫는 말로서, 열성과 대비되는 개념으로 사용된다'

성형질과 열성 형질이 있을 때 우성 형질만 나타나는 우성(優性)의 법칙을 우열의 법칙 또는 지배의 법칙이라고도 한다.

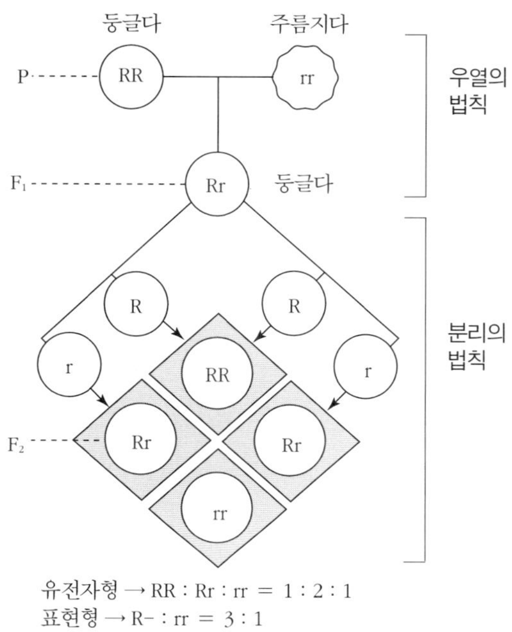

우열의 법칙과 분리의 법칙

특히 멘델은 '우열의 법칙'에 관한 실험을 통해 한 개체에 있어서 어떤 형질을 결정하는 유전인자는 두 개이며, 각각은 어버이에게서 오고, 그 둘은 서로 대립이 되는 변이체로 존재한다고 생각했다. 당시에 멘델이 인자라고 불렀던 것은 후에 유전자(gene)라고 불리게 되었고, 변이체는 대립유전자(allele)로 불려지게 되었다. 따라서 한 개체에서 각 유전자는 두 개의 대립유전자로 나타난다. 만약 두 대립유전자가 서로 같으면 그 개체를 그 유전자에 대하여 동형접합성(homozygous)이라고 하며, 서로 다르면 이형접합성(heterozygous)이라고 한다.

2. 분리의 법칙(law of segregation)

멘델은 잡종 1세대에서 나타나지 않은 형질에 대해 의문을 가지고, 제2자손세대(F2)을 자가 수분한 결과 잡종 제2대에서 노란 완두와 녹색 완두가 3:1로 나타나는 것은 잡종 제1대에서 절반은 노란 완두의

인간의 우성과 열성

인간에게 있어서도 명백히 우성과 열성으로 나타나는 여러 가지 특징이 있다. 우리 일상에서 볼 수 있는 여러 가지 특징은 혀말기, PTC(페닐시오카바마이드) 용액의 맛을 볼 수 있느냐 하는 것, 쌍꺼풀의 유무, 속눈썹 길이 등등이 있다. 이러한 것 이외에도 헌팅턴씨 병(Huntington's disease), 왜소증(dwarfism) 같은 유전병들도 이러한 명백한 우성, 열성 경향을 나타내는 것으로 알려져 있다

대립유전자(allele)

쌍이 될 수 있는 대립형질의 유전자를 말한다. 대립유전자는 유전자 기호에서 우성은 대문자나 +로, 열성나팔꽃 빛깔의 붉은색과 흰색, 초파리 날개의 정상 모양과 흔적날개는 쌍이 되는 형질이라 생각되어 대립형질이라 하며, 이에 대한 유전자를 말한다.

유전 요소를 가지고 있고 나머지 절반은 녹색완두의 것을 가지고 있기 때문이라는 것을 알았다. 이것을 분리의 법칙이라 하는데, 한 개체가 가진 한 쌍의 대립 유전자는 자손으로 전달될 때 분리된 단위로서 각 배우자에게 독립적으로 분배된다는 것이다. 분리의 법칙에서 멘델의 가장 근본적인 원리는 각 유전 형질이 한 쌍의 대립유전자(allele)에 의하여 만들어지고 그 대립유전자는 유전물질이 감수분열을 통하여 형성될 때 분리된다는 것이다. 따라서 유전물질은 한 생물에 한 쌍이 존재하며 서로 다른 유전 물질을 가진 경우 한 가지 형질만이 발현된다. 또한 한 쌍의 유전물질은 자손을 만들 때 배우자로 부터 분리되어서 들어간다. 이처럼 멘델은 이형접합자(heterozygote)가 생식할 때 그 배우자는 두 형태이며 같은 비율(3:1)일 것임을 최초로 깨달은 사람이다.

3. 독립의 법칙(law of independent assortment)

독립의 법칙은 3 법칙 중에서 마지막으로 발견한 것인데, 이는 한 형질에 영향을 주는 한 쌍의 대립유전자는 다른 형질에 영향을 주는 대립유전자와 독립적으로 동시에 유전될 수 있다는 법칙이다.

멘델은 순종인 동그란 완두콩과 주름진 완두콩을 교배해서 잡종 제1대를 만들면 동그란 완두콩이 우성이라는 사실을 알아내었으며, 이 잡종 제1대를 자가수분하면 동그란 완두콩과 주름진 완두콩이 3대 1의 비율로 나오는 분리의 법칙도 확인할 수 있었다.

이제 맨델은 두 가지의 형질(양성)에 대한 교배결과를 알아보기 위해 순종의 둥글고 노란 완두콩과 순종의 주름진 녹색완두콩을 교배하였다. 그 결과 얻어진 잡종 제1대는 모두 둥글고 노란 완두콩이였다. 이 잡종 제1대를 자가수정 시켜서 잡종 제2대를 얻었다. 그런데 이 잡종 제2대의 형질을 살펴본 결과 둥글고 노란완두콩, 주름지고 노란 완두콩, 둥글고 녹색인 완두콩, 주름진 녹색완두콩을 볼 수 있었으며, 각 형질의 완두의 갯수를 세어본 결과 둥글고 노란완두, 주름진 노란완두, 둥글고 녹색완두, 주름진 녹색완두가 9:3:3:1의 비율로 나타남을 알 수 있었다. 여기서 멘델은 완두콩의 색깔과 모양이라는 각각의 형질이 서로에게 영향을 주지 않고 우열의 법칙과 분리의 법칙을 만족한다는 독립의 법칙을 발견하였다

즉, 서로 다른 형질에 영향을 미치는 유전물질은 독립적으로 유전

된다는 것으로써 독립의 법칙을 통해 서로 다른 형질 간에 우열의 법칙과 분리의 법칙이 독립적으로 작동한다는 사실을 알아낸 것이다.

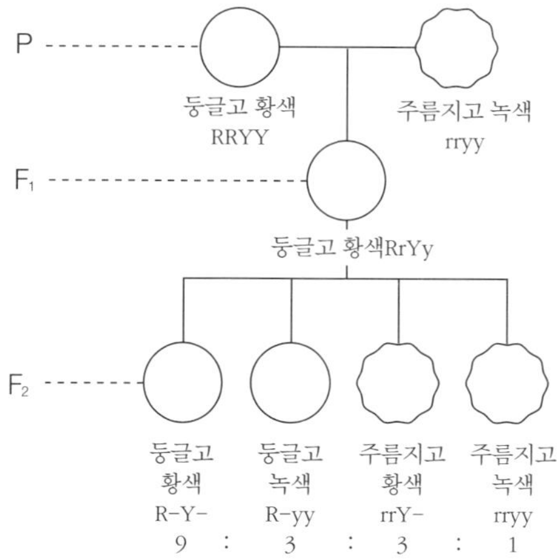

독립의 법칙

4. 비 멘델성 유전(nonmendelian inheritance)

이처럼 멘델이 주장한 '멘델 법칙(Mendelism)'은 현재도 수많은 유전 연구에 적용되고 있을 뿐만 아니라, 오늘 날의 인간의 유전자 지도인 '게놈(Genome)'의 탄생에 큰 기여를 한다. 그러나 이러한 멘델의 법칙이 모든 경우에 적용되는 것은 아니다. 멘델의 법칙 중 제2의 법칙인 '분리의 법칙'은 일반적으로 잡종 구성에 있어서는 비교적 잘 맞는 편이지만, 제 1법칙과 제 3법칙인 우열의 법칙과 독립의 법칙에 있어서는 다소의 예외를 고려해야 한다는 주장이 많은 실험을 통해 증명되고 있다. 그 중 제 1세대(F1)이 양친의 형질의 중간을 나타내는 소위 '중간이종(intermediate hybird)'가 좋은 예라고 할 수 있으며, 이러한 사례처럼 멘델의 법칙이 잘 적용되지 않은 경우를 통틀어 '비 멘델성 유전(nonmendelian inheritance)'이라고 한다.

라마르크(Jean Baptiste de Lamarck, 1744~1829)

라마르크(Jean Baptiste de Lamarck, 1744~1829)는 북프랑스의 바장탱의 귀족가문에서 출생하여 젊은 시절 군대에 있다가 파리에 가서 은행원이 되었으나, 식물원 견학에서 자극을 받아 식물학에 뜻을

라마르크
(Jean Baptiste de Lamarck, 1744~1829)

두게 된다. 라마르크는 이를 계기로 훗날 의학과 식물학을 공부하여 1778년 '프랑스 식물지(Franch Flora)'를 출판하여 유명해지며, 이로 인해 1793년에는 드디어 프랑스 식물원의 무척추동물학 교수로 임명된다.

라마르크는 다윈이 출생한 바로 같은 해인 1809년에 식물과 동물의 진화에 대한 가설을 설명하는 진화설을 주제로 '무척추동물의 체계(Système des animaux sans vertèbres, 1801')와 '무척추동물지(Histoire naturelle des animaux sans vertèbres, 1815~22)' 의 2권으로 이루어진 '동물철학(philosophie zoologique)'를 출판한다.

훗날 '라마르키즘(Lamarckism)'이라고 불리게 되는 라마르크의 진화론은 "종(species)은 변하지 않는다"는 주장에 반대하여, 변화에 대한 생물체의 필요성과 자연에 관한 연구에 기초를 둔 두 가지 가설로 이루어져 있다.

라마르크가 주장하고 있는 첫 번째 가설은 '용불용설(Law of Use and Disuse)'로서, 그는 몸의 특정 부분은 사용하면 할수록 점차 발달한다고, 사용하지 않는 부분은 점차 약화되고 작아지며 결국은 사라지게 된다고 생각했다. 두 번째 가설은 획득형질의 유전(Survival of the fittest)은 이름 그대로 용불용설의 원리에 의해 생긴 변화가 자손에게 전달된다는 주장이다. 이처럼 라마르크는 "어떤 동물의 어떤 기관이라도 다른 기관보다 자주 쓰거나 계속해서 쓰게 되면 그 기관은 점점 강해지고 또한 크기도 더해간다. 따라서 그 기관이 사용된 시간에 따라 특별한 기능을 갖게 된다. 이에 반해서 어떤 기관을 오랫동안 사용하지 않고 그대로 두면 차차 그 기관은 약해지고 기능도 쇠퇴하며, 뿐만 아니라 그 크기도 작아져 마침내는 퇴화한다."고 주장했다. 이는 일생동안에 획득했거나 우연히 얻은 특징은 그들의 후손에게 전달되기 때문에, 사용하면 발달하고 사용하지 않으면 퇴화하는 그러한 특징이 후손에게 유전된다는 것으로써 라마르크는 이러한 두 가지 가설을 토대로 새로운 종이 진화된다는 진화과정에 대한 가설을 제시하였다.

그러나 '종의 기원'을 통해 자연선택설을 주장했던 다윈은 생물마다 개체변이가 있으며, 생존경쟁이 펼쳐지는데, 환경에 유리하게 적응된 개체가 살아남고 그렇지 않은 개체는 도태된다며, 획득된 형질이 유전될 수 있다는 라마르크의 생각을 부인했다. 그러나 다른 한편으로는 라마르크가 주장 했던 것처럼 '자연선택설'에 대해서 유리한 형질이 다른 형질을 극복할 수 있다는 것을 설정함으로써 진화를 설명하였다.

이처럼 다윈의 '자연선택설'과 라마르크의 '용불용설'의 두 학설의 공통점은 생물의 환경에 대한 적응도가 생물의 생존에 직결되고 살아남아야 후손을 남갈 수 있으므로 그것이 진화의 원동력이라 생각했었다. 그러나 기린을 예로 들어 보면 라마르크는 원래 목이 짧은 기린이 높은 곳에 있는 나뭇잎을 먹으려고 노력하다 점차로 목이 길어졌다고 하는 반면, 다윈은 여러 기린중에서 조금 더 목이 긴 기린이 생존에 유리하여 생존함으로서 차츰 목이 긴 기린만이 살아남았다는 주장으로써, 분명 두 사람의 주장에는 차이가 있음을 알 수 있다.

신다윈설(Neo-Darwinism)
다윈의 개체변이의 유전이 잘못되었음을 지적한 학설로 네오다위니즘이라고도 하며, 바이스만은 다윈의 학설이 말하는 획득형질의 유전, 즉 후천성 유전을 절대적으로 부정하고 변이는 양성이 지니는 불변적인 유전요소, 즉 결정인자 유전소의 혼합에 의해서만 일어난다고 생각하고 여기에 자연선택이 작용하는 것이라고 하였다.

네오라마르키즘(Neo-Lamarckism)
획득형질의 유전을 주장한 라마르크설을 수정하여 자연도태설을 부분적으로 채용하고 있는 진화학설이다. 다윈의 진화학설이 제출된 후, 라마르크 사상이 부활되었는데 그 라마르크설 중에서 획득형질의 유전, 즉 용불용설을 주장하는 학설을 네오라마르키즘이라 하며, 자연도태설을 부분적으로 채용하고 있다.

격리설(isolation theory)
지리적으로 나뉜 생물이 서로 다른 종으로 발달한다는 것이 격리설의 주된 주장이다. 이러한 생각은 다윈(C. Darwin) 이전부터 있었던 것이지만, 다윈이 "종의 기원"을 통해 자연선택을 통한 진화론을 제창한 후 그에 대한 반론으로서 더욱 확실한 형태를 띠게 되었다. 특히, 자연선택이 원인이 되는 다윈의 진화론(Darwinism)과 이 격리설의 가장 큰 차이점은 진화의 근본적인 원인이 어디에 있느냐 하는 것이다. 격리설은 독일의 생물학자 바그너(M.F. Wagner)가 처음 주장했는데, 그는 세계 각지를 여행하면서 지역에 따라 동물의 모양이 다른 것을 관찰, 종이 분화하게 된 주된 원인이 자연선택이 아닌 지리적인 격리에 있다고 판단한다. 그는 이러한 가설을 1889년에 "지리적 격리에 의한 종의 기원"이라는 책을 통해 발표한다.

염색체 유전학(Chromosome genetics)

Thomas Hunt Morgan, 1866~1945

다윈 이후에도 진화론에 대한 쟁점은 획득형질의 유전문제였다. 이러한 논의는 바이스만(August Weismann, 1834~1914)의 '신 다윈설(Neo-Darwinism)'과 이에 대응하는 '신 라마르키즘(Neo-Lamrckism)' 그리고 지리적 생리적인 격리에 의한 교잡의 방지 없이는 생물의 진화는 있을 수 없다는 '격리설(Isolation theory)' 등을 통해 다양하게 이루어 졌다.

다윈의 자연선택설 다음으로 등장한 메카니즘이 바로 돌연변이(mutation)이다. 돌연변이에 관한 연구는 네델란드의 식물학자인 드브리스(Hugo de Vries, 1848~1935)에 의해 학계에 등장하게 된다. 드브리스는 1886년부터 달맞이꽃을 이용해서 재배 실험을 시작하여, 1896년에 멘델의 법칙을 재발견하게 되는데, 그는 이 과정에서 7가지 종류의 새로운 형질을 가진 달맞이꽃을 발견하게 되고, 새로운 형질의 씨앗을 다시 심은 결과 이 형질들은 모두 유전된다는 사실을 알게 된다. 드브리스는 이러한 관찰을 바탕으로 1901년 잡종분리의 법칙을 핵심으로 하는 ' 돌연변이설(Die Mutationstheorie)'이 제창하고, 이때 처음으로 '돌연변이(Mutation)'라는 말을 사용한다.

또한 비슷한 시기인 1903년에는 덴마크의 식물학자인 요한센

(Wilhelm Ludwig Johansen, 1857~1927)은 강낭콩을 소재로 한 유전 연구에서, 변이는 순수 계보 내에서는 선택의 효과를 볼 수 없다는 '순계설(Pure-line theory)'을 제창하였으며, 1909년에는 유전현상을 체계화하기 위하여 오늘 날 유전자(gene)라는 말의 기원이 되는 젠(Gen)이라는 말을 사용하여 유전자를 정의 내린다.

이처럼 어느 생물체 내에 돌연변이가 그 생물체에게 유익한 형태로 나타났다고 하면, 그 돌연변이의 결과로 생물체는 생존 경쟁력을 얻게 되고 따라서 자연선택 된다. 따라서 자연선택 된 동일한 생물계통 가운데서 다른 유익한 돌연변이가 계속 일어나고, 그 유익한 작은 돌연변이가 여러 세대를 거쳐 유전되어 수백만 년을 지나게 되면 처음의 생물체가 완전히 다른 종으로 진화된다는 돌연변이체의 자연선택이 진화의 메카니즘(mechanism)으로 적합한가에 대한 의문은 학자들 사이에 계속 불씨로 남게 된다. 이때 나타난 것이 '신 종합설(Modern Synthesis)으로써, 이는 다윈의 자연선택설에 멘델유전학이 결합된 일종의 진화와 관련된 이론들의 합의라고도 볼 수도 있다.

돌연변이는 자연선택과 반대되는 개념이 아니라 자연선택이 일어날 수 있도록 개체군 내에 변이를 제공하는 역할을 한다는 것이다. 이러한 이론적 가능성은 도브잔스키(Theodosius Dobzhansky, 1900~1975)가 자연상태의 초파리를 연구하면서부터 검증되기 시작했다. 도브잔스키는 자연상태의 초파리 개체군이 실험실에서 볼 수 있는 것과 같은 변이를 지니고 있다는 것을 발견하고, 이것이 더 나아가 종 사이의 차이로 이어질 수 있음을 보였다.

이러한 도브잔스키의 돌연변이 실험은 유전학적 증거들을 바탕으로 자연선택설을 재조명하면서, 유전학과 자연선택설이 대립되는 관계가 아님을 밝혀내는데 기여하였으며, 이로써 돌연변이는 점진적인 자연선택에 걸림돌이 되는 것이 아니라 자연선택이 일어나기 위한 변이를 제공하는 재료라는 개념으로 인정되었다.

이처럼 당시 진화와 관련된 생물학자와 유전학자들의 다양한 연구 이론들을 중심으로 하고 있는 신종합설의 중심에는 훗날 유전학자로써는 1933년 최초로 노벨생리의학상을 수상한 모건(Thomas Hunt Morgan, 1866~1945)이 있었다.

모건(Thomas Hunt Morgan, 1866~1945)은 미국 켄터키(Kentucky)

바이스만(August Weismann, 1834~1914)
독일의 발생학자 · 유전학자로서, 당시는 진화론이 발표된 이래, 생물의 변이문제에 관심이 쏠려 있던 때라 라다르크의 획득형질유전론에 대해서도 검트가 가해졌다. 그는 '생식질의 연속성'이라는 방법론을 제창하여 라마르크의 논설을 부정하였다. 또한, 유전의 구성에 대해서도 이론적 검토를 시도하여 유전의 기능을 맡은 입자가 염색체에 있다는 사실과 그 염색체의 이름을 '비오포아'라 할 것 등을 제창하기도 하였다. 자연선택을 진화의 주요인이라 주장했던 그의 학설로도 널리 알려져 바이스마니즘이라 불린다.

요한센(Wilhelm Ludwig Johannsen, 1857~1927)
덴마크의 식물학자이며, 1903년 강낭콩을 소재로 한 유전 연구에서 변이를 통계적으로 처리하여, 순계(純系)내에서는 선택의 효과를 볼 수 없다는 순계설(純系說)을 제창하였다. 다시 1909년 유전현상을 체계화하기 위해서 '겐(Gen)'이라는 낱말을 만들어 저서에서 정의를 내렸다. 이것은 현재 '유전자'라고 하는 낱말의 기원이 되었다.

도브잔스키(Theodosius Dobzansky, 1900~1975)
러시아 출신의 미국의 유전학자이며, 초파리를 재료로 유전학적 연구를 하여 생물의 진화에 염색체이상(染色體異常)이

크게 작용하고 있다는 것을 주장하였다. 이 견해에서 생물의 진화를 설명하고 '유전학과 종(種)의 기원' (1937)을 출판하였다. 또한, 유전현상 및 개개의 생물집단에 대해서도 연구해야 한다고 생각하고 집단유전학이라는 연구분야를 개척하였다.

모건단위(Morgan unit)

동일염색체 상에 존재하는 두 유전자 사이의 거리의 단위로 유전자 자리 상호간의 간격을 교차단위로 나타낸 것이다. 예를 들어 어떤 동일 염색체에 a와 b의 두 유전자가 있고 그 사이에 5%의 교차값이 있을 때 염색체의 a와 b사이의 거리를 5 모건이라고 한다. 이것은 유전자 사이의 교차의 빈도는 그 유전자 사이의 거리에 비례한다는 생각에서 나온 것이다. 1919년 J.B.홀데인이 유전학자 T.H.모건의 업적을 기념하여 제안한 것이다.

주 렉싱턴(Lexingtun)에서 태여났다. 그는 명문가인 집안 덕에 켄터키주립대학(Uni. of Kentucky)에서 의학을 공부한 후, 미국 명문 중 하나인 존스 홉킨스 대학(Johns Hopkins Uni.)에 입학하여 1890년 바다거미의 분류와 발달에 관한 연구로 박사학위를 받은 뒤, 1891년 펜실베니아(Pennsylvania)에 있는 브린마워 대학(Bryn Mawr college)의 생물학과 교수로 부임하면서 환경과 유전 중 어느 요소가 생물의 발생과정에 더 크게 영향을 미치는가와 같은 유전과 관련된 발생학 분야에 관심을 갖기 시작한다.

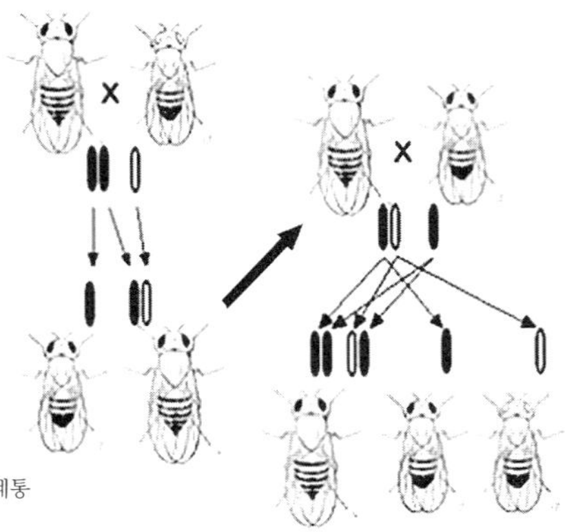

초파리 유전계통

그후 모건은 1904~1928년 동안 뉴욕(New york)의 콜롬비아 대학(Columbia Uni.)에서 동물학 교수를 지내게 된다. 이곳에서 모건은 초파리를 이용한 돌연 변이 실험을 시작하게 되는데, 1910년에는 사육하던 붉은 눈의 초파리로 부터 흰 눈을 가진 초파리가 3대 1이라고 하는 멘델의 유전 법칙 중 우열의 법칙과 일치하는 발견을 하게 된다. 모건은 이와 같은 사실로부터 돌연변이에 대한 관심을 갖게 되고, 어떤 형질에 있어서는 멘델이 생각했던 것처럼 반드시 독립적으로 유전되지 않는다는 사실을 밝혀냈다. 또한 서로 다른 유전자가 같은 염색체 상에 있을 수 있으며, 이들 형질은 함께 유전되기도 하지만 이에 따른 유전특성은 변하기도 한다는 사실과 함께 이들 염색체의 일부가 다른 염색체와 서로 꼬인 부분에서 교환 될 수 있다는 '교차' 성을 제시하기도 했다. 1915년에는 '멘델의 유전 메카니즘(The Mechanism of Mendelian Heredity)을 출판하여 유전자가 염색체상에 실제로 존재하고 있으며, 이들은 직렬로 연결되어 있다는 것을 증명함으로써 성(Sex)에 따른 유전현상에 대한 실마리를 제공하였다. 특히 이들 연관지도의 두 유전자간의 거리를 잴 수 있는 단위인 '센티

모간(centimorgan, cM)'과 같은 정량적 지표를 사용함으로써 오늘 날의 '염색체 지도'를 작성하는 획기적인 발견을 했다.

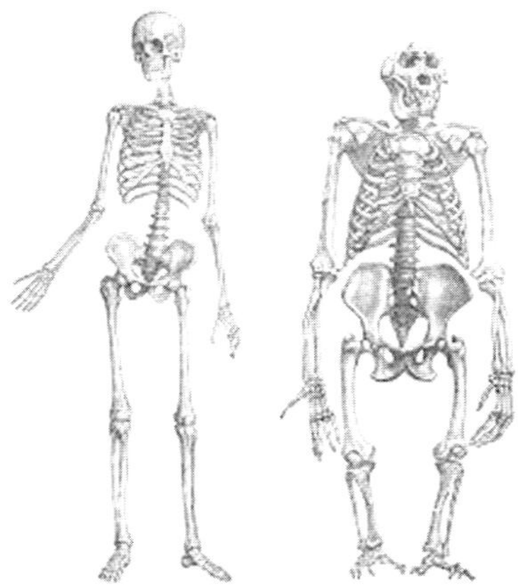

인류의 진화

1925년에는 유전학의 성경이라고 불리는 '진화와 유전(Evolution and Heredity)', '초파리 유전학(Gentics of Drosopolia)'을 출판하였으며, 모건의 연구로 막연한 가정의 존재였던 유전자가 실체적 존재로 드러나게 되고, 유전학자들은 유전자가 어떻게 한 세대에서 다음 세대로 전해지는지 알게 되었다. 이로써 모건은 1933년에 유전에서 염색체의 역할을 규명한 공로로 유전학자로서는 최초로 노벨 생리의학상을 수상하였다.

그 밖에도 모건은 수많은 실험을 통해 유전자가 한 세대에서 다음 세대로 전해지는 가에 대한 연구를 수행하여 현대 유전학의 발전을 이끄는 기폭제 역할을 하였으며, 1942년 캘리포니아 공과대학에서 은퇴한 그는 1945년 12월 89세의 나이를 끝으로 만성궤양으로 인한 급성출혈로 이해 생을 마감하게 된다.

과학 패러다임
신비의 매듭

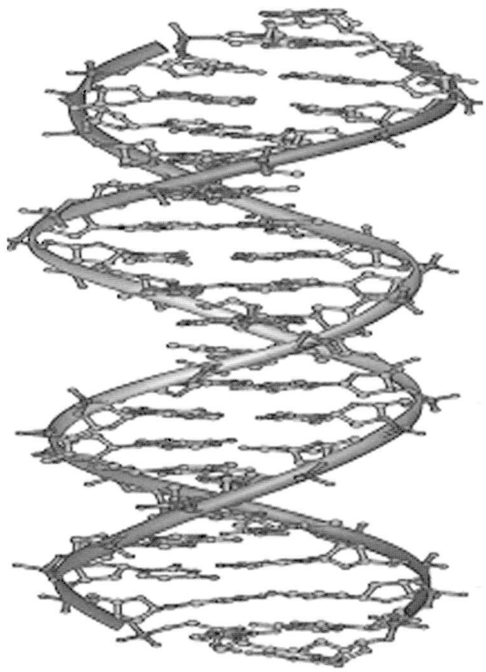

게놈프로젝트(Genome project)

왓슨(James Dewey Watson, 1928~)

크릭(Francis Harry Compton Crick, 1916 ~2004)

2003년 4월 12일 인간게놈프로젝트(Human Genome Project)가 완성되었던 날 당시 미국의 대통령이었던 빌 클린턴(Bill Clinton ; 본명, William Jefferson Blythe IV, 1946~)은 "오늘 우리는 신이 인간의 생명을 창조하면서 사용한 언어를 배우기 시작했다" 고 선언했다.

인간게놈프로젝트는 1990년부터 거의 10년 동안 미국을 중심으로 프랑스, 영국, 일본 등 18개국이 공동으로 참여한 일종의 유전자지도 사업으로써 어떤 염기서열에 어떤 유전정보를 가진 염기서열이 존재하는지를 밝혀내기 위한 인류 역사상 전무후무한 사건이었다. 이는 과거 신의 영역으로 치부되어 왔던 물질과 생명의 경계선을 침범하여 신의 마지막 봉인을 뜯어냄으로써 1996년 세계 최초로 체세포 복제를 통해 태어난 포유류인 복제 양 '돌리'가 탄생하는 시점까지 오게 되었다.

게놈(genome)이란 한 개체가 지닌 유전자 세트를 말하며, 인간의 게놈은 22쌍의 상염색체와 1쌍의 성염색체, 즉 23쌍의 서로 다른 염색체로 이루어져있다.

인간의 세포핵에는 2중 나선구조(double helix)로 되어있는 23쌍, 46개의 염색체에 모든 유전정보가 담겨 있는데, 이들 유전정보를 담고 있는 물질은 DNA(deoxyribonucleic acid)이고, DNA는 아데닌(A, adenin) · 구아닌(G, guanine) · 시토신(C, cytosine) · 티민(T,

스터터번트(Alfred Henry Sturtevant, 1891~1970)

미국의 유전학자로서 T.H.모건 문하에서, 미생물유전학이 판을 치는 가운데서도 기초적인 멘델유전학설을 수호하였다. 초파리에 관한 연관 · 간성(間性) · 돌연변이등 많은 연구업적을 남겼다.

thymine) 등의 4가지 염기로서 다양한 조합으로 이루어져 있다. 인간 게놈프로젝트란 바로 이들 염기들이 게놈 상에서 수백만, 수억 만 번이나 반복되어 있는 염기의 결합 순서를 파악하여 인간들이 가지고 있는 고유한 염기배열을 알아내는 것을 말한다.

이러한 역사적인사건을 가능케 한 계기를 제공한 과학자가 바로 미국 출신 생화학자 왓슨(James Dewey Watson,1928~)과 영국인 생물학자 크릭(Francis Harry Compton Crick, 1916~2004)이다. 물론 이들이 생명 창조에 대한 신비를 벗긴 이 역사적 사건이 있기까지는 이 전부터 수없이 거듭되어 온 과학자들의 연구를 통해서 가능했다. 그들 중에는 1910년 초파리를 이용하여 염색체설 제시한 모건(Thomas Hunt Morgan, 1866~1945), 1913년 유전자 지도를 작성한 스터트번트(Alfred Henry Sturtevant, 1891~1970), 1944년 DNA가 유전자를 이루는 중합체임을 입증한 에이버리(Oswald Theodore Avery, 1877~1955), 맥로드(Colin Munro MacLeod, 1909~1972), 맥카티(Maclyn McCarty, 1911~2005)

DNA 염기 분포 비율(%)

Organism	A	T	C	G
Human	30.9	29.4	19.9	19.8
Chicken	28.8	29.2	20.5	21.7
Grasshopper	29.3	29.3	20.5	20.7
Sea Urchin	32.8	32.1	17.7	17.3
Wheat	27.3	27.1	22.7	22.8
Yeast	31.3	32.9	18.7	17.1
E. Coli	24.7	23.6	26.0	25.7

그리고 1950년 DNA의를 구성하는 4가지 염기들의 조성과 비율의 규칙성을 밝혀내어 A와 T가 같고, C와 G가 같으며, 이 들은 아데닌(A)+구아닌(G)=티민(T)+시토신(C)으로써 서로 상보적으로 결합한다는 Chargaff 법칙을 발표한 샤가프(Erwin Chargaff, 1905~2002), 1952년 실험을 통해 DNA가 박테리오파지(bacteriophage)의 유전물질이라는 결정적인 증거를 제시한 허시(Alfred Day Hershey, 1908~1997)와 그의 제자인 체이스(Martha Chase, 1927~ 2003) 등이 있었다.

에이버리(Oswald (Theodore) Avery, 1877~1955)

면역화학의 기초를 확립하고 유전 물질을 밝혀낸 미국의 세균학자로서, 독성과 면역성이 세포의 생화학적 성분에 의하여 분석될 수 있다는 사실을 증명하였고, 이것은 면역화학을 확립하는데 도움을 주고 형질전환을 일으키는 물질은 DNA이며, DNA가 세포의 기본적인 유전물질임을 밝혀내 이전까지 유전물질은 단백질이라고 생각했던 유전학에 새장을 열게 하였다

샤가프(Erwin Chargaff, 1905~2002)

오스트리아에서 출생하여 1928년 빈대학교에서 박사학위를 받고, 미국으로 가서 예일대학교에서 연구하였으며, 1935년에 컬럼비아대학교 교수가 되었다. 1949년부터 크로마토그래피 방법으로 DNA의 염기를 정량적으로 분석하여 아데닌과 티민 그리고 구아닌과 시토신이 각각 1:1의 몰 비로 들어 있다는 사실을 밝혔는데 이를 샤가프의 법칙(Chargaff's rule)이라고 한다.

샤가프의 법칙(Chargaff's rule)

각종 생물에 의하여 조정된 DNA의 디옥시뉴클레오티드 조성은 각기 고유의 차가 있으나, 어떤 DNA에 대해서도 일반적으로 다음과 같은 규칙성을 나타내는 것을 발견하였다.즉, 염기인 아데닌(A)과 티민(T)의 함량이 항상 같고, 또 구아닌(G)과 시토신(C)의 함량이 항상 같다는 사실이다. 따라서, A+G=C+T라는 관계가 성립되며, DNA에서는 퓨린 염기와 피리미딘 염기가 등량으로 존재한다는 것을 나타낸다. 또, A+C=G+T의 관계

뿐만 아니라 생물학적 분자구조확인을 가능케 한데는 X-선의 회절 현상을 이용한 분석기술 의 역할이 큰 몫을 한다. X선을 이용한 결정학 기술은 결정의 미세구조를 알아내는 방법의 하나로, X선 빔을 쪼이면 그 X선이 결정 내에 있는 분자 구조에 의해 어떻게 회절하는가를 기록하여 결정의 구조를 알아내는 것으로써 비교적 단순한 결정체로부터 단백질과 같은 유기물의 결정구조도 알아낼 수 있는 매우 편리한 분석 기술 중 하나이다. 이 같은 X-선의 회절현상을 이용한 분석 기술은 1912년 영국의 브래그(William Henry Bragg, 1862~1942)와 그의 아들(William Lawrence Bragg, 1890~1971)에 의해 발견된 이 후, 케라틴과 같은 단백질과 핵산의 구조를 밝힌 버널(John Desmond Bernal, 1901~1971), 헤모글로빈과 미오글로빈이라는 두 연관된 단백질의 3차원 구조를 밝힌 켄드류(John Cowdery Kendrew, 1917~1997)와 페루츠(Max Ferdinand Perutz, 1914~2002) 그리고 윌킨스(Maurice Wilkins,1916~2004) 등에 의해 단백질과 관련된 연구에 이용되고 있었다. 특히 윌킨스는 결정화된 DNA로부터 얻은 X선 회절무늬를 통해 DNA가 질서정연한 구조를 가지고 있다는 단서를 제공해 주는 결정적인 역할을 하였으며, 1962년 DNA 의 분자구조 해명 및 유전정보 전달 연구로 왓슨, 크릭과 함께 노벨 생리의학상을 수상한다.

그리고 또 한사람 1952년 최초로 DNA분자를 X선 사진을 찍은 영국의 여성 물리화학자인 프랭클린(Rosalind Franklin, 1920~1958)을

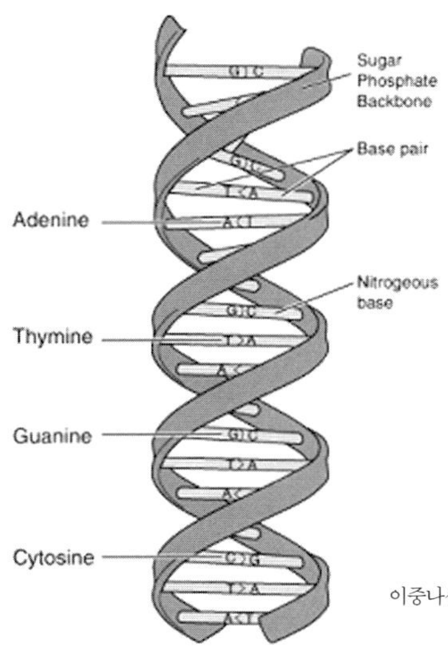

이중나선(Double helix)

도 성립하는데, 이것은 DNA에서 6-아미노 염기와 6-케토 염기의 각각의 합이 같다는 것을 뜻한다. 이와 같은 DNA의 조성에 대한 규칙성을 발견자의 이름을 따서 샤가프의 법칙이라고 한다. 이 발견은 후에 왓슨(James Dewey Watson)과 크릭(Francis Harry Compton Crick)이 DNA의 이중나선 구조의 모델을 유도하는 데 중요한 실마리가 되었다.

X선의 회절(X-ray diffraction)

결정 속의 원자는 입체적 · 규칙적으로 배열되어 있기 때문에 X선이 각 원자에 부딪치면 이들 원자 속의 전자는 X선의 진동수(주파수)와 같은 진동수로서 진동해서 이 진동을 근원으로 사방으로 퍼지는 전자파인 X선을 발생시킨다. 이것을 X선 회절이라 한다.

브래그(William Lawrence Bragg, 1890~1971)

1913년 브래그 부자가 단색X선을 사용했을 때의 회절조건(브래그조건)을 유도해내고, 점무늬의 배치에서 결정구조를 추정하는 방법을 확립했으며, 그 이후 결정 연구에 X선을 사용하는 X선결정학이라는 분야가 생겼다. X선 회절에 사용되는 X선의 파장은 원자의 크기와 같은 정도로서 물질을 구성하는 원자에 의해 만들어지는 산란파와 서로 간섭해서 회절현상이 일어나며, 그 회절현상은 원자의 배열방법과 밀접하게 관련되어 있어서 X선 회절패턴으로 부터 구조에 대한 중요한 지식을 얻을 수 있다.

빼놓을 수 없다. 1945년 캠브리지대학교(Uni. of Cambridge)에서 물리화학을 전공하여 박사학위를 받은 프랭크린은 런던에 있는 킹스 칼리지(King's College)에서 윌킨스를 만나 함께 DNA구조를 연구하게 된다. 이때 프랭크린은 담배 모자이크 바이러스의 DNA의 구조를 알아내는 데 결정적인 역할을 하는 X선 사진 '노출 51번'을 찍게 되지만 필름에 찍힌 뚜렷하지 그림자 형상으로 인해 DNA 구조에 대한 확신을 갖지 못하게 된다.

프랭클린(Rosalind Franklin, 1920~1958)

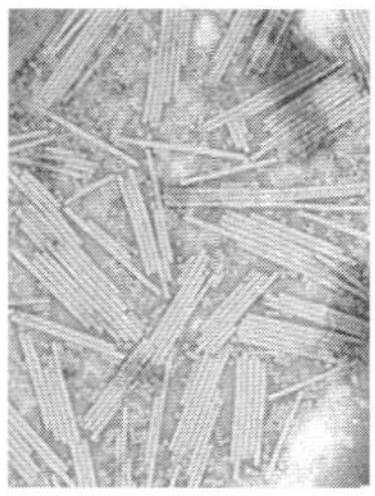

담배모자이크 바이러스

그러나 훗날 이러한 결과가 공동 연구자였던 윌킨스에 의해 왓슨과 크릭에게 전달되고 이들 3사람은 이러한 프랭크린의 연구를 제쳐놓고 1962년 노벨상을 공동 수상 하게 된다. 그 후 프랭크린은 노벨상 수상자는 3인을 넘을 수 없으며, 더욱이 현재 생존하지 않는 사람에게는 수상 할 수 없다는 내부 규정을 들어 노벨상 수상 대상자에서 제외되는 등 노벨상과 관련된 많은 후일담을 남긴 채 1958년에 난소암으로 숨을 거두었다.

프랭클린은 1958년에 죽었기에 1962년에 수여되는 노벨상을 받을 수 없었고, 여성이었기에 윌킨스에 비해 업적을 인정받기가 불리했다. 결국 왓슨과 크릭은 샤가프의 염기 조성 규칙에 대한 데이터와 프랭클린의 X선 회절 사진을 바탕으로 DNA 분자 모형을 만들 수 있었던 것이다.

왓슨(James Dewey Watson)

1928년 미국 일리노이(Illinois)주 시카코(Chicago)에서 태어나서 15세란 어린 나이에 시카코 대학에 입학한 후 1950년 블루밍턴(Bloomington)에 있는 인디에나 대학에서 동물학과 관련된 논문으로 박사학위를 받는다. 인디에나 대학에서 초파리 염색체설을 유명한 미국의 유전학자이며 생물학자인 모건의 제자로서 X선을 사용해 돌

멀러(Hermann Joseph Muller, 1890~1967)

연변이가 염색체의 파괴와 유전자의 변화로 생겨난다는 유전자 돌연변이에 대한 연구로 1946년 노벨생리의학상을 수상한 멀러(Hermann Joseph Muller, 1890~1967)와의 연구를 통해 유전학에 관심을 갖게 된다.

왓슨은 1951년 이탈리아(Italia)의 나폴리(Napoli)에서 열린 생물학 관련 학회에 참석했다가 당시 DNA구조와 관련된 연구 분야에서 명성을 높이고 있던 영국 킹스 칼리지의 윌킨스가 제시한 X-선 회절무늬에 관한 연구발표를 듣게 된다. 왓슨은 이를 계기로 영국 캠브리지(Cambridge)의 캐븐디쉬(Cavendish)연구소에 들어가게 되며, 이곳에서 왓슨은 크릭(Francis Harry Compton Crick, 1916~2004)과 운명적인 조우를 갖게 된다.

당시 왓슨보다 12살이나 아래였던 크릭은 이미 단백질보다 DNA가 더 중요하다는 것을 인식하고 있었다. 그러나 당시 왓슨과 크릭만이 'DNA 구조 연구'에 관심을 갖고 있었던 것은 아니었다. 1913년 설립된 미국 록펠러(Rockefeller)재단의 후원을 받고 있었던 폴링(Linus Carl Pauling, 1901~1994)은 당시의 화학자들이 거대분자는 너무 복잡하기 때문에 연구할 수 없을 거라는 편견을 깨고 이미 1951년에 단백질의 알파 나선구조를 제시한 바 있었다.

폴링(Linus Carl Pauling, 1901~1994)

미국의 물리화학자이며, 대학을 졸업할 무렵, X선회절을 이용하여 광물·무기결정의 결정구조를 연구하였고, 전자회절로써 기체분자의 구조를 연구하였다. 또 화학결정에 관한 이론을 연구하여 1931년부터 논문을 발표하기 시작하였다. 그는 수소분자에 관한 연구밖에 없었던 이 영역의 이론을 다전자분자로 확장하여 현재의 화학결합론의 기초를 구축하였고, 양자역학적 공명(共鳴)·전기음성도·공유결합반지름·이온반지름 등 많은 유용한 개념을 창출하였다. 그후 화학결합의 이론적 연구를 하는 한편, 이 이론을 모든 물질에 적용하려는 시도를 계속하였다. 1942년 혈청학의 란드슈타이너와 협력하여 항원과 항체의 결합력을 연구하였고, 1954년에는 항원·항체 반응이론에 관한 업적으로 노벨화학상을 수상하였다. 제2차 세계대전 직후에 아인슈타인이 조직한 원자과학자 긴급위원회의 원수폭 금지운동에 참가한 이래 평화운동을 추진하여, 1962년에 노벨평화상을 수상하였다

그러나 폴링은 1952년 세 가닥으로 꼬인 DNA 구조를 제시한 후 핵무기반대와 관련된 사회운동 등으로 아쉽게도 그의 연구는 정치적 혼란기속에서 빛을 잃게 된다. 그러나 훗날 폴링은 1954년 화학분자구조연구로 화학상을, 1962년 반핵운동으로 평화상을 받았다.

이처럼 역사 속에서 과학사에 한 획을 긋는 혁명적인 사건일지라도 과거 또는 동 시대에 지류에서 이루어졌던 수 없이 많은 가설들과 실험 그리고 성공과 실패를 기록하지 않고는 불가능할 것이다. 아직까지도 인간은 신의 영역에 도전할 수 없다는 도덕적 윤리 굴레아래서 생명의 정체성에 손을 댄다는 것은 그 만큼 많은 시련을 감수해야만 했다. 물론

21세기 현대과학은 이미 동물의 성공적인 복제를 통해 의학적으로 절실한 인체 줄기세포를 이용한 인체장기 복제라는 초인간적 작업에 모두가 긴장하고 있다.

이러한 이유에서 생명의 신비를 벗긴 DNA의 구조에 대한 왓슨과 크릭의 업적은 1945년 제2차 세계대전을 종식시키는 데 결정적인 역할을 한 일본의 히로시마에 투하된 원자폭탄 만큼이나 놀랄만한 사건임에 틀림없을 것이다. 그러나 이러한 연구가 공동연구를 시작한 지 1년 만에 우연하게 실험실에서 20~30대의 젊은 유전학자와 물리학자에 의해 탄생된 것은 아니다.

1953년 4월 25일자 '네이처(Nature)'에는 DNA에 관한 세 개의 논문이 나란히 실렸다. DNA가 이중나선 구조로 이뤄졌다는 왓슨과 크릭의 이론적 논문이 앞서고, 핵산의 결정 구조를 밝히는 윌킨스의 논문과 이중나선 구조의 결정적 단서를 제공한 X선 사진이 포함된 프랭클린의 논문이 뒤따랐다.

단위(량)체(monomer)
고분자화합물 또는 회합체를 구성하는 단위가 되는 분자량이 작은 물질로서, 단량체 또는 모노머라고도 하며, 중합체에 대응하는 말이다. 제조과정은 석탄 · 석유 · 천연가스 등의 주원료로부터 복잡한 공정을 거쳐 합성되는 대규모 공업으로 발전하여 오늘날의 석유화학공업의 주요 부문을 이루고 있다

중합체(polymer)
분자가 중합하여 생기는 화합물로서 폴리머라고도 하며, 단위체(monomer)에 대응하는 말이다. 중합반응에는 중합체의 분자량이 단위체의 배수가 되는 중첨가 또는 간단한 분자를 탈리하여 배수의 분자량이 되지 않는 중축합 등의 반응이 있다. 중합체 구조에는 사슬 모양 중합체, 다리걸침중합체(사슬 모양 중합체가 간단한 분자에 의하여 결합된 것)나 그물 모양 중합체 등이 있다. 합성중합체(합성고분자) · 천연중합체(고무 · 녹말 · 단백질 등) 등도 중요하다.

신비의 매듭

인간의 유전정보를 전달하는 '신비의 매듭'으로 알려진 DNA는 염색체 세포의 핵 속에 들어 있는 핵산을 뜻한다. 염색체(chromosome)는 세포분열 시 핵 속에 나타나는 굵은 실타래나 막대모양의 구조물로 유전물질을 담고 있으며, 염색체란 단어를 처음으로 사용한 사람은 독일의 유명한 해부학자인 왈디어(Wilhelm von Waldeyer, 1836~1921)로써, 그는 1888년에 그리이스어의 색(chroma)과 몸(soma), 즉 'colored body'란 뜻으로써 현미경으로 세포를 관찰할 보다 편리하게 세포를 구별하기 위해 특정 염료를 사용했는데, 이것이 염료를 잘 흡수하는 까닭에 염색체라 이름 지었다고 한다. 이러한 1개의 염색체엔 수천 개의 유전자가 들어 있으며, 유전자 한개는 다시 약 6000 쌍의 염기로 구성되어 있어, 약 30억 쌍으로 이루어진 DNA는 길이 1.5 m, 무게 1천억 분의 1g에 불과한 DNA 가닥에 담겨있다.

왈디어(Wilhelm vcn Waldeyer, 1836~1921)

어떤 한 세포의 성질과 기능은 그 세포내에서 합성되는 단백질의 구성에 의해 전적으로 결정되며 이 단백질의 합성에 관여하는 것이 DNA이다. DNA는 뉴클레오티드(Necleotide)라고 하는 단량체(monomer)가 여러 개 연결된 중합체(Polyrner)로 이루어져 있다

즉, DNA를 구성하는 기본단위는 뉴클레오티드로써 당(sugar)과 인산기(phosphate)와 염기(base)로 구성되어 있으며 염기에는 아데닌(A, adenin) · 구아닌(G, guanine) · 시토신(C, cytosine) · 티민(T, thymine)의 4종류의 염기가 결합 할 수 있다.

특히 당과 인산은 DNA 구조에서 뼈대(backbone)역할을 하고 있으며, 이들 당-인산 뼈대의 규칙적인 나선형 특성이 반복적으로 주형(mold)되어 입체적인 형태를 이룰 수 있다.

그런데 여기서 두 개의 폴리뉴클레오티드 사슬은 서로 다른 가닥에 있는 염기를 사이의 수소결합으로 지탱되어 이중나선을 이루고 있다. 따라서 모든 염기는 나선의 내부에, 당-인산 골격은 외부에 위치하여 앞서 설명한 샤가프의 법칙대로 아데닌(A)＝티민(T)은 이중결합을, 구아닌(G)≡시토신(C)은 삼중결합을 통해 서로 상보적인 염기쌍을 이루며 일정한 결합거리를 유지한다. 또한 나선 구조를 이루는 두 개의 사슬은 진행방향이 서로 반대쪽을 향하고 있어서 각 염기쌍이 이중 나선 구조의 내부에 들어맞는다. 여기서 수소결합이 먼저가 아니라 뼈대가 먼저인 상태에서 나선 두개가 꼬여서 올라가는데 가운데 축 쪽으로 염기가 위치를 하게 되고 그 빈공간의 크기에 딱 맞아떨어지는 퓨린-피리미딘이 수소결합을 하여 안정적 위치를 유지하게 된다. 그런데 이러한 DNA의 구조가 나선 형태를 이루고 있는 까닭은 염기간의 수소결합의 문제가 아니라 당-인산 뼈대(backbone)간의 상호작용과 새로운 수소결합 때문이다.

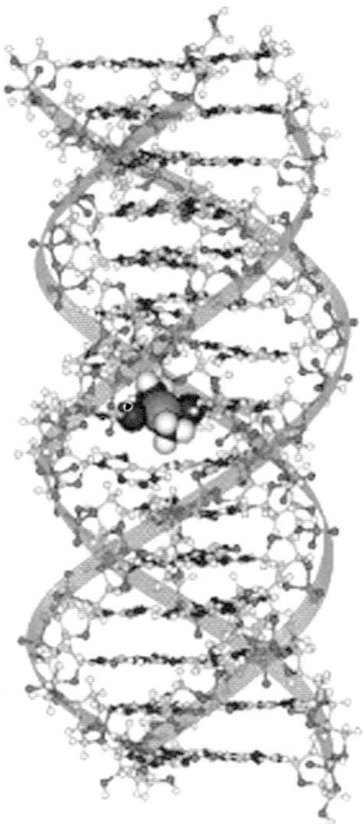
DNA의 구조(모형)

그런데 뉴클레오티드(Necleotide)를 구성하고 있는 인산, 당은 물과 친한 친수성기라서 물에 안정적으로 녹아있을 수 있는데 반해 염기는 소수성이라 물과 반응도 잘 안하고 물에 불 안정적이다. 따라서 인체의 70%를 물이 구성하고 있다고 한다면 DNA구조 특성 상 친수성 뼈대(backbone)에 소수성의 염기가 붙어있다고 볼 수 있으며, 이러한 상황에서 물속에서 불안정한 특성을 가진 소수성의 염기가 안정화되기 위해서는 친수성의 당과 인산 뼈대에 소수성의 염기가 서로 모여 두 가닥이 되고 물과 최대한 접촉하지 않기 위해 꼬여서 이중 나선구

조 형태를 취 할 수밖에 없다는 결론에 도달하게 된다.

실제로 이와 같은 과학적 사실들은 1950년대 초반에 이미 윌킨스와 프랭클린은 DNA의 X선 회절 사진을 통해서 DNA분자 내 거리가 2.0nm, 0.34nm, 3.4nm로 반복되어 나타나며, DNA는 바깥쪽에 인산을 가지고 대칭적으로 일정한 간격으로 반복되는 나선형 구조를 하고 있다고 제안하였지만, DNA 분자의 모양에 대한 구체적 특성까지는 밝혀내지 못했다.

또한 1950년에 샤가프는 DNA를 이루는 염기는 아데닌(A), 구아닌(G), 시토신(C), 티민(T) 등의 4종류이며, 이들 DNA의 구성성분을 분석결과 아데닌(A)의 양은 구아닌(G)의 양과 같고, 티민(T)의 양은 시토신(C)의 양과 같다는 '샤가프의 법칙'을 제안 한 바 있었다.

홀리(Robert William Holley, 1922~1993)

미국의 생화학자이며, 1965년 향류분배법(向流分配法)에 의해 분리정제된 알라닌(아미노산의 일종)을 사용하여 tRNA의 염기배열의 1차구조를 밝힘으로써 천연핵산분자 구조를 알아내고 유전정보의 해독에 중요한 기여를 하였다. 이 업적으로 H.G.코라나, M.W.니런버그와 공동으로 1968년 노벨생리 · 의학상을 받았다.

염색체(chromosome)

생물의 몸을 구성하는 세포는 세포핵과 세포질로 나뉘어지는데, 염색체는 각 세포의 핵 속에 있는 작은 막대기 모양의 소체이다. 이러한 염색체는 1882년에 발견되었는데, 현미경으로 세포를 관찰 할 때 알아보기 쉽도록 세포를 염색하면 염색체가 색소를 흡수해서 진하게 착색되기 때문에 염색체란 이름이 붙여졌다. 영어로는 chromosome이라고 하는데, 이 용어는 그리스어에서 색을 의미하는 chroma와 몸을 의미하는 soma에서 유래되었다. 염색체는 생물종마다 다르며, 인체는 60~100조 개의 세포로 구성되어 있고, 각 세포의 핵 속에는 유전정보를 담는 그릇에 해당하는 46개(22쌍의 상염색체+1쌍의 성염색체)의 염색체가 존재한다. 이 23개의 한 세트를 '게놈(Genome)'이라고도 한다. 따라서 유전자(Gene)란 DNA의 염기배열 중 하나의 단백질 생산에 관여하는 염기쌍들의 배열 조합을 가리키며, 인간의 유전정보는 46개(23쌍)의 염색체를 구성하는 DNA에 담겨 있는 것이다.각 염색체는 히스톤(Histone)이란 단백질들을 DNA(디옥시리보핵산)가 정교하게 감싸고 있는 형상이며, 염색체 안의 DNA는 뉴클레오티드(nucleotide)로 이루어진 두 가닥의 사슬이 서로 꼬여 있는 이중나선 구조이다. 길이가 약 1.8~2미터나 되는 이중나선 모양을 보면, A(아데닌) T(티민) G(구아닌) C(시토신) 4종의 염기(base)가 블럭모양의 쌍(A와T, G와C의 쌍)을 이루며 일정한 순서로 배열되어 연결하고 있다. 이들 염기쌍들의 배열순서가 바로 '유전정보'를 나타낸다. 즉 유전정보는 A, T, G, C의 네가지 염기배열 부호에 의하는 것이다.

인간게놈프로젝트(Human Genome Project)

인간지놈프로젝트 또는 휴먼게놈프로젝트라고도 한다.

게놈이란 한 개체가 지닌 유전자 세트를 말하며 이는 생명 현상의 유지 및 모든 형질의 발현에 필요한 하나의 단위이다. 인간의 게놈은 22쌍의 상염색체(像染色體)와 1쌍의 성염색체, 즉 23쌍의 서로 다른 염색체로 이루어진다. 인간세포 속의 세포핵에는 2중나선형으로 꼬여 있는 23쌍, 46개의 염색체에 모든 유전정보가 담겨 있다. 유전정보를 담고 있는 물질은 DNA(디옥시리보핵산)이고, DNA는 A(아데닌) · G(구아닌) · C(시토신) · T(티민) 등 4가지 염기의 다양한 조합으로 이루어져 있다. 이 염기들은 게놈상에서 수백만, 수억 만 번이나 반복되어 있는데, 이들 염기의 결합 순서를 파악하게 되면 각 생물들이 가지고 있는 고유한 염기배열을 알 수 있다.

1953년 DNA의 이중나선구조를 밝힌 공로로 1962년 노벨 생리 · 의학상을 공동 수상한 J.D.윗슨이 연구를 맡았으며 1990년 미국을 중심으로 프랑스, 영국, 일본 등 15개국이 함께 30억 달러의 예산을 들여서 인간게놈위원회(The Human Genome Organization/HUGO)가 만들어졌다. 이는 어떤 염기서열에 어떤 유전정보를 가진 염기서열이 존재하는지를 밝혀내 일종의 유전자 지도로 만들어 공개함으로써 인류의 공동재산으로 삼으려는 것이다. 2003년 4월 14일에 완성된 드래프트가 공개되었으며, 여기에는 인간이 가진 모든 유전자 중 99%의 서열(sequence)이 99.99%의 정확도로 포함되어 있었다.

왓슨과 크릭 그리고 그후

1953년 DNA의 구조가 이중나선(double helix)형을 갖고 있다는 연구결과를 발표한 이후 현재까지 핵산과 유전자에 직접 관련된 노벨상은 생리의학상 32명과 화학상 8명으로 총 40명에 달하며, 그 밖에도 생명의 신비한 매듭과 관련된 연구들은 지금도 수많은 과학자들에 의해 지구촌 곳곳에서 끊임없이 지속되고 있다.

1958년 크릭은 유전정보는 DNA→RNA→단백질로 전달된다는 내용을 중심으로 하는 '센트럴 도그마'(central dogama)라는 가설을 세웠다. 그는 아데닌(A), 구아닌(G), 시토신(C), 티민(T) 네개의 염기로 구성된 DNA의 유전정보는 RNA의 A, G, C, U(Uracil)로 옮겨 쓰인 다음, RNA의 염기 순서에 따라 단백질의 구성요소인 20가지 아미노산이 각각 결정돼 단백질이 합성된다는 것이다.

1966년에는 이러한 크릭의 '센트럴 도그마'(central dogama)가설을 1968년 노벨 생리의학상을 수상한 로버트 홀리(Robert William Holley, 1922~1993)와 마셜 니런버그(Marshall Warren Nirenberg,1927~), 고빈드 코라나(Har Gobind Khorana,1922~)가 DNA로부터 전달된 RNA의 유전정보는 염기 세개가 하나의 특정 아미노산을 지정하는 방식으로 발현된다는 사실을 통해 이 과정에서 이들은 RNA의 기능과 구조를 분자 수준에서 실험적으로 증명함으로써 수없이 나열된 DNA의 염기가 어떻게 특정 아미노산으로 번역돼 단백질을 만드는가가 규명되었다

로버트 홀리

마셜 니런버그

고빈드 코라나

야콥

루보프

모노

1965년 노벨 생리의학상을 수상한 프랑스의 야콥(Francois Jacob)과 루보프(Andre Lwoff), 모노(Jacoues Monod)는 세포의 선택적 유전자 발현조절에 대해서 DNA의 유전자 앞부분에 조절인자 단백질이 붙어 있으면 RNA를 만드는 전사효소가 자리 잡을 수 없기 때문에 RNA가 만들어지지 않고

결국 단백질로 번역되지도 않는다는 사실을 발견했다. 결국 유전자의 발현 조절은 이렇게 스위치 역할을 하는 조절단백질에 의해 이뤄진다는 점을 규명한 것이다.

1975년 노벨 생리의학상을 수상한 둘베코(Renato Dulbecco), 테민(Howard Martin Temin), 볼티모어(David Baltimore)는 암 바이러스와 세포의 유전물질과의 상호작용에 관한 연구에서 RNA에서 DNA를 만들어내는 'RNA복제효소'를 발견함으로써 DNA에서 RNA를 거쳐 단백질로 흐른다는 유전정보의 '센트럴 도그마(central dogama)가설'을 부정했다.

둘베코

테민

볼티모어

1982년에는 영국의 클루그(Aaron Klug)가 바이러스의 핵산과 단백질의 결합 분자구조를 해석하는 방법을 연구하여 노벨 화학상을 수상했고, 1989년에는 올트먼(Sideny Altman)과 체크(Thomas Robert Cech)에 의해 RNA도 단백질과 마찬가지로 효소의 기능을 갖는다는 사실을 RNA(리보핵산)의 촉매작용을 통해 발견하여 노벨 화학상을 받았다.

클루그

올트먼

체크

1993년에는 로버츠(Richard Roberts)와 샤프(Phillip Allen Sharp)가 박테리아와 달리 진핵세포를 가진 동 · 식물에는 하나의 유전자 안에 여러 개의 의미 없는 분단유전자 발견함으로써 암의 원인규명에 중요한 단서 제공한 공로로 노벨 생리의학상을 받았으며, 또한 같은 해에 멀리스(Kary B. Mullis)와 스미스(Michael Smith)는 유전자 연구와 조작기술인 중합효소 연쇄반응(PCR, The polymerase chain reaction)을 개발해서 DNA 한 가닥을 수십억개의 가닥으로 증폭할 수 있는 기술을 개발한 공로로 노벨 화학상을 수상했다. 특히 멀리스와 스미스가 개발한 PCR은 극미량의 DNA를 짧은 시간 안에 대량

샤프

로버츠

멀리스

스미스

브레너

호비츠

설스톤

으로 증폭해 분리하거나 분석할 수 있게 함으로써 훗날 인간게놈프로젝트(Human Genome Project)에 큰 기여를 하였다.

2002년에는 브레너(Sydney Brenner), 호비츠(H. Robert Horvitz), 설스톤(John E. Sulston)이 선충의 유전체 연구를 통해 세포의 늙음과 죽음을 통제하는 유전자의 비밀을 밝혀내어 세포 자살 유전자를 규명한 공로로 노벨 생리의학상을 수상하였다.

유전학 연대기

1885년경 독일의 생화학자 알브레히트 코셀, 핵산에서 질소성분을 분리하다. 이 연구로 그는 1910년 노벨 생리학·의학상 수상

1908년경 미국의 유전학자 토머스 헌트 모건, 초파리 연구를 통해 한 세대 모두에게 나타난 특징이라 하더라도 다음 세대에는 나타나지 않을 수 있다는 사실을 발견하였으며, 경우에 따라서는 염색체가 서로 교차된다고 결론 내림.

1909년경 토머스 헌트 모건, 흰 눈을 가진 비정상적인 초파리 수컷을 발견하다. 이를 붉은 눈을 가진 암컷과 교배시킨 결과, 다음 세대에는 붉은 눈을 가진 자손과 흰 눈을 가진 자손이 동시에 나타났다. 이를 통해 그는 반성(伴性 sex-linked)유전이론을 확립.

1913년경 미국의 유전학자 알프레드 헨리 스터티번트와 동료들, 특정 형질을 지배하는 유전자의 염색체 위치를 밝히는 염색체 지도를 최초로 작성.

1926년 미국의 유전학자 허먼 조지프 멀러, 초파리에 X선을 쏘여 유전자 돌연변이 유발.

1941년 미국의 유전학자 조지 웰스 비들과 생화학자 에드워드 L. 테이텀, '1유전자-1효소' 이론을 정립하는 한편 세포 내 화학반응이 유전자에 지배된다는 사실을 입증.

1945년 미국의 생물학자 살바도르 루리아와 A. D. 허시, 박테리오파지와 숙주 박테리아에서 동시에 돌연변이가 일어난다는 사실을 각각 증명하다. 특히 루리아는 박테리오파지의 유전물질이 박테리아의 유전물질과 결합한다는 이론 전개.

1946년 미국의 생물학자 맥스 델브뤼크와 A. D. 허시, 바이러스들이 돌연변이를 일으키면 전과는 전혀 다른 신종 바이러스가 만들어질 수 있다는 사실 각각 발견.

1946년경 미국의 유전학자 조슈아 리더버그와 생화학자 에드워드 L. 테이텀, 대장균에서의 유전자 재조합을 발견.

1952년 조슈아 리더버그, 바이러스가 감염된 세포에서 새 세포로 유전물질을 옮겨 유전자 돌연변이를 일으키는 과정을 발견.

1953년 미국의 유전학자 제임스 듀이 윗슨과 영국의 과학자 프랜시스 해리 콤프턴 크릭, DNA의 구조가 2가닥의 나선형이라는 사실을 발견.

1955년 스페인 출신의 미국 생화학자 세베로 오초아, 아조토박테르에서 RNA 형성에 촉매역할을 하는 효소를 분리하는 한편 RNA를 합성하는 기술을 발견.

1956년 미국의 생화학자 아서 콘버그, 대장균에서 불활성 DNA 형성에 촉매역할을 하는 효소를 분리.

1956년 루마니아 출신의 미국 세포생물학자 조지 E. 펄라디, 세포질 안에 있는 소기관들의 성분이 주로 RNA라는 사실을 발견.

1956년 미국의 약리학자 얼 W. 서덜런드 Jr., 세포의 신진대사에 영향을 미치면서 호르몬과 세포 간의 매개체로 활동하는 물질인 환상 아데노신일인산(cyclic AMP)을 발견.

1961년 프랑스의 생화학자 프랑수아 자코브와 자크 모노, 〈분자생물학 저널 Journal of Molecular Biology〉에 전령 RNA(mRNA)에 대한 연구를 발표해 단백질 합성에 관여하는 조절유전자의 존재를 제안.

1961년 미국의 생화학자 마셜 워렌 니런버그, 아미노산의 일종인 페닐알라닌으로만 이루어진 단백질을 형성하기 위해 우리딜산에서만 추출되는 합성 RNA 분자를 운반 RNA에 부착시키는 과정에서 유전자의 암호 구조를 밝힘.

1965년 미국의 생화학자 로버트 윌리엄 홀리, 아미노산의 일종인 알라닌(alanine)을 단백질 분자로 전환시키는 77-뉴클레오티드 운반 RNA의 성분과 구조를 밝힘.

1966년 미국의 분자생물학자 월터 길버트와 동료들, 억제 유전자를 발견하다. 그후 1980년 길버트는 뉴클레오티드의 배열순서에 대한 연구로 노벨 화학상을 공동 수상.

1967년 아서 콘버그와 동료들, 초기의 연구에서 한걸음 더 나아가 활성 DNA를 합성.

1968년 스위스의 미생물학자 베르너 아르버, 박테리아가 해로운 바이러스의 DNA를 잘게 부수는 특별한 효소를 만들어낸다는 사실을 발견.

1970년 인도 출신의 미국 화학자 하르 고빈드 코라나와 동료들, 초기 연구자들처럼 천연 RNA를 주형으로 삼지 않고도 아날린 운반 RNA를 합성.

1970년 미국의 바이러스학자 데이비드 볼티모어와 하워드 마틴 테민, RNA를 DNA에 복제하는 효소인 역전사효소(Reverse transcriptase)를 각각 발견.

1970년 미국의 미생물학자 해밀턴 오서넬 스미스, 베르너 아르버의 연구에서 한걸음 더 나아가 특정한 위치에 있는 DNA 분자를 잘게 부수는 효소를 발견.

1971년 미국의 미생물학자 대니얼 네이선스, 특정 DNA만 골라 잘게 부숴뜨리는 효소를 개발.

1973년 미국의 생화학자 스탠리 코언과 허버트 W. 보이어, DNA를 잘게 잘라 다른 조각들과 섞은 다음 대장균 박테리아에 새 유전자를 끼워넣어 재생산하는 기술을 개발.

1976년 미국의 바이러스학자 해롤드 바머스와 J. 마이클 비숍, 건강한 세포에도 바이러스와 결합해 암을 유발하는 유전자로 추측되는 바이러스성 암유전자(oncogene)가 있다는 사실을 발견.

1976년 하르 고빈드 코라나와 동료들, 살아 있는 세포에 집어넣으면 활발하게 기능하는 합성 유전자를 최초로 생산. 이로써 합성 유전자 구조에 대한 그간의 과학이론들이 정확하다는 것이 입증됨.

1976년 일본의 분자생물학자이자 면역학자인 도네가와 스스무[利根川進] 10억 종의 항체를 생산해 질병에 맞서는 인간의 면역체계 능력의 배후에 존재하는 유전 법칙을 발견.

1977년 미국의 분자생물학자 필립 A. 샤프와 영국의 분자생물학자 리처드 J. 로버츠, 고등 유기체의 유전 물질에 불필요한 정보가 끼어드는 경우가 빈번하게 발생한다는 사실을 각각 발견.

1980년 미국의 면역학자 바루지 베나세라프, 특정 항원에 대한 개인의 반응 능력을 결정하는 면역 반응 유전자를 발견해 노벨 생리학 · 의학상을 공동 수상.

1983년 미국의 과학자 바버라 매클린턱, 이동성 유전인자(mobile genetic elements) 발견으로 노벨 생리학 · 의학상을 수상. 원래 매클린턱은 옥수수를 가지고 연구했으나, 나중에 이동성 인자는 인간과 동물에서도 발견되었다.

1995년 미국의 발생생물학자 에드워드 B. 루이스와 에릭 F. 위샤우스, 독일의 크리스티안네 뉘슬라인-폴하르트, 태아의 성장을 관할하는 3가지 유전자 발견으로 노벨 생리학 · 의학상을 공동 수상.

1996년 미국 · 유럽 · 일본 · 캐나다의 과학자들, 5 ~10만 개로 추정되는 인간 유전자 중 1만 6,000개 이상의 염기서열과 위치를 상세히 밝힌 유전자 지도를 발표.

1997년 영국 에딘버러 로슬린연구소의 이언 윌머트 박사, 완전히 성장한 동물을 이용한 복제실험으로 복제양 돌리를 탄생시킴.

1998년 미국 하버드대학교의 쥬더 포크만 박사가 이끄는 연구진, 생쥐에게 앤지오스타틴(angiostatin)을 투여한 결과 폐암종의 성장이 억제되었으며, 유전학적 방법으로 앤지오스타틴을 많이 생성하도록 유도하자 역시 섬유성 육종이 억제되었다는 연구결과를 발표.

1999년 미국, 영국 등 5개국 국제 연구팀, 인간의 염색체 23쌍 중 22번에 해당하는 염색체 지도를 완성. 이 연구는 인간의 유전자 정보를 완전히 해독하려는 목적으로 1990년 미국의 국립보건원(NIH)과 에너지부(U. S. Department of Energy)의 공동후원 하에 출범한 인간 게놈 계획(Human Genome Project)의 일부로서 진행되었다. 22번 염색체 지도 완성으로 향후 이 염색체와 관련된 질병이나 기능 장애에 대한 유전자 치료가 가능해질 것으로 예측되었다.

2000년 인간 게놈 계획(HGP)과 미국의 민간 기업 셀레라 제노믹스사(社)가 인간 유전자 염기서열의 지도 초안을 공동 발표하다. 이로써 인간의 유전 정보 해독에 한층 다가서게 되었지만, 유전 정보의 상업적 이용의 부작용에 대한 우려도 높아졌다.

2001년 인간 게놈 계획(HGP)과 셀레라 제노믹스사(社)가 인간 게놈 지도를 완성하다. 이 지도에서 인간의 유전자 수는 애초 예상보다 훨씬 적은 2만 6,000~4만 개로 밝혀져, 애기장대(2만 5,000개)나 과실파리(1만 3,000개) 등의 식물 · 곤충들과 비교해 볼 때 유전자 수에 있어서는 큰 차이가 나지 않는 것으로 나타났다. 이러한 발견으로 복잡한 인체의 메커니즘을 해명하기 위해서는 종래 진행되어왔던 유전자 각각에 관한 연구보다는 유전자끼리의 상호작용에 관한 연구가 더 필요하다는 주장이 제기되었다.

과학 패러다임
지구는 진화한다

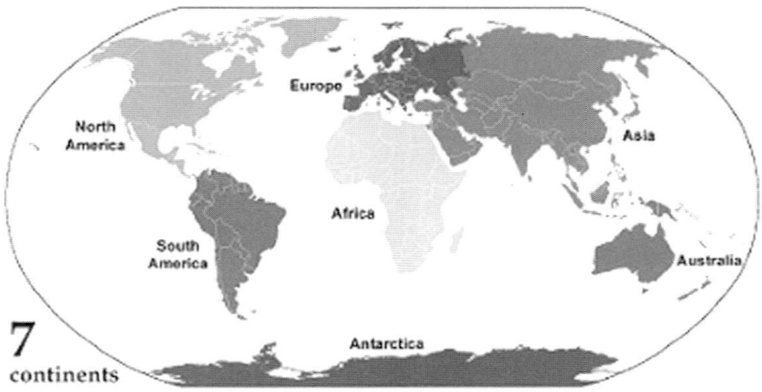

베게너(Alfred Lothar Wegener, 1880~1930)

뷔퐁(Georges Louis Leclerc de Buffon, 1707~1788)

톰슨(Joseph John Thomson, 1856~1940)

21세기를 첨단과학이지배하는 시대라고 말하는 것에 대해 부정하는 이는 그리 많지않을 것이다. 그러나 우리가 살고 있는 지구가 몇 살이냐고 묻는 다면 혹자는 '가설(Hypothesis)'를 막연하게 떠올릴 수도 있다고 생각해본다.

이처럼 인간은 우리 자신의 생명에 대해 영원을 믿기도 하지만 탄생을 궁금해 하기도 한다.

현재 과학자들은 바로 이 시점까지는 '정설(Theory)'로 믿고 있는 빅뱅(big-bang)이론을 통해 우주의 역사를 약150억 년, 지구의 역사를 약45억 년으로 믿고 있다. 물론 이에 대해서도 사람들은 '진화론', 과 '창조론' 사이에서 선뜻 답을 내리기를 망설하기도 한다.

성경(Bible)에서는 성경의 창세기에 나오는 인물들의 연대기를 계산해서 지구의 나이를 현재 약 6천년이 되었다고 기록하고 있다. 그러나 1560년대 아일랜드의 제임스 어서(James Ussher, 1581~1656)와 같은 신학자는 성서에 언급된 인물들의 나이를 근거로 'B.C. 4004년 10월 22일 토요일 저녁' 에 세상이 창조되었다는 다른 주장을 내놓았다.

그리스 시대 3개 대륙지도

유럽지도

로마의 지도제작자였던 스트라보(Strabo, B.C.~63/64 B.C.~AD24)17권으로 된 지오그래피카(Geographica)를 제작하여 유럽과 아시아대륙을 구분할 줄 알았다.

그러나 진화론자인 다윈과 라마르크에게 '자연선택설' 에 대한 영감을 준 것으로 알려져 있는 프랑스 왕립식물원 원장이었던 뷔퐁(Georges Louis Leclerc, Comte de Buffon, 1707~1788)은 1778년에 출판한 'Les époques de la nature'에서 화석에서 발견한 '철(iron)'의 냉각속도를 계산하여, 성경에서 제시하고 있는 '지구의 나이'인 'B.C. 4004' 보다 훨씬 이전인 '7500년'으로 제시하여 당시 프랑스 카토릭 교회로부터 지탄받기도 했다. 뿐만 아니라 1897년 전자를 발견하여 원자구조에 대한 혁명적인 지식 변화에 대한 공로로 1906년 노벨 물리학상을 수상한 영국출신의 과학자 톰슨(Joseph John Thomson, 1856~1940)은 열역학적으로 지구가 고온의 용융 상태로부터 냉각되어오고 있다는 가정 하에 지구의 나이는 4천만년이라고 주장했다. 특히 방사성원소의 붕괴에 의한 붕괴열로써 지각이 용해된다는 것을 처음으로 주장하며, '맨틀대류설(convection current theory)'을 주장하여 대륙의 이동과 산맥의 형성을 설명한 영국의 지질학자 홈스(Arthur Holmes, 1890~1965)는 지구의 나이를 33억 5천만년이라고 결정했다.

Strabo, B.C. ~63/64 B.C. ~AD24

그러나 오늘날에는 방사능 물질인 질량수 238인 우라늄(uranium)의 절반이 질량수 206인 납(Pb)으로 바뀌는 데는 42억년이란 오랜 시간이 걸린다는 데서 착안하여 반감기(half life)를 이용한 '방사능 연대측정법(radiometric dating)'을 활용하고 있다.

이 방법에 의하면 지구로 떨어지는 운석과 지구의 암석을 비교하여 지구의 나이를 추정한 결과 약43~45억년으로 추정되며, 이에 따라 인류가 지구상에 최초로 나타난 것은 약 100만년전의 신생대(Cenozoic Era) 제4기인 플라이스토세(Pleistocene)와 홀로세(Holocene)로 추정 할 수가 있다.

이처럼 과학적 근거를 가지고 지구의 나이를 추정하다 보면 우리가 알고 있는 '시간'은 절대적인 것이 아니며, 시간은 '공간'과 밀접한 관계에 있을 수 있다고 여겨질 뿐 만 아니라, 빅뱅 이론에 의하면 우주는 점점 팽창하고 있으며, 이로 인해 각 별 들간의 거리는 점점 멀어지고 있고, 따라서 과거의 지구 환경은 당시 시대를 지배하고 있었

홈스(Arthur Holmes, 1890~1965)

영국의 지질학자로서, 1911년에 방사성 원소의 붕괴에 의한 붕괴열로써 지각이 용해된다는 것을 처음으로 주장하였다. 1929년에는 맨틀의 대류설(對流說)을 주장하여 대륙의 이동과 산맥의 형성을 설명하였다.

맨틀대류설(convection current theory)

1928년 홈즈는 1928년 대륙이동의 원인은 맨틀이 대류를 할 수 있는 유동성 있는 고체가 되는 이유는 방사성 원소들이 붕괴하며 발생하는 열 때문이라며 맨틀대류설을 주장했다. 이는 지구 내부의 열로 인해 맨틀이 대류하고 판이 움직이며 지각운동을 하기 때문에 대륙이 이동한다는 사실이다. 그러나 대류하는 맨틀의 위치는 논란이 되어 왔다.

방사능연대측정(radiometric dating)

방사성원소의 붕괴는 주위의 압력이나 온도에 관계없이 매우 규칙적으로 일어나기 때문에 절대연대측정에 가장 적합한 방법으로써 식물이 동화과정에서 취한 방사성 탄소가 식물이 죽은 후 붕괴되기 시작하여 그 양이 감소하는 현상을 이용하는 것으로서 5만년 이내의 최근 연대를 측정하는 데 효과적이다. 특히, 1920년대에 시작된 우라늄·토륨에 의한 연대측정은 암석 속에 함유된 이들 원소의 양과 붕괴산물인 헬륨이나 납의 양을 측정하여 암석의 연령을 측정하는 획기적 방법으로 알려졌다.

Nicolaus Copernicus의 논문

던 진리로 인정받고 있던 상식에 따라 분명 지금과는 달랐을 것이라고 추측할 수 있다.

특히 종교적 신념이 강하게 사회를 지배하고 있었던 과거16세기에 이미 코페르니쿠스(Nicolaus Copernicus, 1473~1543)에 의해 신의 영역처럼 굳게 빗장 걸려있던 지구의 정체가 하나 둘씩 들어나면서, 지구를 둘러싸고 있던 산과 계곡을 포함하는 육지와 바다에 대한 탄생설 역시 다른 각도에서 조명되기 시작하였다.

독일의 기상학자이며 동시에 지질학자였던 베게너(Alfred Lothar Wegener, 1880~1930)는 지구의 탄생을 최초 '판게아(Pangaea)'로 부터 '대륙 이동설(continental drift)'을 통해 지금의 지구 표면이 탄생했다는 주장을 내놓게 되는데, 이는 당시 시대적 관점에서 '노아의 대홍수(Noah's Ark)'를 따르는 종교적 소신을 갖은 이들에게는 매우 '이단(heresy)'의 주장이었다. 그러나 끝까지 자신의 생각이 옳다고 평생 소신을 굽히지 않았던 베네거는 1930년 그의 4번째 탐험이자 마지막이

베게너가 구상한 판게아

코페르니쿠스(Nicolaus Copernicus, 1473~1543)

폴란드의 천문학자로서, 지동설을 착안하고 '천체의 회전에 관하여 De revolutionibus orbium coelestium' (전4권)을 출판하여 (1525~1530) 당시 종교적 이단자로 지목 받는다.

그러나 코페르니쿠스의 지동설 주장은 주전원(epicycle)개념을 근간으로 하고 있기 때문에 오늘날 관측된 태양계를 설명할 수가 없다.

주전원(epicycle)

140년경 그리스의 천문학자 프톨레마이오스가 천구상에서 행성들의 역행과 순행을 설명하기 위해 제창한 행성의 운동궤도로써, 이는 행성들이 각각 일정한 크기의 원(주전원이라 함)을 따라 일정한 속도로 돌고 이것의 중심은 이심원이라는 원궤도를 따라 일정하게 돌게 하였기 때문에 실제행성들의 운동궤도상에서 볼 때 지구에서 바라본 행성들의 운동이 천구상에서 일정하지 않기 때문에 지구는 이심원의 중심에서 조금 떨어진 곳에 위치하게 된다. 따라서 코페르니쿠스의 태양계는 오늘날위성이나 첨단 관측장비를 통해 밝혀진 실제 태양계와는 차이가 있다.

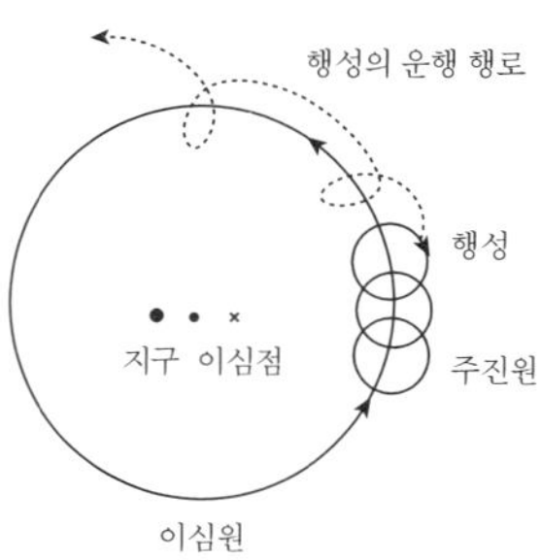

판게아(Pangaea)

Pan은 범(汎), gaia는 대지(大地)라는 뜻으로 '지구 전체'라는 의미의 그리스어(모든 땅=πανγαια)에서 유래한 말로 현재의 대륙이 고생대(古生代) 말기까지

되어버린 그린랜드 탐험에서 50세의 나이로 일생을 마친다.

대륙 이동설(continental drift)

Alfred Lothar Wegener, 1880～1930

베게너(Alfred Lothar Wegener, 1880～1930)는 1880년 독일의 베를린(Berlin)에서 목사의아들로 출생하여, 1904년 베를린 대학(Uni. of Berlin)에서 천문학 박사학위를 받는다.

그러나 그는 평소 지질학 뿐 만 아니라 기상학(대기과학)에도 많은 홍미를 갖고 하이델베르크 · 인스부르크 · 베를린 대학에서 기상학을 공부하기도 했다. 특히, 그는 대학 졸업 후 기상학자인 자신의 형과 함께 기구를 이용하여 52시간동안 독일과 덴마크를 잇는 카테카트(Kattegat)해협을 횡단하며 기상을 관측하는 등 기상학 연구에 관심을 갖고 있었다.

이러한 베게너에게 1906년에 그린랜드(Greenland)를 조사하기 위한 덴마크 탐험대에 동행하는 행운을 얻게 되었으며, 그는 탐사에서 해하게 되었는데, 탐사에서 돌아온 그는 세계 지도를 보고 남아메리카의 브라질 동부 해안과 아프리카 카메룬 일대의 서부 해안선이 너무도 비슷하다는 것을 발견하고부터 '대륙 이동설(continental drift)'에 대한 영감을 얻게 된다. 그 후 탐사에서 돌아온 베게너는 마르부르크 대학(Uni. of Marburg)에서 교수직을 부탁받고 이를 수락한 후 다시 1912～1913년에 2차 그린랜드 탐사에 동행하게 된다.

1911년, 탐사에서 돌아온 베게너는 마르부르르크 대학 도서관에서 탐사와 관련된 자료를 확인 하는 과정에서 우연히 브라질과 아프리카 사이에 옛날에 육교가 있었음을 내용으로 하는 논문인 '육교설

는 하나로 뭉쳐 거대한 단일 대륙(초대륙)을 이루었던 것으로 상정하여 부른 이름이다. 이는 1915년 베게너가 대륙이동설을 제창하였을 때 제안한 가상의 원시 대륙을 일컫는 이름이며, 3억년 전에 대륙이 뭉쳐 판게아 대륙이 만들어지면서, 애팔래치아 산맥, 아틀라스 산맥, 우랄 산맥 등이 생겨났다. 판게아 대륙을 둘러싼 드넓은 바다는 판탈라사 해라고 부른다. 판게아는 적도에 걸쳐 C 자 모양으로 굽어있는데, 이 굽은 대륙 내의 바다는 테티스 해라고 한다. 1억 8천만 년 전인 쥐라기에 판게아는 남쪽의 곤드와나와 북쪽의 로라시아로 나뉘었다.

신생대(Cenozoic Era)

지질시대의 5대 구분 중 가장 새로운 시기(new life)를 말하며, 그리스어 'καινός = kainos'의 'new'와 'ζωή = zoe'의 'life'로서, 지금으로부터 약 6500만 년 전에서 현재에 이르는 기간을 말한다.

신생대는 크게 팔레오기와 네오기로 나뉜다. 팔레오기는 다시 팔레오세와 에오세, 올리고세로 구분하며, 네오기는 마이오세, 플리오세, 플라이스토세, 홀로세로 구분한다.

지질학적으로는 대륙이 현재의 위치로 자리 잡은 시기이다. 오스트레일리아-뉴기니가 곤드와나에서 분리되어 북쪽의 동남아시아 부근으로 이동했고, 남극 대륙은 지금의 남극점으로 이동했다. 인도 아대륙은 유라시아와 충돌하면서 히말라야 산맥을 만들었다. 대서양은 더 넓어졌으며, 남아메리카와 북아메리카가 연결되었다.

Phanerozoic eon		
Paleozoic era	Mesozoic era	Cenozoic era

Cenczoic era	
Paleogene	Neogene Quaternary

육교 설(land bridge theory)
현재 바다를 사이에 두고 있는 육지의 동물상 · 식물상의 유사성이, 지질시대에 존재하였던 육교를 지나 생물의 교류가 이루어졌다고 설명하는 가설이 육교설이다. 특히 제3기 플라이오세에는 시베리아와 북아메리카가 육교로 연결되어 동물의 이동이 있었다고 생각되고 있으며, 말레이제도와 오스트레일리아는 신생대의 전체시기를 통하여 연결된 일이 없어 그 동물상에 상당한 차이가 있다고 생각되고 있다. 특히 대륙이동설 · 기후변화설과 깊은 연관을 가지고 있다.

(Land-bridge theory)'을 발견하였다. 베게너는 지금은 멀리 떨어져 있는 두 대륙이 예전에는 하나로 붙어 있었다는 내용을 잘 알고 있었지만, 대서양을 건너가는 것이 불가능하고, 대서양 양쪽 대륙에서 동일하게 발견된 동식물 화석의 기재를 다룬 육교설의 증거는 베게너에게 놀라운 것이었다. 그는 자신의 생각처럼 대륙이 이동하였다는 것을 증명 할 수 있는 지질학과 고생물학 분야와 관련된 자료들을 수집하며 이론의 틀을 세워나가기 시작하였다.

베게너는가 수집한 증거로써는, 첫 번째 지형학적인 증거로써 아프리카(Africa) 대륙의 서해안과 남아메리카(America) 대륙의 동해안의 대륙붕, 대륙 사면의 경계부가 서로 잘 들어맞는다는 점과, 두 번째 북아메리카의 애팔래치아(Appalachian Mts.) 산맥과 바다 멀리 영국의 스코틀랜드에 있는 칼레도니아 산맥(Caledonian Mts.)의 지층 구조가 연속적으로 형성(line up)되어있다는 지질학적 증거에 주목했다.

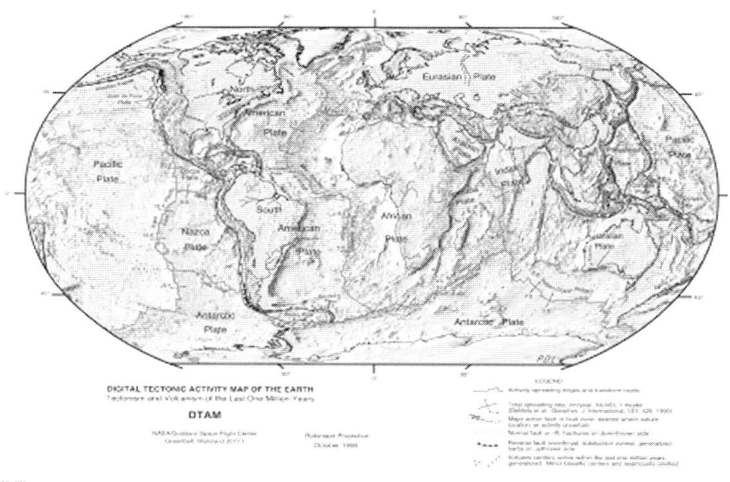

지구의 최신 대륙판

석탄기(Carboniferous period)
고생대를 나눈 6기 중 다섯번째 기를 뜻하며, 1950년대 이후에 측정된 것에 의하면 약 3억 4500만 년 전부터 2억 8000만 년 전까지 약 6500만 년간 계속된 시대이다. 석탄기라는 이름은 1822년 영국의 지층 중 석탄층을 많이 포함한 지층을 가리켜 영국의 지질학자 W.D.코니베어가 붙였다.

세 번째, 글로솝테리스나(Glossopteris), 메조사우로스(Mesosaurus), 리스트로사우루스(Lysrosaurus), 키노그나투스(Cynognathus) 등과 같은 고대의 화석이 서로 환경이 다른 멀리 떨어진 지역인 남국 호주, 남미, 남아프리카에 공통적으로 발견된다는 고생물 분포의 유사성을 화석학적 증거로 삼았다. 또 다른 고생물학적 증거로써, 아프리카의 케이프(Cape) 산맥과 남아메리카의 아르헨티나에 있는 시에라(Sierra) 산맥의 지층이 지질학적으로 서로 많이 닮았다는 점과, 현재

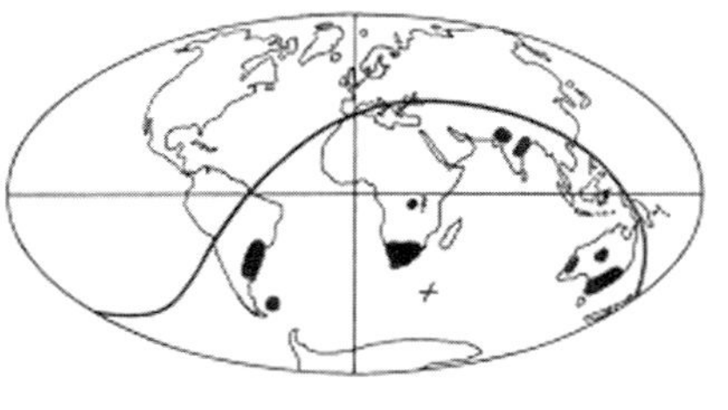

FIG. 34. Traces of the Permo-Carboniferous inland glaciation on present-day continents. The cross indicates the position of the South Pole most suitable for the explanation; the broad curve is the associated equator.

고생대 석탄기 석탄층 분포자료

소철양치류의 화석(Pteridospermopsida)

지리적으로 떨어져 있는 남아프리카, 남극대륙, 호주, 남미에서 모두 소철양치류(Pteridospermopsida)에 속하는 글로소프테리아(Glossopteria)와 강가모프테리스(Gangamopteris)라는 식물화석이 많이 나타난다는 점을 지적했다.

네 번째는 기후학적 증거로써 고생대 말 빙하 퇴적층의 분포를 조사한 결과 현재는 열대나 온대 지방에 속하는 남미, 아프리카, 인도, 호주에 고생대 말의 빙하 퇴적층이 분포하는데,

이처럼 빙하에 의해 운반된 크고 작은 암석들이 섞여서 퇴적된 빙력토(boulder clay)의 위치를 하나로 모아서 지도상에서 표시해 놓고 그 분포를 살펴보면 시간의 변화에 따른 남극의 위치가 변하면서, 오랜 시간에 걸쳐 현재의 위치로 이동해 왔을 것이라는 점에 주목했다. 그리고 또 다른 기후학적인 증거로써는 일반적으로 온대나 열대 지방에서 형성되는 석탄층(coal fields)이 현재 남극 대륙에서 발견된다는 점도 지적했는데, 이것은 남극 대륙이 원래는 적도 부근에 있다가

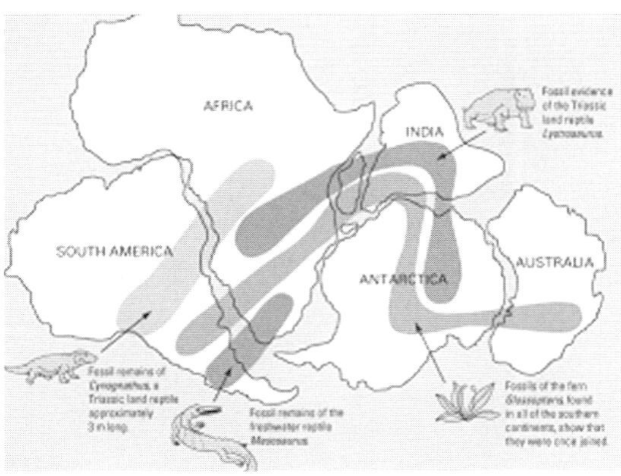

고생물의 화석분포

소철양치류(=양치종자류, Pteridospermopsida)
양치식물형의 잎과 소철 모양의 줄기와 종자를 가진 화석식물로 소철양치류(Cycadofilices) 라고도 한다. 모습은 고사리식물과 비슷하지만 종자를 맺고 관다발 물관부에 유연공헛물관이 있는 점으로 보아 고사리식물이 겉씨식물로 이행하는 단계에 있는 것으로 브인다

고생대 석탄기와 페름기에 번성하였고, 일부는 중생대까지 남았다. 외형은 고사리식물과 비슷하지만, 고사리식물이 겉씨식물로 이행하는 단계에 있는 것으로 보인다.

빙력토(표석점토, boulder clay)
빙력토 · 빙성사력 · 표력점토라고도 한다. 빙하가 유동하여 암반이 깎여서 생긴 크고 작은 암석의 파쇄물이 빙하 말단에서 얼음이 녹아서 흐를 때 유수의 분급작용이 적으므로 크고 작은 것이 섞여서 퇴적한다. 자갈은 둥글게 연마되지 않고 퇴적물은 층리를 나타내지 않으며, 표석점토가 굳은 암석을 표석암이라고 한다.

현재의 위치로 이동했음을 알 수 있는 증거로 지적했다.

다섯 번째 측지적 증거로서는, 오래전에 측정했던 그린랜드와 유럽 대륙간의 거리를 현재의 거리 값과 비교해 보면, 그 거리가 점점 멀어지고 있다는 점을 꼽았다.

베게너는 1912년 독일의 프랑크프르트(Frankfrut)에서 열린 연례 지질학회에서 현재 지구상의 5개 대륙은 오래전 하나의 큰 대륙(a single landmass)인 '판게아(Pangaea)'로부터 이동하여 형성되었다는 가설을 기초로 한 '지구물리학 관점에서 본 지각의 주요구조에 관한 새로운 생각들(New ideas, Based on Geophysical Foundations, Concerning the Formation of the Major Structures of the Earth's crust)'을 발표한다. 그러나 베르거의 이러한 가설은 당시의 주류였던 지질학회 학자들로부터 철저하게 외면당하고 만다.

그 후 베게너는 1914년에 제1차 세계 대전에 참전했다가, 부상을 당한 뒤 후방으로 이송되었는데, 이 시기에 그는 대륙 이동에 대한 연구를 계속해서, 1915년 비로서 그의 이론은 '대륙과 해양의 기원(Die Entstehung der Kontinente und Ozeane)'이라는 제목으로 출판되었다. 그러나 베게너의 이러한 가설은 다수의 지질학자들에게 대륙과 같은 거대한 땅덩어리들이 움직인다는 가설자체를 받아들일 준비가 되어있지 않았기 때문에 당시 커다란 논쟁거리가 될 수밖에 없었다.

베게너는 이러한 거대한 대륙이 5개의 작은 대륙으로 분리되는 것을 마치 쇄빙선이 얼음판을 쟁기질하면서 뚫고 움직이듯이, 대륙 지각이 해양 지각을 뚫고 떠다닌다고 주장했다. 그리고 이러한 힘을 뒷받침 할 구체적인 메카니즘(mechanism)으로서 지구가 자전하는 힘과 밀물과 썰물을 일으키는 달과 태양의 인력을 주목했다. 즉, 지구가 자전하고 있는데 달과 태양이 지구를 끌어당기니까 마치 바닷물이 끌려가듯이 지각도 끌려가게 되고, 그것이 대륙을 이동시킨다는 설명이었다.

그러나 이러한 베게너의 설명은 바다보다 훨씬 단단하고 무거운 지각을 움직이려면, 달과 태양이 바닷물을 움직이는 힘보다 더 큰 힘으로 지구를 끌어당겨야 하기 때문에 실제로 그런 힘이 있다면, 지구는 1년도 못 돼 자전을 멈추고 말았을 것이라는 역학적인 계산 결과에 비추어 보더라도 과학적으로 설득력을 갖지 못했다.

그럼에도 불구하고 SF(scientific fiction)소설을 연상시키는 그의 책은 그 뒤로 1920년대에 들어서 두 차례의 내용과 예증을 보강하면서 영어로 번역되었고 '역동적인 지구(dynamic earth)'라는 개념과 함께 대륙이동설은 대중의 주목을 받게 되었다.

이처럼 궁지에 몰린 베게너의 '대륙 이동설(continental drift)'에게 힘을 실어 준 것은 남아프리카의 지질학자 드트와(Alexander Du Toit, 1878~1948)와 영국의 홈스(Arthur Holmes, 1890~1965)에 의해서였다. 특히 드트와는 1927년과 1937에 각각 출간한 '남아메리카와 남아프리카에 대한 지질학적 비교(A Geological Comparison of South America with South Africa)'와 '우리의 놀라운 지구(A later book, Our Wandering Continents)'를 통해서 베게너의 가설을 옹호했다.

그리고 또 다른 지원군인 홈스는 이미 1913년에 출간한 '지구의 나이(The Age of the Earth)'를 통해 지구의 나이를 16억년(1600Ma.) 이전이라도 주장한바 있는데, 그는 1928년에 지구 자기장에 의해 지구 내부에 존재하는 열이 대류(convection)를 통해 맨틀(mantle)과 함께 움직임으로써 대륙이동을 유발하는 '대류이론(convection theory)'이라는 개념으로 '대륙 이동설(continental drift)' 설명할 수 있다고 제안했다. 그러나 홈스의 제안이 설득력을 갖기 위해서는 실제관측 자료와 같은 증거가 필요했다.

그로부터 20년 후, 베그너의 가설은 '고지자기(paleomagnetism)'이라는 아주 오래된 지층에 남아 있는 자기장특성 덕분에 보다 현실적으로 다가설 수 있는 새로운 국면을 맞이하게 된다.

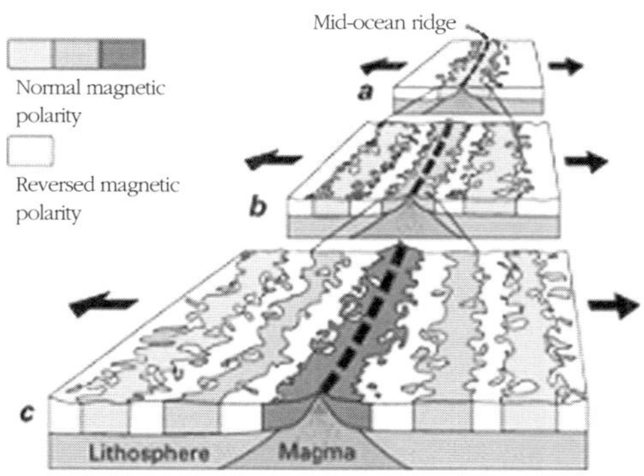

해저 확장설

고지자기학(paleomagnetism)
암석 형성 시, 지구 자기장의 크기, 방향을 동시에 가지게 되는 것을 자연자류자화라 하는데, 이를 이용하여 과거 지구 자기장을 재현한다. 이 방법에 의해 세계 각지의 각 지질시대 암석으로부터 나온 분석결과는 지구의 자기장이 쌍극자 자기장이며, 과거 수억년 동안 자북극이나 각 대륙의 어느 것인가가 독자적으로 움직이고 있었음을 알 수 있다.

마그마가 고온의 용융체로부터 냉각하면서 퀴리온도 이하로 떨어질 때 화성암은 당시의 지구자기장의 방향으로 자성을 띠게 되어 현재까지 유지된다. 퇴적암은 그것이 생성된 당시에 얻은 자성에 의해 자석의 역할을 하여 퇴적 당시의 지구자기장의 방향으로 정렬됨으로써 암석자기를 띠게 된다. 따라서 암석의 고지자기를 측정하면 암석의 생성시기 및 순서를 추정할 수 있다. 특히 과거 지질시대를 통해 여러 번 일어난 지구자기의 역전의 역사는 고지자기학 연구를 통한 해저확장설과 대륙이동설을 뒷받침해주는 증거이다.

'고지자기'는 '토양이나 암석 속에 포함된 강자성 광물의 과거의 지자기, 또는 잔류자기'라는 뜻이다. 따라서 지구를 하나의 커다란 자석으로 본다면, 자석은 항상 N극과 S극을 가리키는 방향성을 띤다. 특히 초창기 지구는 무수히 많은 화산 활동을 겪으며 오늘 날의 모습을 갖게 되었으며, 이때 형성된 마그마가 식으면서 암석이 될 때, 암석 안에 포함된 일부 광물들이 지구의 자기장 방향에 따라 배열되면서 굳기 때문에 지구 표면에 있는 암석의 자기장의 형태를 조사해 보면, 일정한 방향을 나타내고 있음을 알 수 있다.

특히 유럽 대륙에서 얻은 자극의 이동 궤도와 북아메리카 대륙에서 얻은 자극의 이동 궤도는 각각 다른 위치를 보여 나타내었다. 실제로 같은 시대의 자극이 2개 있을 수 없기 때문에, 두 극궤도를 일치시켜 하나의 극이동 궤도를 만들려면, 두 대륙의 위치도 함께 이동시켜야 하고, 이렇게 하면 북아메리카와 유럽이 붙게 되어 대서양은 없어지게 된다. 따라서 이러한 이유에서 고지자기학(paleomagnetism)을 가지고 설명하면 베게너의 대륙 이동설은 설득력을 갖게 된다.

이 같은 고지자기 특성을 활용하여 해령(ridge)주변을 조사한 결과 해령지역을 중심으로 대칭적으로 암석에 나타난 자성물질의 배열이 달라짐을 발견했고, 이를 통해 해령을 중심으로 지층이 양쪽으로 이동했다는 사실을 알게 되었다. 특히 해저 지층에 남아있는 화석과 자성물질의 배열을 근거로 해령에서 양쪽으로 멀어질수록 지층의 나이가 많아진다는 것도 확인할 수 있었다. 뿐 만 아니라 해령의 발견을 통해서 해저지층이 이동한다는 사실과 함께 지층들의 충돌을 통해서 산맥이 형성되고 지진이 발생하는 현상들도 설명할 수 있게 되었다.

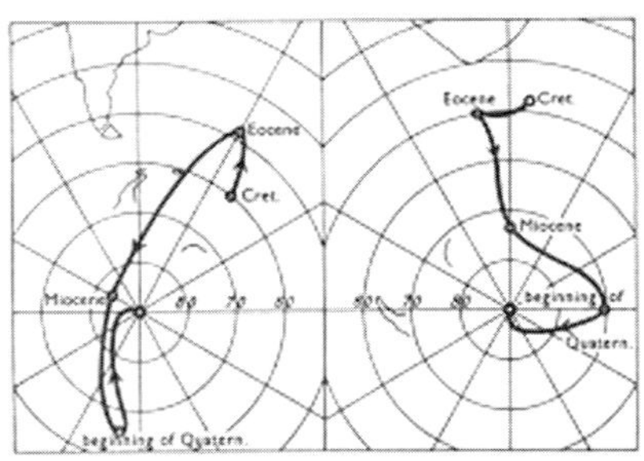

Wandering of the south Pole since the Cretaceous; LEFT : relative to south America; RIGHT : relative to Africa

남극의 자극 이동

따라서 과학자들이 수집한 수많은 자료들을 토대로 극의 이동과 지자기의 역전 현상, 자기 줄무늬 그리고 지층에 나타난 자기장의 방향과 연대를 근거로 거꾸로 맞춰 나가면, 현재의 대륙들이 하나로 모여 있어야 된다는 결론에 이르게 된다.

콜롬비아 대학의 유명한 지질학자였던 히즌(Bruce Charles Heezen, 1924~1977)은 1947년부터 라몬트 지질학 연구소(Lamont Geological Laboratory)에서 당시 18세의 여성 해양지도학자였던 타프(Marie Tharp,1920~2006)를 만나 해양관측선인 베나(Vema)를 타고 중앙해령(midocean ridge)을 관측하기 시작하며, 특히 1957년에는 수집된 수심 측정 자료를 근거로 북 아틀란틱(North Atlantic)의 해저 지도를 출간하는 등, 1977년에는 마침내 전 세계 바다의 해저 모습을 관측한 지도를 만들어 낸다.

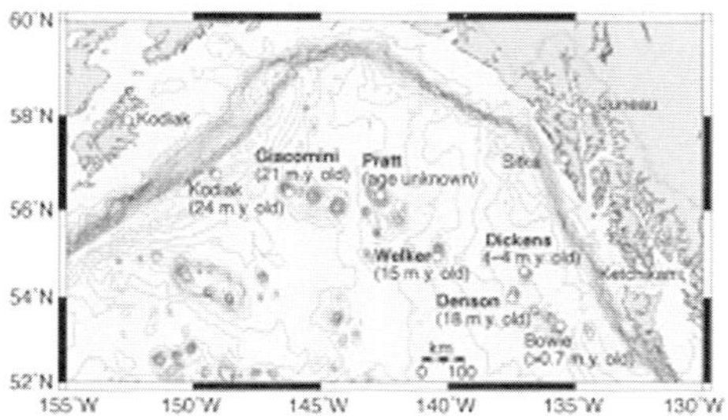

태평양 판의 보위(Bowie)열점이동에 따른 코디악-보위(Kodiak-Bowie)해령 형성

이러한 자료들을 기초로 1960년에는 해저는 오랜 기간에 걸쳐 확장하고 있다는 '해저 확장설(Sea-floor spreading)'이 대두 되었다. 특히 2차 세계대전 중 미국의 수송선이었던 케이프존슨(Cape Johnson)의 함장경험이 있었던 프린스턴 대학의 헤스(Hess Hammond Harry, 1906~1969)는 1962년 '해저의 역사(History of Ocean Basins)'라는 논문을 통해 대부분의 해양학자들이 믿고 있었듯이 4억년전에 바다가 만들어 졌음에도 불구하고, 바다 속 퇴적물은 그 연대가 불과 300만년정도 밖에 안된다는 점과, 해저에서 발견된 화석을 조사해본 결과 그 생성이 180년밖에 안된다는 점에 주목했다.

헤스(Hess Hammond Harry, 1906~1969)

디츠(Robert S. Dietz, 1914~1995)

또한 아리조나 주립대학의 디츠(Robert S. Dietz, 1914~1995)는 하와이의 지하 깊숙한 곳에 위치하는 열점(hot spot)의 위쪽을 이동하는 대양판 위에 잇따라 해저화산이 솟아올랐기 때문에 생긴 '황제 해산군(Emperor seamounts)'을 관찰 한 결과 하와이 열도 끝으로부터 북쪽으로 컨베이어 벨트(conveyor belt)처럼 밀어내어 생성되었다고 주

절대연령(absolute age)

지질시대를 평균태양년으로 나타내는 방법으로 암석 · 광물 · 화석 등의 형성시대를 연 단위로 추정하여 결정한다. 방사성 동위원소의 붕괴속도는 지표 근처의 온도 · 압력 등의 환경에서는 불변이기 때문에 주로 그 붕괴현상을 이용하여 측정한다.

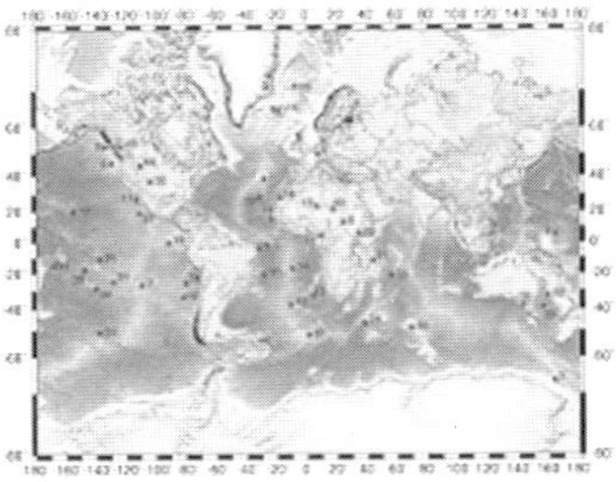

열점(Hot spot)

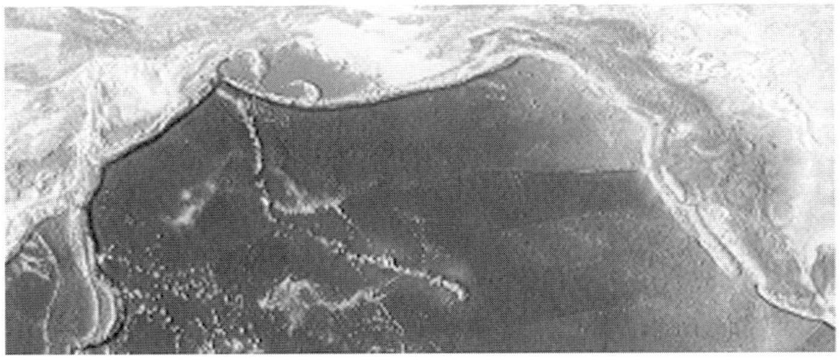

하와이 해저 열점

(Over millions of years, the Pacific Plate has moved over the Hawaii hotspot, creating a trail of underwater mountains that stretch across the Pacific)

하와이 황제 해산군의 형성기간(단위 : 100만년)

해산 군명	하와이	카우아이	네키	리페로스봉	레이산	펄 · 헤르메스	미데웨이	다이카쿠치	코코	오진	니토구	수이코
절대 군명	0.004	5.1	10.3	12.0	19.9	20.6	27.2	42.4	48.1	55.2	56.2	59.6

장했다. 하와이의 황제 해산군에서 열점은 활화산이 나타나는 하와이 섬 아래의 심해(avis)에 있으며, 이러한 열점의 화산활동에 의해 생성된 화산섬들은 태평양 판을 따라 북서쪽으로 이동하였기 때문에 하와이 섬에서 북서쪽으로 갈수록 화산섬의 절대연령(absolute age)은 많아진다. 특히 하와이 섬으로부터 떨어져 있는 화산섬까지의 거리를 화산섬의 절대연령으로 나누면 태평양 판의 이동 속도를 계산해 낼 수 있다

그들은 실제로 이러한 현상이 태평양, 대서양, 인도양 등의 대양저에는 맨틀이 대류하기 때문에 중앙해령에서 솟아오르는 고온의 마그마가 해양저 산맥을 만들고, V자형 골짜기인 열곡의 양쪽에 용암이 냉각되면서 새로운 해양 지각을 형성하며 산맥 양쪽의 해양지각은 열곡을 중심선으로 하여 서로 반대 방향으로 이동하게 되는데, 이 때문에 해양 지각이 확장을 일으키는 것이라고 주장하였다.

현재의 홍해(Red Sea)는 인도양으로부터 계속된 중앙지구대의 일부로 여겨지며, 동아프리카 지구대(Great Rift)도 중앙지구대의 육상 연장으로 추측하고 있다.

열대류설(thermal convection theory)
지구 내부의 대류로 인해 대규모 지질현상이 발생한다는 설로 1933년 네덜란드의 지구물리학자 베닝마이네츠(Felix Andries Vening Meinesz, 1887~1966)가 제창한 학설로, 대규모 지질현상을 설명할 수 있다. 외핵의 대류는 지구 주자기장의 원동력이며(다이나모 이론), 맨틀대류는 지각변동, 변성 · 화산작용 등의 원인이다. 맨틀대류가 지표 쪽으로 용승할 때 나타나는 지표현상으로는 해양성 지각 내의 고지구자기의 연속적 방향전환, 해저산의 생성연대 추이, 대륙 아래 깊은 곳에서 생성되는 화산 마그마의 형성과 진원등이 있다.

새로운 지각이 생겨나므로 오래된 지각은 계속 밀려서 이동하다가 결국 맨틀 속으로 다시 침강해 들어가고, 전체로서 하나의 순환을 이루게 되는데, 해저는 이처럼 끊임없이 새로워지며 그 움직임을 타고 대륙이 이동한다고 하였다.

이러한 운동의 원인은 물론 맨틀대류 라고 생각하였다. 따라서 디이츠와 헤스는 해저확장설을 주장하는데 홈즈가 내세운 대류설을 다시 등장시킬 수밖에 없었으며, 이 가설로서 베게너가 실패한 대륙 이동에 필요한 에너지와 이동 기구를 설명할 수 있었다

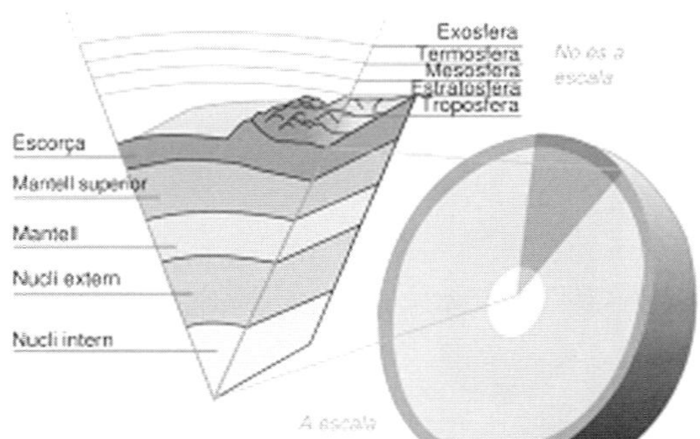

맨틀(Mentle)

해저확장설을 지지하는 증거는 고지자기의 측정 결과에서 얻어졌다. 헤스의 이론이 제출되자 1963년 바인(F.J. Vine, 1939~)과 매튜(D. Mathews)는 해양저 산맥에 대한 고지자기를 측정하였는데, 그 결과 확장축을 경계로 대칭적인 자기장의 역전이 띠 모양으로 배열하는 전혀 예측치 못했던 사실을 발견하였다.

바인(F.J. Vine, 1939~)

그들은 해저 확장과 고지자기의 역전이 동시에 일어난다면 지자기에 띠 모양이 생기는 것이 당연하다고 지적하였다. 즉, 계속해서 솟아올라와 냉각, 고화되는 해저는 그 당시의 지자기의 방향으로 자화되는데 지자기의 방향 자체가 역전을 반복한다면, 고화된 암석에 기록된 자화 방향도 역전을 반복하게 되고, 결국 해저는 띠 모양으로 자화되어야만 한다고 설명하였다.

이 이론은 독일의 하이르즐러(J. Heirzler)에 의해 상세한 조사를 거

쳐 증명되었는데 1967년 해저에 분포하는 지자기 띠 모양의 각 부분에 대한 절대 연령을 측정해 본 결과, 해양지각은 100만년에 10~60km(1~6 cm/yr)씩 확장된다는 사실을 밝혔다. 그는 해양지각의 확장은 열곡의 좌우에서 대칭적으로 일어나며 확장의 크기가 극 부근에서는 작고 적도 부근에서는 클 것이라는 생각도 하였다. 이로써 디이츠와 헤스에 의해 제창된 해저확장의 가설은 고지자기의 연구에 의해 틀림없는 사실로 받아들여지게 되었다

베네거가 죽은 지 20여년 뒤 고지자기학의 연구가 활발해지면서 과거 고지자기의 방향이 그대로 보관된 옛 암석들이 발견됐고, 대륙을 이동시키는 원천적 힘이 홈스가 제기한 맨틀의 '대류이론(convection theory)'으로 설명되었다. 또한 고지자기의 측정이 광범위하게 이루어지고, 이것으로부터 많은 새로운 화석정보가 수집되었으며, 헤스와 디츠가 주장한 '해저확장설(Sea-floor spreading)'이 힘을 얻어가면서, 세계 여러 곳에 정밀한 지진 관측망이 설치되었다.

윌슨(John Tuzo Wilson, 1908~1993)
캐나다의 지질학자이며, 1950년대부터 구조지질학의 기본문제에 많은 신학설을 제출하여, 해저확대설, 플레이트 텍토닉스(plate tectonics)의 수립에 크게 공헌하였다. 대륙성장설, 트랜스폼 단층, 핫스폿설(說), 조산운동에 있어서의 윌슨 사이클의 제창 등이 특히 유명하다.

판구조론(plate tectonics)
지구 표면이 여러 개의 판이라는 조각으로 이루어져 있고 이 판들의 움직임으로 새로운 암석권과 화산활동, 지진들이 일어난다는 이론으로써, 베게너의 대륙이동설(continental drift)이후 50년 만에 등장한 이론이다.

열점(hot spot)
1960~70년대에 미국의 윌슨과 모건에 의해 제기되었으며, 마그마가 분출되는 지점으로서, 맨틀 심부에 고정되어 있어 핫스폿이라고도 한다. 특히, 하와이제도와 대서양의 와르비스 해령과 같이 지진활동이 없는 해령은, 맨틀 심부에 생긴 마그마 위를 해저의 확대에 따른 판이 운동

판구조론(plate tectonics)

1960년대 말까지는 지구의 진화는 기존의 지각운동의 원동력으로서 대표되었던 '맨틀대류' 또는 '해저확장설'에 의해 설명되고 있었다. 그러나 지구의 표면을 하나의 큰 판(plate)으로 보고, 이 판의 무게와 중력에서 비롯되는 힘에 의해 강제된 판이 좀 더 세분화되면서 현재의 지구를 구성하고 있는 몇 개의 판, 즉 대륙의 모습을 갖추게 되었다는 '판구조론(plate tectonics)'이라는 또 다른 이론이 새롭게 등장함으로써 베네거의 대륙이동 가설은 보다 탄력을 받아서 사실적으로 인정받을 수 있는 계기를 마련한다.

'판구조론'은 1965년 캐나다의 투조 윌슨(Tuzo Wilson,1908~1993)에 의해 최초로 제기되었으며, 이 후 1967년 미국의 워싱턴(Washington D. C.)에서 개최된 미국 지구물리연맹(American Geophysical Union) 회의에서 베게너의 대륙 이동설과 헤스와 디츠의 해저 확장설에 이어진 지구 자체 구조를 설명하려는 새로운 패러다

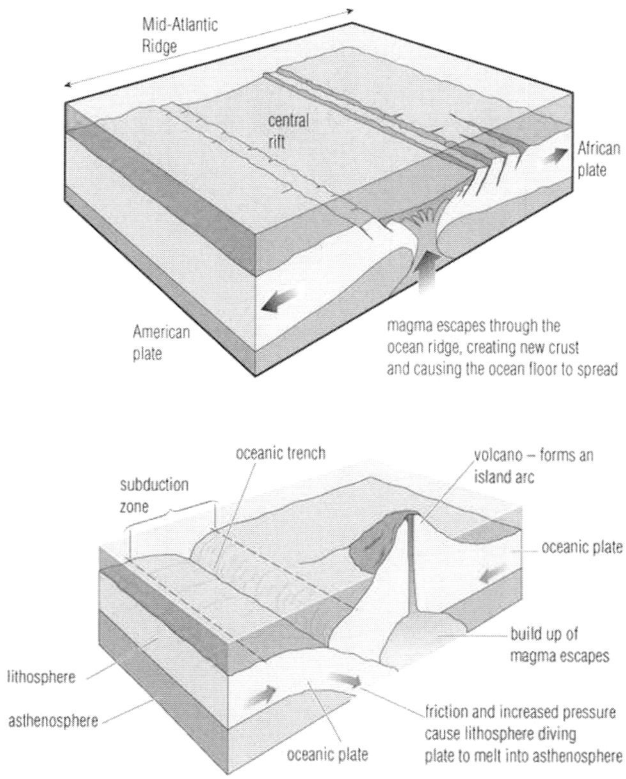

판구조론(plate tectionics)

임(pradigm)을 주장한다.

지구의 지각과 상부맨틀의 일부를 포함하는 약 100km 두께의 층을 암석권이라고 하며, 이를 구성하는 조각을 판이라고 부른다. 특히 암석권 아래 부분으로부터 지하 약 400km까지를 연약권이라고 하는데, 이곳은 지진파의 속도가 느려지는 곳으로써 상부와 하부의 온도 차이에 의해 매우 느린 속도로 대류가 일어난다. 따라서 이처럼 연약권에서 일어나는 맨틀의 대류에 의해서 판들이 상대적으로 운동을 하며, 상호작용이 일어나는 판의 경계나 그 주변을 따라 화산 활동과 지진, 조산운동과 같은 지각 변동이 발생한다.

이처럼 해구에서 침강하는 판은 냉각되어 밀도가 커지고 두께가 두꺼워지므로 무거운 상태로 침강하면서 판을 해구 쪽으로 잡아당기는 힘(slab-pull force)이 작용하며, 또한 해령에서 고온 저밀도의 물질이 부력에 의해 상승하면서 판을 분리시키며 인접한 두 판을 밀어내면

했기 때문에 생긴 화산군이며, 이는 하와이제도에서 황제해산군에 이르는 일련의 해산군의 연대배열로 거의 확인되었다. 열점은 지구상에 140곳이나 된다고 한다.

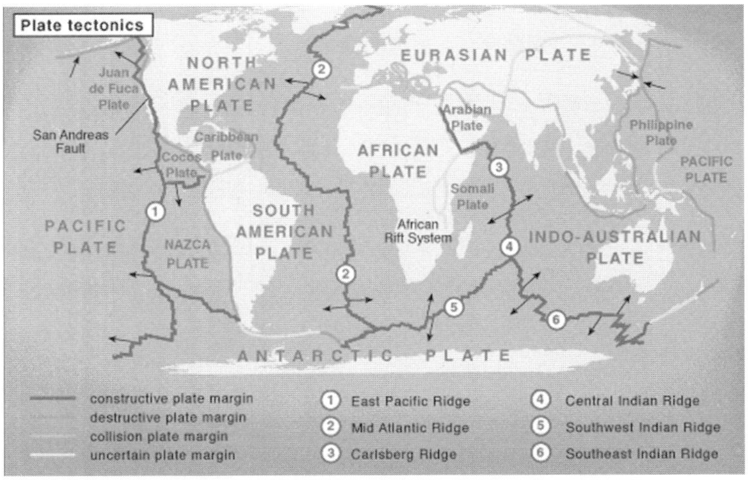

지구 대륙 판

서 작용하는 힘(ridge-push force)이 작용한다는 것이다.

이러한 메카니즘(mechanism)을 주제로 프린스턴 대학의 모건(William Jason Morgan, 1935~)은 1968년 그의 논문(Rises, Trenches, Great Faults, and Crustal Blocks)에서 지구 표면에 새로운 지각이 만들어지는 해령, 지각이 소멸되는 해구 또는 젊은 습곡 산맥, 그리고 지각이 형성도 소멸도 안 되는 변환 단층을 경계로 하여 6개의 큰판과 12개의 작은 판으로 구분되어진다고 하였다.

즉 지구표면을 덮은 판은 해령의 중앙 지구대, 트랜스폼단층, 해구 등을 경계로 대륙판과 대양판으로 분할되어 있으며, 이러한 판 사이의 상호작용으로 산맥이나 해구 등의 대구조가 만들어져 지진과 화산활동이 일어난다. 결국, 이 판들은 수억 년에 걸쳐 서로 서서히 움직이면서 지구 표면에 거대한 대륙을 끌거나 밀어 주면서 끊임없이 지구의 모습을 변화시켜 오고 있다는 것이다.

〈대륙판〉

유라시아판/ 북아메리카판/남아메리카판 / 호주인도판/아프리카판 /남극판

모건(William Jason Morgan, 1935~)

플룸구조론(plume tectonics)

지구 내부에서 일어나는 변동이 대규모의 플룸 상승이나 하강운동에 의해 지배받고 있다는 지구의 형상에 관한 학설로서, 상승류 구조론이라고도 한다. 1990년대에 발전한 지진 토모그래피(tomography)로 얻은 지구 내부의 3차원 구조의 해석에서 생긴 개념이다.

대륙이동설을 설명하는 종래의 판구조론이 지구 상층부에서 일어나는 현상만을 설명하고 있는 것과는 달리 맨틀 깊은 곳에서 일어나는 현상을 다루고 있다는 점에서 '제3대륙이동설'이라고도 한다. 플룸구조론에서는 대륙이동을 일으키는 원동력이 플룸이라고 생각한다. 지구에서는 남태평양과 아프리카의 하부에 대규모의 맨틀 상승운동이 있는데, 이를 수퍼 플룸이라고 하며, 수퍼 플룸의 상승에 의해서 지표나 지오이드가 융기하고, 주변에 활발한 화산활동이 발생한다. 특히 할발해진 화산활동으로 인해 화산 가스가 축적됨으로써 기후가 온난화하는 등 플룸은 지구의 표층환경에도 영향을 미친다. 하와이나 아이슬란드 등지에서 볼 수 있는 '핫스팟(hot spot)'이라고 불리는 판(plate) 내부의 화산활동의 원인은 상승하는 플룸에 의한 것이다.

일본열도 등 태평양을 둘러싸고 있는 판의 침강대에서는 침강한 판이 660km에 이르는 불연속면 근방에서 덩어리 모양이 되어, 간헐적으로 맨틀 속으로 가라앉는다. 이러한 플룸의 상승이나 하강에 의해서 맨틀 내부의 비균질성이 만들어진다. 한편 암석권의 표층 약 100km 두께 부분인 리소스피어(lithosphere)의 바닥까지 도달한 플룸은 리소스피어를 가열하여 마그마를 발생시킨다. 또 경우에 따라서는 리소스피어를 분열시킴으로써 새로운 해양저의 확대를 촉진시키기도 한다.

〈대양판〉

태평양판 / 필리핀판 /카리브판(중남미동부) /코코스판(중남부서부)/나즈카판(칠레서부) / 스코티아프판(남미남단) / 아라비아판

① 태평양판(대양판)과 유라시아판(대륙판)의 충돌로 해구와 일본 열도 형성

② 나즈카판(대양판)과 남미판(대륙판)의 충돌로 해구와 안데스 산맥 형성

③ 인도판(대륙판)과 유라시아판(대륙판)의 충돌로 히말라야 산맥 형성

④ 아프리카판(대륙판)과 유라시아판(대륙판)의 충돌로 알프스 산맥 형성

이처럼 베게너의 대륙 이동설에서 발전한 '판 구조론'이 '지구 과학의 혁명'을 가져온 중요한 이론으로 인정받게 된 것은, 이전까지는 지구 표면에서 일어나고 있는 지각 변동은 산이 솟아나고, 땅이 꺼지고, 지층이 쌓이는 것 등과 같은 수직적인 관점에 의한 해석인데 비해 모든 운동의 원인과 과정, 결과를 수평적인 대륙(판)의 이동을 통해 입체적으로 해석 할 수 있다는 점 이었다.

이로써 지각 운동의 시작을 추정할 수 있고, 끝을 예측할 수 있게 되었다. 대표적인 예로 지진과 화산이 일어나는 메커니즘을 정확하게 분석할 수 있게 되어, 지진과 화산 활동에 대한 예보가 가능하게 되었다는 것이다. 뿐만 아니라 과거 지각 변동을 바탕으로 앞으로 지구의 겉모습이 어떻게 변화해 갈 것인지도 예측할 수 있게 되었다. 따라서 대륙 이동설이 지구 과학 혁명의 시작이라면, 판 구조론은 완성이라고 할 수 있을 것이다

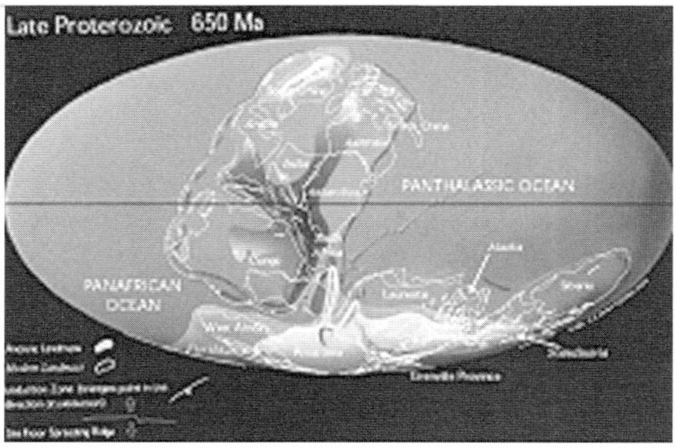

대륙이동(650Ma)

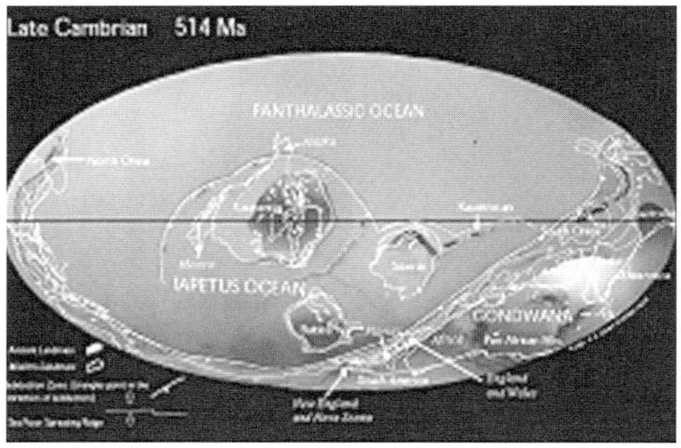

대륙이동(514Ma)

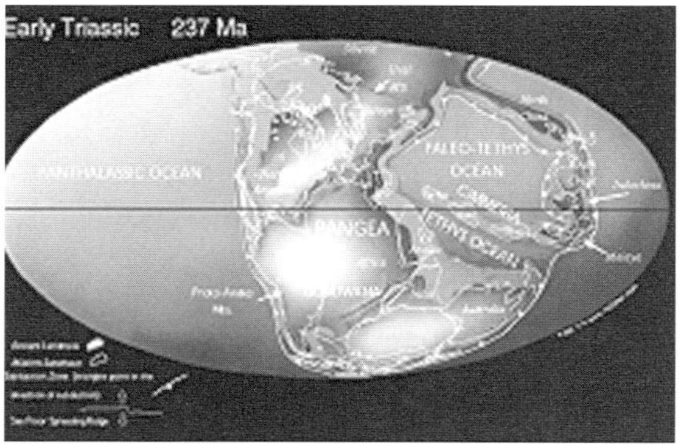

대륙이동(237Ma)

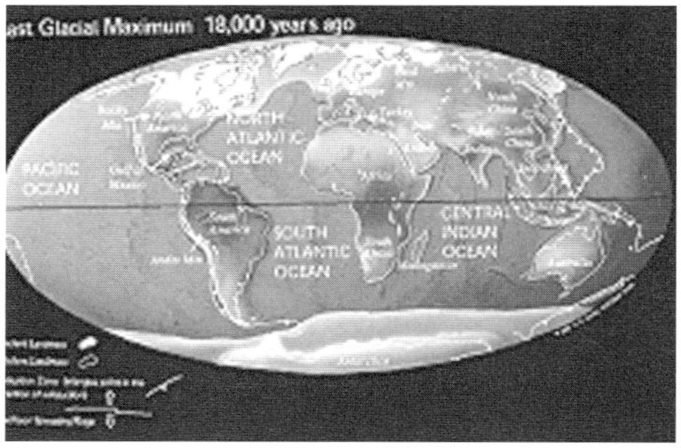

대륙이동(18000년전)

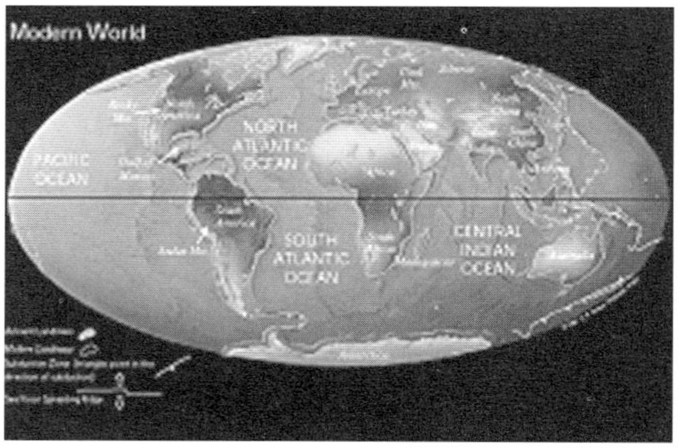

대륙이동(현재)

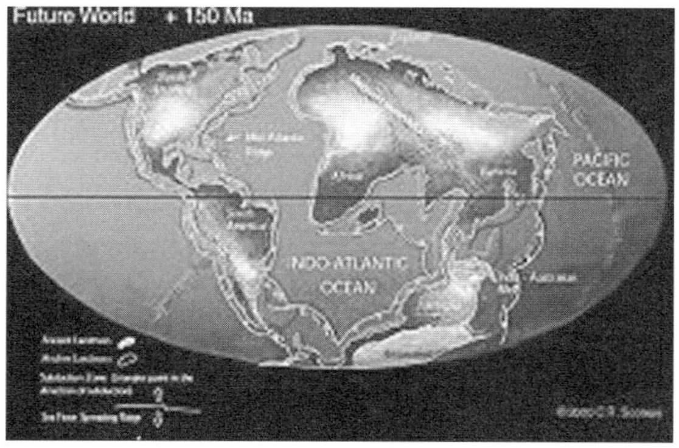

대륙이동(150Ma이후)

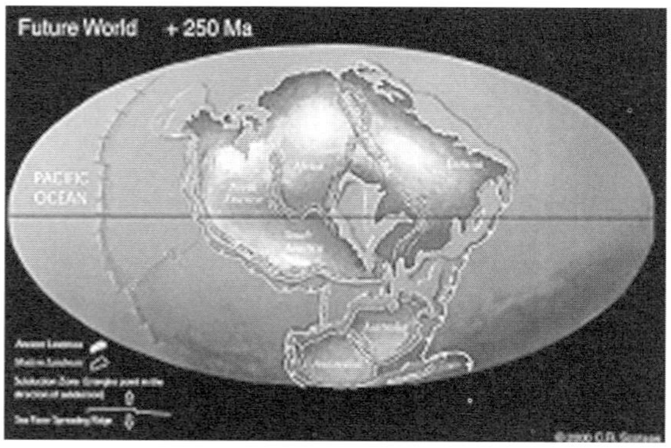

대륙이동(250Ma년 이후)

과학 판도라의 상자

문명이 지불해야 하는 대가는 실로 엄청나다. 지난 50년간 인구 증가는 그 이전의 역사 전체의 인류의 증가보다 훨씬 많으며, 100만년이나 걸려서 만든 화석연료를 단 1년 동안에 써버리고, 지구상에 존재하는 생물 종 수중 매년 2만 5천~5만종이 멸종해 가고 있다. 특히 우리나라 면적만한 숲이 없어지고, 50년 내에 그나마 생존하고 있는 생물종의 25%가 멸종할 것이라고 한다.

이러한 인류 멸망을 걱정하는 사람들 사이에서 거짓말처럼 등장하는 말이 현재 인류가 창조해내고 그 안에서 누리고 있는 과학이란 판도라 상자 속에는 편리함과 풍요로움으로 유혹하는 인류멸망이란 공룡이 들어 있다는 것이다.

인간이 문명의 주체인가, 과학이 문명의 주체인가라는 질문은 현대를 살고 있는 우리들에게 과학이 가져다주는 편리함과 윤택함으로부터 과연 자유로울 수 있는가라는 말로 대신하고 싶다. 얼마 전 우리나라 극장에서도 상영된 바 있는 "캐스트 어웨이(castaway)" 란 영화처럼 주인공이 비행기 추락 사고를 당해 졸지에 무인도에 고립된 채 구조될 때까지 원시로 돌아가 불을 사용하고 먹이 감을 사냥하기위해 석기를 다루는 장면은 우리가 수 십년 아니 수 백년 동안 아무런 거부감 없이 한결 같이 누려온 문화 그 편리함이 단지 과학이란 도구나 수단에 불과했음을 여실히 말해주고 있는 것 같았다. 따라서 우리가 살고 있는 현대는 20세기에 걸쳐서 인류가 이뤄낸 기계적 패러다임에서 마치 문화가 곧 과학인양 상징적으로 표현되는 기계문명의 시대라 해도 과언이 아니다. 과학 기술의 발달과 더불어 기계도 끊임 없이 진화하여 현대인의 일상생활에서 기계가 차지하는 비중은 거의 절대적이다. 그 대표적인 것이 자동차와 컴퓨터와 휴대폰인데 이것들은 이미 생활필수품이 되어버렸다. 이제는 기계 없이 살 수가 없게 되었다. 그런데 이 기계는 인간에게 편리함을 제공해 주기도 하지만 또 한편으로는 우리의 삶을 속박하기도 한다.

기계(機械)라는 낱말이 온전하게 등장하는 최초의 문헌은 『장자(莊子)』 〈천지(天地)〉 편일 것이다. 공자의 제자인 자공(子貢)이 어느 날 길을 가다가 밭에 물을 주고 있는 노인을 만났다. 그 노인은 우물의 수면까지 내려가는 길을 파고 항아리에 물을 담아 와서 밭에 뿌리고 있었는데, 노력에 비해서 대단히 비효율적이었다. 그래서 자공이 두레박 만드는 법을 가르쳐주고 시험해 보라고 권유했다. 그랬더니 노인은 "내가 우리 선생님으로부터 들으니, 기계를 가진 자는 반드시 기계를 쓸 일이 있게 되고 기계를 쓸 일이 있는 자는 반드시 기계에 사로잡혀 무엇을 꾀하는 마음이 생긴다"(有機械者 必有機事 有機事者 必有機心)라 말했다. 그리고 이어서 '기계에 사로잡혀 무엇을 꾀하려는 마음'(機心)이 생기면 인간의 순수한 본성이 안정되지 못한다고 하면서 두레박의 사용을 거절했다. 여기서 두레박이 일종의 기계인 셈이다.

장자 사상 전반의 맥락에서 이해해야 이 이야기의 완전한 뜻을 읽을 수 있겠지만, '기계를 가진 자는 반드시 기계를 쓸 일이 있게 된다'는 말은 문자 그대로 받아들여도 좋을 것이다. 자동차를 가지면 반드시 자동차를 쓸 일이 있고, 휴대폰이나 컴퓨터를 가진 자도 반드시 그것을 쓸 일이 있게 된다. 그리고 기계를 쓰다보면 어느 듯 그 기계에 사로잡히게 된다. 현대인이 자동차와 컴퓨터와 휴대폰에 사로잡혀 그것들의 노예가 되어버린 것이 엄연한 현실이 아닌가?

과학은 문명의 일부이고 문명은 세계에서 형성되며 과학은 그 세계를 탐구한다. 과학이 이해한 세계의 구조가 연관과 의존, 협력과 공생이라면 과학이 들은 그 자연의 소리에 우리는 좀 더 겸허하게 귀기울

여야한다. 그럼으로써 과학의 성과를 인류의 정신과 문명의 고양으로 연결시킬 수 있어야한다

오스트랄로피테쿠스(Australopitheus)

약600만 년 전 인류 최초 오스트랄로피테쿠스(Australopitheus)를 기준으로 점차 진화를 시작해서 300만 년 전부터는 도구를 사용할 줄 알았으며 그 후에 빙하기를 거쳐 호모에렉투스(Homo erectus)는 불을 활용하고 사냥을 할 줄 알았으며 여러 가지 도구들을 만들어냈고, 신석기시대를 거쳐 오랜 진화 끝에 지금의 신인류가 탄생하게 된 것이다.

그러나 지금의 인류 생활은 문명이 발달함에 따라 과학발전이라는 단어를 사용하고, 또한 사람들은 지금도 문명이 발전하고 있다고 한다.

그런데 과연 이런 변화가 발전인가? 물론 인간 자체로만 볼 때는 발전인데 수적 증가, 생활의 편리함 등이 모두 그러하지만 자연이라는 거대한 틀 전체를 보면 그렇지 않다는 것을 알 수 있다.

인류는 자연에 관한 지식을 토대로 하여 삶을 가꾸어 왔지만 과학 · 기술은 인류가 자연을 이해하고 개척하는 방식이었고, 그 성과는 인류의 오랜 이상에 접근하고 있다.

과학 공간은 인류 자신의 능력을 측정하는 새로운 기준으로 여겨졌다. 개조된 공간의 확보로써 인류는 공동체를 형성할 수 있었다. 과학 · 기술의 발전은 공동체의 발전으로 나타나는데 공동체는 과학 · 기술의 토대 위에서 존립한다. 서양의 근대 과학은 자연을 대규모로 개조할 수 있는 기술을 제공하였고, 개조된 자연공간은 인류의 새로운 삶을 위한 훌륭한 지반이 되었다. 근대 이후 인류의 질적 성장과 양적 팽창은 급격하게 이루어졌고, 이에 따라서 인류와 과학은 더욱 긴밀한 관계에로 진척되었다. 과학은 이제 인류의 생존을 위한 필요한 도구이다.

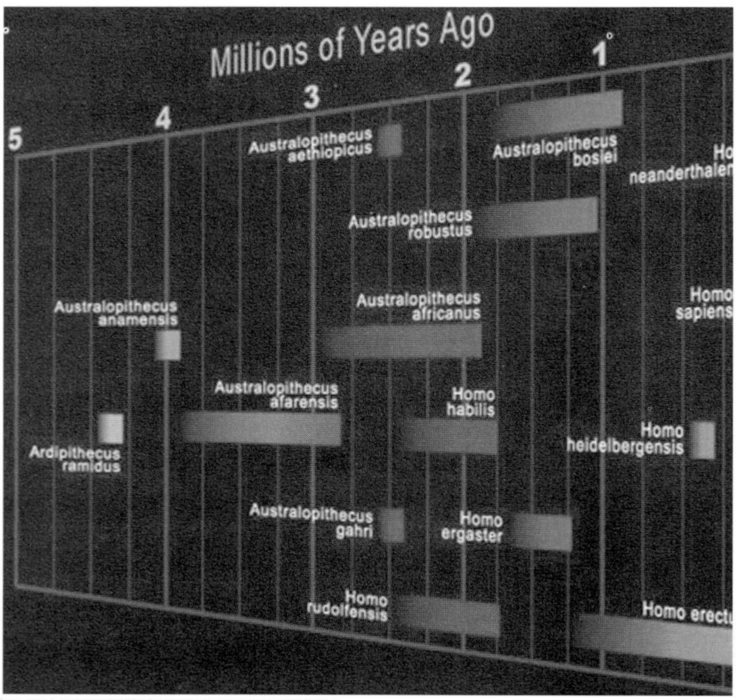

이미 인류는 자연적인 생활

도시화

방식, 즉 원시적인 생활로는 지탱될 수 없는 수적 증가에 도달하였다. 따라서 과학문명은 인류가 희망하는 바를 이루어줄 지반이며, 이제 인류가 과학문명을 포기한다는 것은 상상조차 할 수 없을 것이다

그러나 때로는 과학 · 기술을 포기함으로써만이 인류가 지구상에 생존 할 수 있다는 가설들이 오래 전부터 이미 여러 분야에서 설득력을 얻고 있다고 한다면 우리는 과학이 갖고 있는 두 얼굴, 즉 양면성에대해 간과해서는 안 될 것이다.

미래에 나타날 자원 고갈, 식량부족, 식수 부족, 환경오염 등 인류의 장래에 암울한 그림자들 드리우는 요소들이 하나둘이 아니다.

흔히 과학의 발전이라 함은 경제 성장을 주도한다는 의미와 함께 이 시대 문제의 근원이라는 의미도 내포하고 있다.

급속한 과학의 발달로 물질적 풍요를 누리고 있는 지금, 우리는 그 급속한 과학 발전의 양면성에 대해 살펴보아야 하며 과학 발전의 결과가 옳던, 나쁘던 간에 지금 이 시점에서 과학을 버린다는 것은 상상할 수도 없는 일이기에 우리는 과학 발전의 양면에 대해 살펴보고 그 해결책, 또는 예방책을 모색해야 한다.

오늘날은 우리의 현대생활과 미래에 있어 더 이상 과학기술과 떼어놓고 생각할 수 없는 상태에 이르렀다. 그만큼 과학발달이 우리의 삶에 많은 부분에 있어서 크게 도움을 주었다. 과거에는 생각지도 못한 여러 가지를 실현하는 지금은 정보의 혁명과 생명과학으로 인한 수명을 연장해주는데 기여하기도 하였고 뿐만 아니라 교통통신의 발달로 하여금 훨씬 빠르고 편리한 생활을 하며 그 밖에도 여러 면에서 우리는 과학기술로 인해 풍족한 삶을 살아가고 있다.

아폴로(Apollo 11)호, 달착륙(1969년 7월 20일)

그러나 우리는 고안된 의학과 여타의 기술이 이제 거의 통제하기 힘든 상태에 도달 했다는 것을 알 수 있을 것이다. 과학 기술은 인간의 본성과 신체 부분들의 가치와 가족과 사회의 가치들에 관하여 생각하는 데에 근본적인 문제들을 만들어 낼 뿐만 아니라 보건의료체계에 있어서 빈부간의 불공평한 불균형, 자기 나라에서 뿐만 아니라 전 세계적으로 부자와 가난한 자 사이의 불공평한 불균형을 만들어 낸다. 이러한 점에서 과학의 진보를 억제하지 않는다면 과학기술이 우리에게 행하는 구속과 복잡한 결과에 대한 우리의 민감성은 산업혁명 때보다 훨씬 많은 것을 우리에게 요구할 지도 모른다.

이를 통해 현재의 과학이나 기술이 취했어야 할 일들을 반성해보고 미래에는 어떤 식의 과학이 바람직한 것인가 하는 것을 생각할 수 있다. 우리는 사실상 과학이 가져다주는 편리함에만 익숙해져 있을 뿐 그에 따른 위험성에 대해서는 정작 생각해보지 못한 것 같다. 이에 우리는 인간사회에 있어서의 과학의 위치에 대해서 알아둘 필요가 있다.

지금까지 언급한 문제들은 과학과 기술의 문제라기보다는 오히려 인간의 문제라고 생각한다. 즉 우리는 죄 없는 사물이나 과정을 비난할 수 없고 책임은 우리에게 있다는 것이다. 더불어 우리는 다음 세대들에게 우리가 물려받은 만큼의 자원들을 남겨줄 수 있도록 과학적 발달만 추구할 것이 아니라 우리 환경의 한계 내에서 기능을 하는, 확실히 지속 할 수 있는 절약 경제로 바뀌어야 할 필요가 있다. 과학의 기술화가 진행됨으로 인해 우리들의 생활은 편리해졌고 쾌적해졌으나 동시에 우리들은 커다란 불안도 함께 갖게 되었다. 이에 인간의 요구와 자연에 대한 존중사이의 화해 할 수 없는 갈등에서 생긴 것으로 인간들이 자연을 구하려고 노력하고 인간들 사이의 공정과 빈곤을 소홀히 해서는 안 될 것이며 근대의 철학적, 도덕적인 열망의 상실로 인해 인간은 점점 안전과 건강 그리고 생존과 관련된 일에 유의할 필요가 있겠다. 그리고 생활철학은 우리문화에 바탕을 두고 있다. 우리는 바로 이것을 바꿔야하며 이 변화는 지금 당장 절실하게 필요하다. 이렇듯 과학기술에 대한 시각에 전환이 필요하다는 점을 인식하고 이런 인식이 바람직한 과학기술의 발전과 신속한 사회적 대응능력을 마련하는 계기가 되었으면 한다.

이렇듯 산업발전과 생산력이 상승함에 따라 환경이 더 이상 무한한 것이 아님은 명백해졌고 지금 이 시점에도 과학기술로 인한 인류의 활동이 지구를 파멸시키고 있다. 이제 우리는 어제와 다른 오늘, 오늘과 다른 내일을 의미 있게 만들어 가야한다. 인간이 문명의 주체가 될 것인가 과학이 문명의 주체가 될 것인가, 그것은 우리의 선택에 달려 있다.

환경의 역습

지구종말시계

"미국의 저명한 시사통신인 시카고 로이터 통신이 2007년 1월 14일 지구 종말까지의 남은 시간을 상징적으로 보여주는 지구 종말시계가 가리키는 시각을 이전 설정 보다 지구 종말에 더 가깝게 당긴다고 보도했다. 자정을 지구 종말로 설정한 지구 종말시계는 현재 자정 7분전을 가리키고 있다. 원자력과학자회보는 12일 보도 자료를 통해 "세계의 악화된 핵위협과 기상위협" 에 기초해 이 시계의 시각을 바꾼다고 밝혔으나, 얼마나 시간을 바꿀지는 언급하지 않았다.

이번 조처는 이란과 북한의 핵개발 야망, 러시아 등에서의 핵물질 유출, 미국과 러시아가 보유한 2만 5천개 핵무기 중 2천개의 발사준비 태세, 고조되는 테러리즘, 핵확산 위험을 증가시킬 수 있는 민간 핵 발전의 팽창으로 인한 기후변화의 압력 등으로 상징되는 '2차 핵 시대' 의 우려를 반영한 것이다.

이 시계는 2002년 핵 및 생물학 무기와 테러리즘의 확산 우려 속에서 2분 앞당겨졌다. 이 시계는 1947년 처음 만들어졌을 때 종말 7분 전으로 맞추어졌으며 그동안 17번이나 시간변화가 있었다. 시계는

1953년 미국과 옛 소련이 수소폭탄 실험을 했을 때 종말 2분전으로 종말에 가장 근접하게 당겨졌으며, 1991년 미국과 옛 소련이 핵무기 감축협정에 맺었을 때 종말 17분전으로 가장 멀어졌다.“

앞서 인용한 기사 내용처럼 인류는 과학 기술의 발달로 과거에는 상상할 수도 없었던 편리한 생활을 영위하고 한없이 풍요롭고 편안해보이나 다른 한편으로는 악화된 핵위협과 기상위협 등 과 같은 수많은 난관에 봉착해 있다.

저자는 이처럼 지구의 종말론 주장은 노스트라다무스(Nostradamus, 1503~1566)가 그의 저서 중에서도 4행시(行詩)의 예언서(豫言書)인 제세기(諸世紀, Le Siécles, 1558)를 통해 예견한 이래 가장 현실로 와 닿았다.

노스트라다무스(Nostradamus, 1503~1566)

21C가 도래하면서 인류는 과학의 발전으로 생활함에 있어서 더욱 편리함을 느끼게 되었지만 동전의 앞뒷면처럼 과학의 발전으로 인한 오염된 환경과 과학의 발전으로 생명이 연장되고, 자신의 생활을 중시하는 세대로 인한 고령화와 저 출산의 문제, 또한 각 나라들이 균등하게 잘살지 못함으로 인해 생긴 기아의 문제가 생활의 윤택함과 동시에 우리에게 문제로 다가왔다.

인구는 기하급수적으로 늘어나 인류공멸에 대한 위기론도 서서히 수면위로 오르고 있고. 인류가 풍요로운 삶을 영위하게 되었음에도 불구하고 약 20%는 기아와 영양결핍문제로 고통 받고 있다. 또한 그동안 과학과 산업의 발전을 추구하면서 발생한 환경문제 등 발전을 이룩할수록 새로운 문제에 직면하고 있는 것이다.

과거 인류가 산업화를 통해서 얻으려 했던 것들은 행복한 삶을 위한 것들이었다. 하지만 인류는 인류를 담고 있는 지구 즉, 자연환경의 한계를 인정하지 못한 채 끝없는 욕망 때문에 목말라 하고 있다.

이러한 지구환경 위기에 대해 많은 학자들에 의해 지적되고 있다. 그 중 로마클럽은 1970년 '성장의 한계(Limits of Growth)' 라는 저서에서 '현재 추세대로 인구증가, 자원고갈, 자연훼손이 지속될 경우 2100년경에는 성장이 멈출 것' 이라고 경고하였으며, 1991년 세계환경보호연맹(World Conservation Union : WCU)은 '지구를 위한 배려, Caring for the Earth, WCU et al, 1991' 에서 "지구의 한계를 벗어난 자연자원의 남용으로 인류문명은 지금 위기에 직면해 있다" 고 선언하고, "우리는 현재 문명의 존립을 걸고 도박을 하고 있다" 고 경고하였다.

그렇다면 21C 인류가 풀어야 할 숙제는 무엇일까,

이제 풍요로움을 얻어가기 앞서 인류는 반성해야한다. 과학기술과 편리함으로 포장된 채 현대에 숨어서 아직은 많이 드러나지 않은 문제점들과 그와 함께 후손들이 겪어야 할 불편한 유산(inconvenient inheritance)을 이제는 모두가 알아야 할 필요가 있다.

2006년 영국의 싱크 신(新)경제학재단(NEF)이 삶의 만족도의 환경적인 여건 등을 종합해 178개국의 행복지수 순위를 발표한 바 있다. 여기서 행복지수는 우리 모두가 의존하고 있는 환경적인 자원 제한을 존중하면서 해당 국가들이 자국민에게 풍족한 생활 여건을 조성하는 데 성공했는지 실패했는지에 초점을 맞춘 것으로써 이에 따르면 행복지수는 반드시 경제력과 절대 비례하지 않는 것으로 나타났다. 다시 말하면 인간의 행복이란 꼭 과학기술의 편리함으로 포장된 경제력에 우선하지 않는다는 것이다.

주요국 행복지수〔영국 싱크탱크 신경제학재단(NEF)〕

순위	국가
1위	바누아투
2위	콜롬비아
3위	코스타리카
4위	도미니카
5위	파나마
31위	중국
66위	이탈리아
95위	일본
102위	한국
108위	영국
129위	프랑스
150위	미국
172위	러시아
178위	짐바브웨

이처럼 21세기 들어 인류는 그동안 인류가 누려왔던 과학기술의 편리함과 풍요로움 대신 우리 미래인 자손들에게 물려줄 "내일, 즉

Beyond Tomorrow" 을 걱정하기에 이르렀으며, 따라서 내일을 위해 인류가 해결해야 할 숙제를 굳이 알파벳 "P"로 나타낸다면, 첫 번째 인구증가문제(population), 두 번째 이에 따른 기근과 빈곤문제(poverty), 그리고 이를 해결하기위해 창조된 첨단과학기술로부터 폐해로 남는 부산물(by-product)인 "환경오염문제(pollution)를 그 예로 들 수 있다.

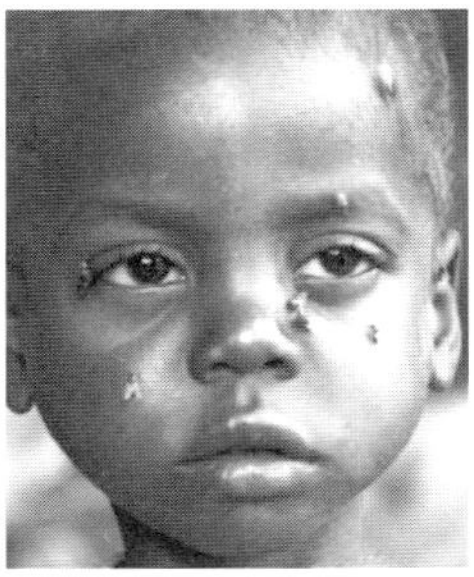

1. 인구문제(population)

인구 성장은 인류의 축복일까, 재앙일까?

이에 대한 논쟁은 극단적인 낙관론과 극단적인 비관론에까지 걸쳐 있다. 낙관적인 관점에서 본다면 인구 증가는 인류의 축복이라는 것이다. 그 이유는 모든 개개인은 독특한 창의력을 가졌거나 기술 혁신을 이룩할 잠재력을 지녔다는 것이다.

1682년 Petty는 "한 명의 천재적인 지적 호기심을 가진 사람을 400명보다는 400만 명 안에서 찾기가 더 쉬울 것이다"라고 이야기 한 적이 있다. 또한 Simon은 "사람이 많을수록 더 많은 지식을 창조할 뿐만 아니라 지식에 대한 더 많은 수요를 창출 한다"라고 주장한다. 그러나 이와 반대로 맬서스의 인구론에 따르면 인구 증가는 인류에게 내려지는 끔찍한 벌이라고 생각한다. 이와 같은 비관론에 대한 믿음을 가진 자들은 지구가 부양할 수 없을 때까지 인구가 계속 증가할 것이고 결국 자원 고갈, 만연된 기아와 질병 등으로 비참하게 파멸할 것이라고 주장한다. 하지만 그 두 주장모두가 맞는 말인 것 같다. 같은 지구촌 나라 간에도 서로 다른 인구문제로 고민하고 있으니 말이다. 선진국은 인구부족으로, 개발도상국은 인구증가 문제로 각각 다른 고민을 안고 있다.

인구문제는 현대인류가 직면하고 있는 많은 문제들의 시발점이라고 해도 과언이 아닐 것이다. 기원 전후에 3억 명 정도였던 세계 인구는 산업혁명이 일어나 18세기 후반 이후 인구증가속도는 두드러지게 빨라졌으며 1999년에는 60억 명을 돌파하였다. 그 중에서도 제2차 세계대전 후의 인구증가는 현저했으며, '인구폭발' 이라는 단어가 등장하였다.

인간의 역사는 지구상에 인류라는 생물이 출현하였을 때부터 시작되었다.

호모사피엔스(Homo sapiens)는 110, 000년 전부터 35,000년 전 사이에 나타났다. 네안데르탈인(Neanderthal)은 전 유럽과 지중해 지방에 널리 분포하였고, 그들은 마지막 빙하기 동안에 우점종(dominant)이었다. 현대인의 직접 조상인 크로마뇽인(Cro-Magon man)은 비록 훨씬 그 이전부터 존재하였지만 약 B.C. 30,000년경에 두드러지게 출현하였다.

문명의 여명기인 B.C. 6000년경의 인구 추정치는 적게는 500만명에서 많게는 1,000만명 이내로 다양하다. Huxley는 B.C. 2258년에 끝난 구 이집트 왕국 후까지 인간은 1억명을 넘 지 않았을 것으로 생각하였다. 서력기원의 초기에는 2~3억명의 사람이 살았을 것이며 17세 기(약 1650년)에는 5억명에 달하였을 것이다. 1850년까지 10억명을 돌파하였고 1930년 이 전에 20억명을 넘었으며, 그 때부터 인구증가곡선은 급격한 상승세를 나타내었다.

헉슬리(Thomas Henry Huxley, 1825~1895)

UN에 따르면 앞으로 50년간 30억 명이 더 늘어날 것으로 예상되며, 2050년에는 93억으로 늘어날 것이라고 전망했다. 이중 개발도상국 인구가 거의 10분의 9를 차지할 전망이다. 전체적으로 본다면 인구과잉이나 세부적으로 살펴보면 선진국의 경우에는 오히려 갈수록 인구가 줄고 있고, 개발도상국들은 인구가 급속도로 증가하는 실정이다.

UN인구부의 추계에 의하면 세계인구증가율이 1950~1955년간에는 연평균 증가율이 1.78%였는데 1965~1970년간에는 2.04%로 증가하였다. 이러한 증가원인은 당시 세계인구의 3분의 2를 점유하고 있던 개발도상국에서 제2차 세계대전을 전후하여 여러 나라가 이룩한 의료혁명의 효과로 사망률의 큰 폭으로 줄어들었으나, 출생률은 저하되지 않고 높은 수준을 유지했던 까닭에 출생률과 사망률의 차, 즉 자연증가율이 확대된 때문이다. 1970년대 이후로 개발도상국의 출산율도 저하되기 시작하였으나 세계인구의 분포를 살펴보면 2000년에는 선진국에 19.6%, 개발도상국에 80.4%가 분포하였고, 2020년에는 각각 16.2%, 83.8%로 선진국에서 감소하고 개발도상국에서 증가할 것으로 예상되어 여전히 전체인구의 대부분을 개발도상국이 차지하고 있는 것을 알 수 있다.

이 같은 현상을 갈수록 더욱 심화되고 있다. 프랑스를 제외한 유럽

기아(poverty)

연합(EU) 회원국들의 인구 자연증가율이 계속 낮아지면서 각국이 출산 장려책 마련에 비상이 걸렸다. 현 인구증가 수준도 아프리카 등지의 이민자들로 겨우 채워가고 있는 것으로 나타났다. 이러한 인구감소는 유럽뿐만 아니라 러시아나 일본 등 다른 선진국에서도 나타나는 공통의 문제점들이다. 세계적으로 본다면 출산억제, 인구감소는 인구과잉문제를 해결하기 위한 방안이지만 인구감소로 고민하는 나라들은 자국의 존폐문제가 달렸기 때문에 이것은 선진국형 인구문제라고 할 수 있다.

전체 인구 중 경제활동을 할 수 있는 인구의 비율이 높으면 문제가 없었을 것이다. 허나 각 선진국들이 문제 삼고 있는 이유는 의료기술의 발달로 사회는 점점 고령화가 되어 사망률이 낮아지면서 출산율 또한 낮아지고 있어 부양능력을 지닌 경제활동인구가 감소하고 있기 때문이다. 이는 결국 경제성장을 낮추는 원인이 되는 것이다.

실제 인구증가에 따른 문제점은 사람 수 자체라기보다는 이에 따른 소비 규모이다. 인구증가가 문제시되는 것은 한 명이 증가한 만큼 자원이 더 소모되기 때문이다. 급속한 인구성장으로 인해 경제발전의 둔화, 식량 · 토지의 부족, 환경피해의 증가, 빈곤의 심화와 소득 불균등이 그것들이다.

World watch 연구소의 Lester R. Brown박사는 급증하는 식량수요, 심각한 농경지 및 농업용수의 부족, 지구환경 악화 등으로 2030년에는 5억 톤 이상의 세계 식량이 부족한 식량위기(식량대란)를 설득력 있게 전망하고 있다. 인구가 증가함에 따라 필요한 식량은 증가하나 농토는 제한되어 있어 식량 부족 현상이 나타난다고 한다.

2. 기아문제(poverty)

세계은행은 2005년 현재 약 11억 명이 극단적 빈곤 상태에서 살아가고 있는 것으로 추산하고 있다. 이는 세계 인구의 1/5에 약간 못 미치는 수치이며, 또한 전 세계적으로 해마다 800만명 이상의 사람들이 빈곤 때문에 죽어가고 있다고 발표한 바 있다. 이처럼 금세기의 인류가 직면한 그래서 해결해야 할 숙제 중 한가지로써 환경문제 못지않게 인구증가와 이에 따른 빈곤 문제일 것이다. 지역에 따른 인구 분포는 개발과 더불어 환경에 지대한 영향을 주고 있는데 이와 같은 문제는 비단 자원의 부족뿐만 아니라 무분별한 개발에 따른 각종 오염문제들을 야기 시킬 수 있다. 1990년을 기준으로 지구 전체로 볼 때 30초 동안에 134명이 태어나고 44명이 사망하므로 90명의 인구가 증가하여 1초 동안에 3명이 증가하는 셈이다. 이러한 추세로 인구가 증가할 경우 1주일 동안에 180만명, 1년에 9,500만명이 늘어나게 된다.

UN의 보고에 의하면 1984년에 세계인구는 48억명이었으나 1990년에는 53억명으로 증가 하였고 2006년에는 65억명을 초과할 것으로 추산하고 있으며, 2100년에는 110억명에서 안정한상태를 유지할 것이라고 전망하고 있다.

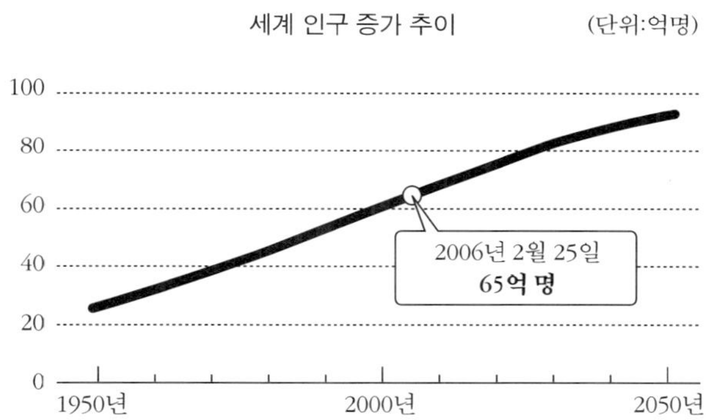

이 그래프는 2006년 2월 25일 미국 상무부 소속 통계국은 세계 인구가 이날을 기해 65억 명을 넘어섰다고 홈페이지에 올린 자료이다.

지구가 부양할 수 있는 사람 수를 수용력이라 표현한다면, 수용력은 생태학적 용어로서 어느 생태계 내에서 전체 생태계에 불균형 없이 존재할 수 있는 최대 개체수를 말한다. 중요하게도 수용력은 절대적 숫자가 아니다. 그것은 상하로 변동할 수 있다. 그러나 만일 그것이 초과한다면 생태계 균형은 깨져서 다음 시대에 다소 붕괴를 초래할 것이다. 지구의 인구 수용력은 식량과 자원의 고갈로 미래에 인구가 줄어들 정도로 환경이 악화되지 않고 지탱할 수 있는 인구수를 말한다. 그러나 지구의 수용력이 인구수로 얼마인가 정확히 결정하는 것은 쉽지 않다. 수용 가능한 인구수를 현재 세계인구의 12%인 5억명부터 4배인 150억명까지, 그리고 어떤 사람들은 그 이상으로까지 추정하고 있다. 적은 숫자로 평가한다면 붕괴는 이미 어쩔 수 없다는 것을 의미한다. 그리고 높은 숫자는 아마 앞으로 50~70년 동안은 현재의 인구 성장률을 큰 지장없이 감내할 수 있다는 것을 의미하며 어디까지나 추정에 불과하다

이렇듯 인구과다로 인한 파생문제들 중의 하나가 바로 기아문제이다. 개발도상국의 문제에서의 식량부족과 빈곤의 결과라고 할 수 있을 것이다. 그러나 참 아이러니하게도 우리나라를 비롯하여 전 세계적으로 비만이 기아보다 더 문제화 되고 있고, 돈을 들여 다이어트를 하고 있다. 2006년 노스캐롤라이나 대학 비만 센터의 Barry Popkin 박사의 발표에 따르면 비만인구가 기아인구를 넘어섰다고 한다. 아직도 세계 곳곳에서는 하루 한 끼를 먹지 못해 기근에 허덕이며 살아가는 사람들이 있는데 말이다. 갈수록 빈부격차는 더 심화되고 있다고 볼 수 있을 것이다. 부유한 사람들의 환경과 가난한 사람들의 환경은 너무나 다르다.

인류 역사에서 가장 풍요로운 삶을 살고 있다는 지금 21세기에도, 가난한 자들의 환경은 많은 사람들에게 여전히 충분한 식량을 제공하지 못하고 있다. 그들의 굶주림은 일시적인 것이 아니라 모든 삶을 고사시키는 만성적이고 치명적인 것이다. 현재 세계 인구의 약 20%가 기아에 허덕이고 있으며 만성적 영양 부족 상태에 있는 사람들의 3분의 2 정도가 아시아-태평양 지역에 산다. 인도에서만 2억400만 명이 영양 부족 상태를 겪고 있으며, 다음으로 아프리카 사하라 사막 이남에서 1억 8,000만 명, 그리고 중국이 세 번째로 1억 6,400만 명이 굶주리고 있다. 전 세계적으로 매년 5세미만 어린이의 55%가 영양실조로 목숨을 잃어가고 있으며, 남부아시아에서는 어린이의 절반 이상이 영양 부족으로 인하여 체중미달이며, 아프리카에서도 30%의 어린이가 영양실조 상태이다. 우리의 북한 동포들 역시 30%가 넘는 사람들이 영양실조와 질병으로 고통 받고 있다. 또한 약 20억의 인구는 비타민과 미네랄 결핍으로 고통 받고 있다. 만약 지구상에서 영양 부족 상태인 사람들을 모두 모은다면, 그렇게 모인 '배고픈 대륙'의 인구수는 아시아를 제외한 모든 대륙의 인구수를 초과할 것이다. 아프리카 사하라 사막 이남 지역은 지구상에서 헤어 나올 수 없는 가난의 대륙으로 때로는 '희망이 없는 대륙'으로 묘사된다.

세계은행이 발표한 2003년 세계 GDP와 인구 통계자료에 따르면 미국이 10조9,000억달러로 1위를 차지했으며 그 다음으로 일본(4조 3,000억달러), 독일(2조4,000억달러), 영국(1조8,000억달러), 프랑스(1조 7,000억달러), 이탈리아(1조5,000억달러) 순으로 나타났다. 인구 1억 이상인 국가는 총 11개 국가이며 그 중 중국이 12억8,800만명으로 1위였으며 그 다음으로 인도(10억6,500만), 미국(2억9,100만), 인도네시아(2억1,500만), 브라질(1억7,700만), 파키스탄(1억4,800만), 러시아(1억 4,300만), 방글라데시(1억3,600만), 나이지리아(1억3,600만), 일본(1억 2,700만), 멕시코(1억300만) 순으로 이었다.

특히, G7국가는 전세계 인구의 11%에 불과하지만 전세계 GDP의 65%를 점유하고 있어 지역간 빈부격차가 심각한 것으로 나타났다.

굳이 GNP로서 세 종류의 그룹 즉, 풍요, 한계 그리고 극빈 그룹으로 인류를 구분한다면, ① 고도 산업 국가로써 평균 GNP가 11,070＄ 이상의 풍요그룹, ② 중진 국가로써 평균 GNP1,520＄ 이상의 한계 그룹, ③ 저 개발국가로써 평균 GNP 280＄ 이하인 국가이다. 그러나 고도 산업국가에서도 10～15%의 국민들은 가난에 시달린다. 그리고 중 저 개발국가에서는 약 10%가 풍요롭게 살고 있다. 최근 저개발국가 중 사우디아라비아 등 몇 개 국가는 재생불능자원인 원유를 팔아서 외화를 충분히 얻을 수 있으나 아프리카와 인도, 아시아 대륙의 대부분 나라인 약 40개 국가는 경제적으로 가치가 있는 자원이 없다. 이들은 절대 빈곤국가로 불리고 있다. 이들 저소득국가 내의 5억명 이상, 특히 어린 이들이 만성 영양실조로 고생하고 기아로 죽는 것은 흔한 일이다. 그리고 식량이 거의 없거나 부족한 이러한 가난한 나라에서 인구성장은 급속히 증가하고 있다.

경제성장률을 이탈리아의 인구통계학자이자 사회학자인 지니(Corrado Gini)가 소득분포에 관해 제시한 통계적 법칙인 지니계수를 통해 빈부격차를 나타내면, 지니계수는 0과 1 사이의 값을 가지게 되며 그 값이 1에 가까울수록 불평등 정도가 높다는 것을 의미한다. 0.4를 넘으면 상당히 불평등한 소득 분배의 상태에 있다고 할 수 있다. 지니계수를 통해 근로소득이나 사업소득 등 소득분배상황은 물론 부동산과 금융자산 등 자산분배상황도 살펴 볼 수 있다.

2006년 UN 대학 세계경제연구소 발표에 따르면 미국은 세계 순자산의 32.65%를 차지해 자산순위 1위를 차지하고 있으며, 일본

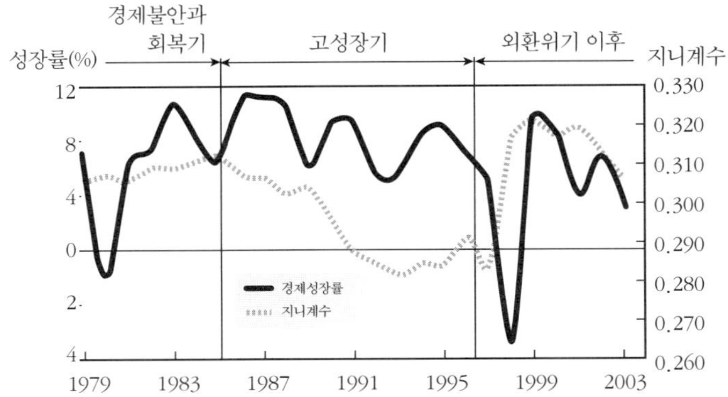

경제성장률과 분배 구조 비교

(18.37%)로 2위 영국과 독일이 각각 그 뒤를 잇고 있으며, 한국은 1.11%로 12위를 기록하고 있다고 한다.

그렇다면 기아탈출을 위한 해결은 있는가. 옛 말에 가난은 임금님도 못 살린다고 했지만, 우선 세계적 차원에서 식량생산이 지속적으로 늘어나야 할 것이다. 인구와 식량의 불균형이 기아를 초래하기 때문이다. 인구 증가로 인해 식량 수요가 증가하고, 식량의 생산과 공급이 따라서 증가해주어야 하는 것이다. 이미 1798년에 Thomas R. Malthus가 빈곤의 원인이 인구와 자원의 관계에 있다고 주장하였다. 그러나 기아로 고통 받는 나라들은 식량 생산 및 배분에 있어서 낮은 소득으로 인해 식량 구입 및 생산에 차질이 생기는 제약이 따른다. 이러한 제약을 해소하기 위한 노력들이 필요할 것이다. 세계적으로 이러한 불안을 해소하기 위한 다양한 노력들이 있어왔다. 1996년 세계 식량 정상회의에서 각국 지도자들은 2015년까지 세계 기아 인구를 반으로 줄이겠다고 약속했다.

3. 환경오염문제(pollution)

인류가 직면한 21세기 숙제 중에 절대로 간과하면 안 될 문제가 바로 환경오염문제이다.

오늘날 인구가 기하급수적으로 증가하면서 그에 따른 경제활동의 발전이 지구환경의 한계를 넘어서면서 환경문제는 인류사회의 심각한 과제로 등장하고 있다. 인구문제는 모든 문제의 근원이 되는 문제이고, 기아문제는 선진국을 제외한 일부 개발도상국들의 문제로 남의 나라 문제로 인식하기 쉬운데 반해, 환경오염문제는 인구문제와 기아문제에서 파생되는 문제이며, 환경은 인류가 삶을 영위하고 모든 인간 활동의 토대를 제공하고 있는 필수요소이기 때문에 모두에게 직·간접적으로 영향을 미치는 공통의 문제라고 볼 수 있다.

환경은 유형, 무형에 상관없이 인간을 둘러싼 모든 외부조건을 말한다. 환경을 크게 생명을 유지하기 위한 자연환경과 인간이 인간다운 능력을 발휘하기 위해 필요한 사회 환경으로 나눌 수 있는데, 우리는 앞서 짚어본 바와 같이 인구과다문제와 이로 인한 빈곤기아문제와 함께 우리가 숨쉬고 마시는 공기와 물 오염문제 뿐 만 아니라 아마존과 같은 열대우림파괴와 사막화문제, 석유와 석탄과 같은 에너지자원의 무분별한 사용으로 인한 자원고갈과 함께 이들로부터 배출되는 이산화탄소(CO_2)와 같은 온실기체들로 인한 지구 온난화, 기상이변 등 지구생태계를 파괴하는 환경오염문제를 간과해서는 안 될 것이다.

미국 연방법원 판사이자 시카고대 로스쿨 교수인 리처드 포스너는 당장 내 눈 앞에서 벌어진 일이 아니라는 이유만으로 현대인이 대재앙에 대한 고민을 하고 있지 않다고 지적한다. 그의 책 '대재앙(Catastrophe)'은 인간을 위협하는 대재앙의 징후와 그 원인을 분석한다.

지구를 위협하는 대재앙은 여러 가지다. 신종 유행병이 언젠가는 지구를 곤란에 빠뜨릴 것이다. 이미 그 위험이 가시화 되고 있는 사스(SARS), 조류인플루엔자(AI)가 대표적이다. 이들은 사방팔방으로 열려 있는 현대사회의 교통로를 따라 과거 어느 때보다 급속히 전파될 가능성이 크다. 소행성 충돌도 가능성이 없지 않다. 우주에는 직경 1km 이상인 소행성만 1148 개가 있다. 이 중 하나만 지구와 충돌해도 지구 운명은 바뀐다. 6500만년전 소행성이 지구를 강타했을 때는 공룡이 멸종했고, 2500만년전 충돌했을 때는 생물종 90%가 멸종했다. 화산 폭발과 지진은 늘 지구를 노리고 있고, 지구 온난화와 천연자원의 고갈도 곧 우리의 평화를 위협할 존재다. 이 밖에도 인간은 각종 무기를 통한 테러와 바이오테러, 사이버테러에서도 자유롭지 못하다. 그렇다면 인류는 왜 대재앙에 소극적인가.

첫 번째 원인은 과학에 대한 맹신이다. 사람들은 과학은 늘 우리를 편리하게 해주는 도구라는 믿음을 가지고 있다 . 그러나 과학의 뒷모습은 그렇지 않다. 바로 그 과학이 우리를 구석으로 몬 다음 구해주지 않을지도 모른다.

또 하나의 원인은 경제적인 데 있다. 대재앙에 대응하기 위해선 엄청난 비용이 든다. 그러나 어느 나라도, 어느 기업도 이 비용 앞에선 눈을 돌리고 있다. 경제적인 이해관계가 대재앙에 대한 대비를 봉쇄하고 있는 것이다.

이에 대해 포스너는 구체적인 대안도 제시한다. 첫째, 제도적인 대책이다. 과학을 통제할 수 있는 사회적 제도를 만들어야 한다는 것. 과학의 위험성을 평가하고, 그것을 감시할 제도나 기관을 만들라는 것이다. 둘째, 강제성을 갖는 국제기구의 필요성이다. 대재앙의 원인을 분석하고 그것 에 대한 책임을 묻고, 분담금을 물리고, 지구를 재앙으로 몰아넣는 국가나 단 체를 처벌하고, 공동대책을 집행할 수 있는 기구가 절실하다는 것이다. 또한 교육의 필요성도 역설한다. 생명의 가치에 대한 올바른 평가, 비용과 편익에 대한 현명한 판단, 행복과 부의 의미에 대한 이해 등을 기본소양으로 교육해야 한다는 것이다. 결론적으로 지구상에 존재하는 나라들이 도시를 건설하는 데 투자하는 시간과 비용만큼 대재앙에 대한 준비를 해야만 한다고 강조한다.

'Think globally Act locally', 이문장의 의미는 우리세대가 미래의 다음세대를 위해 자연을 보전하여 그래서 환경오염으로부터 지구를 지켜내기 위해 우리 각자가 몸소 앞장서야 한다는 행동강령이다. 이미 앞선 3P 문제, Population(인구), Poverty(기아), Pollution(오염), 이외에도 열대우림의 파괴로 인한 산림자원의 훼손, 사막화, 지구온난화에 따른 기상이변 그리고 해수면 상승 등과 같은 문제들이 산재해 있다.

환경위기, 환경학의 대두

환경문제

1. 발생의 원인

환경문제는 환경이라는 개방 체계적인 문제의 발생원인의 파악이 어렵기도 하지만, 환경을 구성하는 요소 내부의 기능간 마찰에서 발생한다고 유추할 수 있는 인간환경과 사회환경은 인간에 의하여 형성된 것이기 때문에 인간을 중심으로 일어난 모든 환경문제는 인간의 속성 및 그 형태와 자연의 속성 및 그 제약조건의 상호관계에서 일어나는 것으로 집약될 수 있다. 자연환경은 자원이라는 측면에서 본다면 인간에게 다음과 같이 네 가지의 주요한 기능을 제공하고 있다.

① 소비재 상품생산을 위한 원재료
② 위락공간으로서의 자연경관
③ 거주생활공간
④ 폐기물 처리장으로서의 기능을 각각 제공하고 있다

인간이 필요로 하는 에너지, 식량, 광물과 같은 자연자원, 위락공간이나 동식물 안식처로서의 자연경관, 폐기물을 흡수시키는 자연의 동화능력 및 거주공간은 경제적 시장기구나 정치적 의사결정의 과정을 통하여 배분 · 공급되고 있다. 그런데 이러한 환경자원의 배분과정에서 자원부족, 자연경관훼손, 환경오염, 과밀화, 도시화 그리고 불평등과 같은 환경문제가 발생하고 있다.

2. 당면한 환경문제

현대사회의 문제는 인구과잉, 자원의 고갈, 환경오염 그리고 물질만능주의의 사고방식에 서 비롯되는 사회적인 절망감으로 대별할 수 있다.

①인구 문제

이미 앞서 인류가 당면한 과제 "3P" 문제를 설명하면서 인구 증가 문제를 다룬 바 있다. 21세기 현대사회가 직면하고 있는 인구문제를 에너지 소비측면에서 들여다본 다면 미국의 인구는 세계 인구의 6%에 불과한데 그들은 최근 세계의 에너지를 1/3 이상 소비하고 있다. 이러한 소비량은 고도로 산업화된 다른 국가의 에너지 소비량에 비하더라도 매우 많은 것이다. 예를 들면 스웨덴과 독일에서의 에너지 소비량은 그들의 표준 생활을 미국과 비교하더라도 미국의 절반 정도에 불과하다. 서부 유럽에 있는 모든 국가의 인구는 미국보다 75% 이상 많지만 미국은 그들 나라보다 에너지를 더 많이 소비하고 있다. 미국에서 에너 지 흐름의 크기를 정확히 파악한다는 것은 불가능하지만 통계에 의하면 1987년에 미국은 76×1015 BTU(british thermal unit) 이상의 에너지를 소비하였다. 이 양은 캐나다, 프랑스, 이탈리아, 일본, 네덜란드, 영국, 독일의 전체가 소비한 양보다 많은 것이다.

21세기에는 세계의 에너지 수요는 급증할 것으로 예상된다. 왜냐하면 개발도상국가에서의 인구증가와 비 OPEC 국가에서의 생산감소가 에너지의 수요를 증가시킬 것이기 때문이다. 인구통계에 의하면 인구는 어마어마하게 증가하고 있다. 매일 신생아는 지구상에 333,000명이 출생하지만 사망자는 134,000명으로 실제 증가 수는 현재 하루에 20만명이다. 세계인구의 실제 증가는 7,300만명으로 그들 모두가 살기 위하여 에너지를 필요로 하고 있다.

최근의 인구 증가률은 1.7%로, 세계의 인구는 2015년에는 80억명으로 다시 두 배가 될 것이며 2055년에는 160억명이 될 것이다.

이러한 폭발적인 인구증가는 세계의 에너지 기반을 크 게 흔들리게 할 것이다. 경제학자이며 노벨상 수상자인 웨슬리(Wassily Leontief, 1906~1999)의 조사에 따르면 앞으로 지구의 성장 속도를 균형 있게 유지하기 위해서는 일반 광물은 다섯 배로, 식료품은 네 배로 그 소비량이 증가할 것이라고 한다. 더욱 괄목할 것은 증가하고 있는 세계 인구의 최소 요구량을 맞추기 위해서는 앞으로 30년 안에 지금까지 인류에 의해서 만들어진 것과 거의 같은 숫자로 다리, 공장, 항구, 병원, 주택 등과 같은 많은 종류의 기간시설이 필요하다는 것 이다.

웨슬리(Wassily Leontief, 1906~1999)

인구 문제와 관련해서 통계측면에서 좀 더 살펴본다면 세계인구는 지난 1950년 25억명에서 60년 30억명, 75년 40억명, 87년 50억명, 99년 60억명을 돌파해 올해 7월1일 현재 62억9천만명으로 추정된다. 이같은 증가 추세는 앞으로도 계속돼 2013년 70억명, 2026년 80억명, 2050년 93억명에 이를 전망이다. 우리나라 인구는 올해 세계 인구에서 차지하는 비율이 0.8%에서 2030년 0.6%로 낮아지며 남북한

원자폭탄

을 합쳐도 1.2%에서 0.9%로 감소할 것으로 관측됐다. 세계인구는 선진국 12억명(19.0%), 개도국 50억9천만명(81.0%)의 분포를 보이고 있으며, 대륙별로는 아시아 38억1천600만명(60.7%), 아프리카 8억5천200만명(13.5%), 유럽 7억2천400만명(11.5%), 남미 5억4천200만명(8.6%), 북미 3억2천300만명(5.1%), 오세아니아 3천200만명(0.5%)으로 나뉘어 살고 있다. 현재 1억명 이상 인구대국은 중국(13억명), 인도(10억6천만명), 미국(2억9천만명), 인도네시아(2억2천만명), 브라질(1억8천만명), 파키스탄(1억5천만명) 등 11개국으로 세계인구 10명 중 4명은 중국 혹은 인도에 살고 있는 셈이다.

우리나라 통계청이 발표한 자료에 의하면 우리나라 인구는 올해 4천793만명으로 세계 26위이지만 2050년에는 4천434만명으로 순위가 42위로 떨어질 전망이다. 남북한 통합 인구는 올해 7천45만명으로 세계 17위다. 세계의 인구밀도는 45명/km^2이고 선진국은 23명/km^2, 개도국은 59명/km^2이며 우리나라는 481명/km^2으로 세계 3위의 인구 조밀 국가다.

그러나 통계적으로 볼 때 오늘날 전 세계의 식량현황을 설명하는 데에는 부족하다는 말보다는 풍부하다는 말이 적합하다.

지난 35년 동안 이룩한 식량의 생산증대로 전 세계 인구는 16% 증가했다. 실제로 시장에서 팔리지 않은 곡물이 산더미같이 쌓이면서 곡물가격은 크게 떨어졌다. 이처럼 전 세계는 지구상의 모든 사람들에게 하루에 3500칼로리를 공급할 수 있을 만큼 곡물을 생산하고 있으며, 이는 거의 모든 사람을 비만하게 만들고도 남을 정도이다. 그러나 이처럼 식량이 풍부함에도 불구하고 제3세계가 처한 굶주림의 현실적인 문제를 설명하기 위해서는 그 어떠한 이론도 납득시키지 못할 것이다.

세계식량농업기구(FAO)에 따르면, 1950년대 이래로 식량생산 증가분은 아프리카를 제외한 모든 지역에서 인구증가율을 앞지르고 있다. 뿐만 아니라 미국고등과학진흥회(AAAS)의 1997년 연구에 따르면, 개발도상국에서 영양실조에 걸린 5세 이하 어린이들 중 78%가 식량이 남아도는 나라에 살고 있다. 가장 굶주린 나라들조차도 당장 국민들에게 충분히 공급할 수 있는 양의 식량을 보유하고 있다.

굶주림이 만연한 국가와 지역 들을 좀 더 면밀히 살펴보면, 굶주림의 원인이 식량부족은 아니라는 점이 분명해진다. 인도는 적어도 2억명의 인도국민들이 굶주리는데도 세계 2대 농업수출국 가운데 거의 1위를 차지한다. 브라질은 1994년 130억 달러 상당의 식량을 수출했지만, 7천만에 달하는 국민들은 넉넉히 먹지 못하고 있다. 아프리카는 2억1300만명이 만성 영양실조 상태인 사하라 이남 국가들이 식량은 수출하고 있다 이는 실로 놀라운 사실이 아닐 수 없다. 미국 또한 과잉생산이 농민들의 골칫거리 이지만, 어린이 중 8.5%가 실제로 굶주리고 있고, 20.1%는 굶주림의 위협에 처해 있다.

②자원의 고갈

인구 증가에 따라 일상생활에 필요한 에너지와 물질의 수요가 급증하고 있다. 인류가 최초 로 사용한 에너지 자원은 목재였고 1800년대 말까지도 목재는 에너지 자원 부문에서 큰 비중을 차지하고 있었다. 석탄과 석유 그리고 천연가스가 개발되어 현재 목재의 비중은 줄었으나 지역에 따라서는 아직도 중요한 연료로 이용되고 있다. 석탄, 석유 그리고 찬연가스는 재사용이 불가능한 자원이기 때문에 머지않아 이러한 자원도 고갈될 위험에 처해 있다. 최근에는 원자력발전소와 같이 핵에너지를 이용하는 기술이 개발되어 있으나 핵발전소의 연료로 사용되는 우라늄도 매장량이 한정되어 있기 때문에 한시적인 에너지 자원이라고 할 수 있다. 더구나 원자력발전소에서 나오는 여러가지 방사성 폐기물은 환경에 노출되었을 때 생물에 미치는 영향이 치명적일 수 있으며, 미국의 드리마일 원자력발전소의 사고나 구 소련의 체르노빌 원자력발전소의 붕괴와 같이 발전소 자체가 위험성을 안고 있기 때문에 일반인의 호응도가 낮다. 따라서 선진국에서는 재사용이 가능하며 환경을 오염시키지 않는 에너지원인 태양열이나 풍력 또는 지열을 이용할 수 있는 방법을 개발하기 의해 많은 연구를 하고있다. 에너지 자원뿐만 아니라 우리가 사용하고 있는 모든 광물자원도 수요가 급성장함에

따라 점차 고갈될 위험을 맞고 있다. 이처럼 지구에 있는 이용 가능한 자원이 고갈되는 1차 적인 원인은 인구증가에서 비롯되었다고 볼 수 있다.

자원부족에 따르는 문제점으로서 우선 긍정적인 측면에서 자원관리의 효율화를 서두르려는 국가 또는 국제간의 관계를 들 수 있다. 부

정적인 측면에서는 개인간, 국제간에 자원을 독점하려는 경향이 나타나고 있으며 자원확보를 위한 경쟁, 심한 경우에는 전쟁으로까지 확대될 우려가 있다.

③ 공업화와 환경오염

근대문명이 낳은 인류의 새로운 과제로서의 환경오염문제는 선진 제국은 물론 개발도상국들에 있어서도 경제개발에 따른 급속한 공업화로 인하여 매우 심각한 상태에 이르고 있다. 특히 개발도상국의 경우 근대화란 구호아래 공업화에 의한 물량위주의 경제성장의 목표달성을 위하여 환경오염과 같은 사회문제를 도외시하고, 개발 우선에만 주력한 나머지 이제 환경오염에 관한 한 선진국과 개발도상국의 구별은 극히 애매해졌다. 공업화는 생활을 편리하게 하려는 인간의 경제적 속성과 남보다 잘 살아 보려는 인간의 욕망에 의하여 가속화된다. 공업화의 핵심요소인 물적 자원은 자연환경이며 공업화의 부산물은 다시 자연환경으로 되돌아가고 있다. 자연환경으로 되돌아가는 산물 가운데는 생산과정에서 배출되는 오염물질과 효용제로서 인간에 의하여 사용된 후 버려지는 폐기물이 있다. 자원의 생산과정과 이용과정 및 인간의 주거생활과정에서 배출되는 매연, 먼지, 악취, 가스 등으로 인하여 대기가 오염되고 화학적, 생이화학적, 생물학적 요인에 의하여 수질이 오염되며, 소음과 진동에 의하여 인간의 건강을 저해하게 된다. 각종 배출시설로부터 오염원의 제거와 방지 없이 배출물이 증가하게 되면 환경오염은 비례하여 증대하게 된다. 과학기술의 개발이 공업생산부문에 치중되고 오염방지 시설부문이 경시되면 오염화는 더 심해지고, 정부와 기업의 오염방지에 대한 투자가 필요수준 이상이 되지 못하면 환경오염의 정도는 더 커진다.

환경오염이 심해지는 경우 생태계의 형평성이 파괴되어 생물계 내 개체의 자기조절기능이 쇠퇴하게 되고, 자원은 고갈되고 동력원을 부

공업화(Industrialization)

패시키며, 인간노동력은 약화되므로 결과적으로 생산기반이 약해진다.

④ **도시화와 환경오염**

인간은 공동생활을 통해 생활의 안정과 편리를 추구하고 규모의 경제성과 이익을 좇아 이동한다. 이것이 도시를 형성하게 되는 이유이다. 도시화는 인구의 집중과 함께 물자와 기술 및 정보의 집중의 집중을 동반하고 도시의 규모가 클수록 규모의 경제성은 커지므로 보다 많은 물자와 기술과 정보를 흡입하게 된다. 또한 도시화는 인구의 밀집에 따라 인공시설의 과밀을 가져온다.

그 이유는 다음과 같다.

i 도시화가 될 수록 인간의 생활수준의 기대치는 높아진다.

ii 인간이 접근해 있을 수록 상호간의 경쟁심은 더 커진다.

iii 인구가 밀집됨으로써 인간 상호간의 함수관계가 더 복잡해지고 이의 해결을 위한 시설 및 각종 제도의 마련이 요구된다.

iv 도시화는 보다 빠른 변화를 수반하므로 이에 따른 인공환경의 대체빈도도 빨라진다.

v 새로운 기술과 정보가 대부분 도시에서 형성되거나 도시로 집중되므로 인공환경의 변화가 촉진된다.

이렇게 하여 밀집된 도시일수록 각종 공공기관, 고층빌딩, 일반가정 등에서 나오는 매연, 연탄가스, 연소가스 등과 자동차의 증가로 배출되는 아황산가스로 인한 대기오염, 하수도, 분뇨 등에 의한 수질오염, 자동차, 건설공사로 인한 소음과 진동, 폐기물 등에 의한 환경오염이 날로 증가되어 가고 있다. 즉 오늘날 도시화는 대량생산과 대량소비를 동반하고 이로 인한 비효용적 부산물이 대량으로 배출된다. 여기서 배출되는 오염물이나 폐기물은 자연환경을 오염시키고 파괴하는 한편 도시의 인공환경을 오염시키고 불결하게 한다. 도시의 인공시설, 특히 주거 및 교통시설은 적절한 시기에 대체가 계속되지 않으면 불결한 환경조성의 요인으로 되어 도시의 쾌적성을 저해하게 된다. 그리고 도시환경오염의 특징은 가해자와 피해자가 동일한 도시주민이라는 데 있기 때문에 그 피해보상이 극히 어려우며, 이는 도로, 하수도 및 하수처리시설을 포함한 도시계획 등의 행정적 · 재정적인 책임을 지고 있는 국가 또는 지방자치단체의 조정을 필요로 하는 중요한 문제로 부각되고 있다.

⑤ 경제성장과 환경오염

경제성장은 인류의 생활수준을 급격하게 향상시킨 반면에 오늘날 새로운 많은 도전적인 문제들을 제기하고 있다. 경제성장에 의해 늘어나는 새로운 문제점은 원료의 고갈, 대량의 에너지사용에서 오는 환경오염, 도시의 인구집중으로 인한 생태계의 파괴, 폐기물을 흡수하여 재순환시키는 환경능력에 대한 지나친 혹사, 인플레이션의 가속화 등이다. 그러나 여기서 우리가 유의하여야 할 것은 경제성장은 환경파괴의 주원인이지만 그러나 경제성장 그 자체가 반드시 환경파괴를 일으키는 것은 아니고 성장의 유형, 특히 기술의 선택과 성장성과의 사용방법이 더욱 문제라는 것이다. 그렇다고 마이너스 경제성장은 대량실업문제뿐만 아니라 환경보전 자체도 정상적인 경제에서 보다 못하다. 그러나 성장에 내포되어 있는 환경파괴의 위험을 결코 경시할 수 없는 데서 문제점이 증가되고 있다. 환경자본 파괴의 효과는 비가역적이며 상승적이고 은폐적이다. 바로 여기에 환경파괴의 심각성이 있다. 따라서 환경문제는 한층 더 엄격하게 다루어질 것을 요구하고 있다. 이제 더 이상 환경오염을 증가시키지 않거나 또는 그것을 감소시키기 위해서 경제성장의 방법, 특히 기술의 성격변화와 제도변경이라는 일대전환을 요구하는 시점에 와 있다. 그렇지 않으면 인류의 생존 자체가 큰 위협에 직면하게 될 것이다. 그러므로 경제성장의 형태를 반 생태적인 것으로부터 생태계에 유리한 방향으로 바꾸어야 하며 산업구조, 상품구성, 기술의 성격은 환경보전에 유리한 것으로 전환되어야 한다. 폐기물이 환경오염의 요인이 아니라, 유용한 자원으로 재사용될 수 있도록 하는 기술의 개발이 촉진되어야 한다. 아울러 공공부문의 확대와 공적 규제의 강화가 뒤따라야 하며 환경자본 보전을 위한 새로운 체제적 기구와 유인책을 조속히 구축할 필요가 있다. 끝으로 환경을 중요시하는 생각이 국민대중의 권리의식에 뿌리를 내려 환경보전을 외면한 채 이윤극대를 목표로 하는 사기업의 환경파괴를 저지하고 정부로 하여 금 그것을 실행할 수 있도록 촉구하여야 할 것이다.

3. 환경문제의 특성

① 문제간의 상호관련성

환경문제는 상호 작용하는 여러 변수들에 의해서 발생하므로 문제상

도시와 에너지

호간에 인과관계가 성립하고, 상호 관련되어 있어 문제해결을 더욱 어렵게 하고 또한 문제끼리 상승작용을 일으켜 그 심각성을 더해 가기도 한다. 상승작용은 오염의 경우에 뚜렷하게 나타나는데 각 오염물질은 서로 화학반응을 일으켜 더 큰 문제성을 유발한다. 상승작용이 없으면 단순히 오염물질의 양에 비례하여 피해가 발생하지만, 이처럼 상승작용이 있으면 누적하여 피해가 발생

한다. 예를 들면, 질소산화물이나 탄화수소가 대기 중에 존재하고 있을 때 인체에 미치는 영향이 모두 미미하지만, 이들이 태양광선의 작용을 받아 화학반응에 의하여 오존 등과 같은 2차 오염물질을 발생시킬 때 그 피해는 더욱 가중된다. 상승효과가 없는 경우 사망률은 오염 물질의 양에 비례하여 상승하지만, 상승효과가 있는 경우에는 사망률은 비선형으로 급증한 다. 따라서 환경문제는 서로 인과관계가 성립하는 상호관련성으로 인하여 단편적이고 부분 적인 접근으로 그 해결이 불가능하고 어디까지나 종합적인 대책이 수립되지 않으면 안 된다.

② 오염영향의 광역성

오염물질은 대기와 수계의 이동과정을 통하여 광범위한 지역으로 확산되는 성질을 가지고 있다. 예를 들면 중국 동부지역의 대기오염물질이 우리나라와 일본에까지 영향을 미치고 있으며, 영국의 「스모그」가 노르웨이의 대기를 오염시키고, 알프스에 있는 프랑스 석탄광산의 배출물은 벨기에와 네덜란드에 있는 라인강 하류의 물고기를 죽게 하며, 중동의 석유가 세계의 「에너지」난을 유발하기도 한다. 오늘날의 환경문제는 공동화, 세계화하는 경향과 함께 유럽 각국은 소음에 관한 공동규제법을 제정함으로써 이제 환경문제와 환경법의 규제영역은그 다양성, 기술성으로 인하여 점차 공동화되어 가고 있으며, 특

히 오염 피해의 광역화로 인하여 국제적인 문제로서 크게 부각되기도 한다. 이러한 광역성은 문제해결을 복잡하게 하며, 현대의 급격한 사회변동은 환경문제의 공간확산을 더욱 심화시키고 있다. 따라서 환경 문제는 하나뿐인 지구의 보호를 위한 대(大)전제로 하는 지구 관리적 내지 광역적인 통제를 필요로 하며 인접국가간의 환경문제의 해결과 관리를 위한 국제환경법의 발달을 가져올 전망이다.

③ 오염원인과 결과의 시차성

환경문제는 공간적으로 광범위하게 영향을 미칠 뿐만 아니라 시간적으로도 그 문제의 발생으로부터 영향의 발견 사이에 상당한 시차가 존재한다. 인간의 인체는 오염에 반응하는 시간이 느리기 때문에 심한 경우에는 원상으로 회복이 될 수 없을 정도로 악화된 연후에 영향을 발견하는 일이 허다하다. 이처럼 오염의 영향이 오랜 시차를 두고 나타나기 때문에 원인과 결과 사이에 존재하는 인과관계를 확인하는데 어려움이 따른다. 게다가 피해가 발생하여 그 원인을 발견하고 나서 이를 치유하고자 하더라도 장기간의 시차를 필요로 할 뿐만 아니라 상당한 경제적 대가를 치러야만 한다.

그 예로써 우리나라의 경우, 1962년부터 시작된 경제개발 5개년 계획의 추진 결과 1 5년이 지난 1977년도에 와서야 그 성장에 따른 부산물인 피해를 절감하게 되어 1963년도에 제정 된 공해방지법이 전면 환경보전법으로 제정 개편하게 되었으며, 20여년이 지난 1980년도에는 환경문제를 종합적으로 대처할 환경청의 창설을 보지 않으면 안될 정도로 심각하게 되었다. 환경문제는 일단 표면화된 후에 규제를 해도 해로운 영향이 최종적으로 감소할 때까지는 긴 시차가 존재하며 어떤 경우에는 회복조차 거의 불가능한 때도 있게 된다. 따라서 이미 문제가 표면화된 후에 제어를 시도하면 그 때는 이미 문제가 심각해져 제어할 수 없는 상태가 되므로 환경문제에 대한 사전 예방적 행동이 필요하게 된다.

④ 자기증식성

자연계의 대기와 물은 스스로의 자정능력에 의하여 정화할 수 있으나 과도의 오염물질이 혼입하게 되면 자정능력 범위를 초과하여 충분한 자정작용이 불가능하게 된다. 물의 경우 수중에 오염물질이 축적되면 수질오염현상(eutrophication)이 일어나서 플랑크톤이 과도하게 번식하여 정화기능을 저하시킨다. 이런 경우의 생태계의 부(負)「feed back」기능이 약화되고, 정(正)의 「feed back」기능이 강화됨으로써 기하급수적으로 증가되는 이른 바 자기증식성을 가지게 되기 때문에 이것은 환경문제를 더욱 심각하게 하는 요인이 되고 있다.

4. 환경문제에 대한 접근 방법

(1) 환경공해

공해란 말은 1960년대 초 공해방지법이 제정되기 전 우리나라보다 먼저 환경오염에 대한 정치 · 사회적 제도가 마련되었던 일본으로부터 건너온 말로서 서구에서 법률용어로 사용하던 공중공해(public nuisance)를 직역한 말이며, 실제 법률상으로는 피해 대상이 한정되어 나타나는 사해(private nuisance)에 반대되는 개념으로서 피해의 불특정 다수라는 뜻을 갖고 있다.

최근 들어 이와 같은 불특정 다수에 대해 불쾌감이 자칫 집단 이기주의로 변색되어 해석되는 경우도 있다. 예를 들면 소각시설이나 납골당과 같은 소위 혐오시설건설과 관련하여 NIMBY(Not In My Back Yard), 또는 BANANA(Build Absolutely Nothing Anywhere Near Anybody)현상이 그 좋은 예라 할 수 있다.

이처럼 공해(公害)란 말은 인간을 둘러싸고 있는 환경, 즉 자연적 환경과 사회적 환경을 포함하는 종합적 오염개념이며, 개발과 관련된 측면에서는 주로 인간을 주체로 하는 인간 중심적 차원에서의 자연적 환경과 관련된 오염으로 국한 할 수 있다.

따라서 인간과 자연의 물질순환이란 개발측면에서 보면 윤택하고 건강한 삶의 향유를 위한 과학기술의 발전에 따른 다양한 부산물의 산출로서의 환경오염문제를 반드시 수반할 수밖에 없다.

그러나 개발과 환경보전이란 두 가지 측면을 동시에 만족해야하기 때문에 정치 · 경제 · 사회적 양면성을 모두 포함하는 가장 이상적인 패러다임(paradigm)을 제시해야 만하는 역설적인 파라독스(paradox)라고 할 수 있다.(예, 환경적으로 건전하고 지속가능한 개발 : environmentally sound & sustainable development)

특히 21세기를 살고 있는 인류는 기계가 지배하고 있는 문화의 편리함에 사로잡혀 과학기술로 대표되는 첨단사회의 노예가 되어버린 이미 오래 이로 인해 발생되는 프레온(Freon, CFCs) 가스에 의한 오존층 파괴와 지구 온난화로 인한 해수면 상승과 기상이변 등과 같은 환경오염문제 그리고 규제 없이 마구 남용되고 있는 항생제와 정체불

명의 식품첨가물 그리고 유전자 변형식품, 환경호르몬과 같은 화학물질의 범람으로 인한 기형아(발생률 : 2~3%), 암(발병률 : 25%) 등의 불가항력적 난치병의 증가등과 같은 인류멸망의 미래를 내다보지 못하고 있다.

(2) 환경문제해결을 위한 접근방법

이와 같은 환경오염문제의 해결은 정치경제상황의 변화에 따라 환경의 질적 또는 양적 개선이란 가시적 현상만이 아닌 법률적 규제제도를 필요로 한다.

현대 환경론에서 환경오염문제해결은 환경문제를 바라보는 접근방법에 따라 다양하게 시도되어 왔으며, 환경운동 초창기에 나타난 이데올로기를 기준으로 한 O' Riordan(1981)의 기술중심주의(technocentrism)과 생태중심주의(ecocentrism)와 사회과학적 이론에 의한 분류로서 환경문제에 대한 의사결정이 어떻게 이루어지느냐에 따라 Sandbach(1980)가 제시한 마르크스적 접근방법을 들 수 있다.

- 기술중심주의(technocentrism)
- 생태중심주의(ecocentrism)
- 정치경제학적 접근방법(economicpolicism)
- 마르크스적 접근방법(marxisim)

현대환경론에서 환경문제를 바라보는 접근법에 대해 여러 가지의 분류가 시도되어 왔다. O' Riordan은 환경운동의 초창기에 나타난 사고방식이나 이데올로기를 기준으로 환경론을 기술중심주의(technocentrism)와 생태중심주의(ecocentrism)로 구분하였다. 그리고 Sandbach는 사회과학적 이론에 의한 분류로서 환경문제에 대한 의사결정이 어떻게 이루어지는가에 따라 기능주의에 기초한 다원론과 마르크스주의에 기초한 급진적 견해로 나누어서 설명하였다.

여기에서는 이들의 구분을 기초로 하여 과학기술적, 정치경제학적, 생태론적 그리고 마르크스적 접근법으로 구분하여 설명하여 설명하고자 한다.

① 과학기술적 접근방법

과학기술적 접근방법은 환경을 단순히 기능적 측면에서만 파악하여 공해가 발생하는 인과관계를 단계적으로 서술하면서 어떤 발생원이 어떤 상태를 일으키고, 어떤 피해를 가져왔다라는 식으로 정의한다. 따라서 공해방지기술이 발달하면 발달할수록 공해문제를 보다 더 완벽하게 해결할 수 있다는 입장을 말한다. 과학기술지향적 입장은 환경오염은 과학기술이 발달함으로서 생겨난 것이 아니라 오히려 과학이 발달하지 못하였기 때문에, 발생하는 현상으로 본다. 따라서 환경문제는 과학과 기술을 포기해서는 개선될수 없으며 오히려 광범위하게 사용함으로서 해결될 수 있다고 본다. 이러한 주장의 근저에는 과학은 무궁무진하게 발전된다는 확신이 있다.

이러한 논거를 바탕으로 과학기술적 접근법은 자연이란 정복해야 할 대상으로 생각하며, 환경오염을 경제문제나 관리상의 문제로 보게 되는 것이다. 따라서 과학기술 옹호론자들은 과학기술이란 환경관리에서 중요한 도구로 보고, 효과적이고 효율적인 관리를 위해서는 계속해서 과학기술을 개발시켜야 한다고 본다. 과학기술적 접근법은 그 철학적 기반으로 근대 과학혁명 과정에 중요한 역할을 한 베이컨의 사상에 그 뿌리를 두고 있다. 그리고 실제적인 배경으로는 확실한 사실과 관찰된 현상만을 진정한 진리로 받아들이는 실증주의적 입장을 따르고 있다.

하지만 과학기술적 접근방법은 많은 문제점을 안고 있다. 첫째는 완벽한 기술은 존재하지 않는다는 것이다. 이것은 두 가지 이유 때문인데, 하나는 기술은 시대에 따라 변하고, 또 다른 하나는 측정기준에 일관성이 없다는 점이다.

과학기술적 접근법은 서구에서 지배적인 세계관이라고 볼 수 있다. 서구의 자연에 대한 관점은 다음의 네가지 믿음에 기초하고 있다. 첫째, 인간존재의 본질에 대한 가정에서, 사람은 그들이 지배하고 있는 지구상의 다른 모든 피조물과는 근본적으로 다르다고 본다. 둘째, 사회적 인과에 대한 가정에서, 사람들은 그들 운명의 지배자이며 자신의 목표를 선택할 수 있고 이를 다루기 위해 필요한 것은 무엇이든 배워서 해나갈 수 있다고 여긴다. 셋째,인간사회의 문맥(context)에 대한 가정에서, 세계는 광할하며 따라서 인간에게 무한정의 기회를 제공해 준다고 본다. 넷째, 인간사회의 구속에 대한 가정에서, 인간의 역사는 진보의 역사이며 모든 문제에는 해결책이 있고, 그에 따라 진보는 결코 멈추지 않는다고 전제하고 있다. 둘째는 완벽한 기술이 존재한다

하더라도 그 기술을 적용하는 자(행정가나 정치가)에 의해 왜곡될 수 있다는 것이다. 즉 행정적.정치적 필요에 따라서 공해방지기술 결과의 적용은 취사선택될 수 있다. 이러한 예들은 환경오염사고가 발생한 경우에 흔히 볼 수 있다. 셋째는 공해방지시설과 각종 공해에 대한 실험결과를 일반국민들이 믿을 수 있는가 라는 점도 문제가 된다. 일반인들은 공해방지시설에 대해 거의 무지하기 때문에, 설령 기술정보가 공개된다 하더라도 복잡한 기술에 관심을 기울이지 않는다.

과학기술적 접근방법에 대한 많은 비판에도 불구하고 이 접근방법은 기술적 낙관론자가 아니더라도 발전된 과학과 기술이 환경오염을 줄일 수 있는 아주 유용한 수단으로 생각하고 있다. 특히 국제무역문제와 연결되면서 청정기술의 개발과 오염방지기술 등의 발달을 통해 환경오염을 줄이기도 하며 경제적 이익도 획들하 수있는 여건이 조성되면서 유용성이 다시 부각되고 있는 실정이다.

현대사회는 자연만을 보전하면서 생활할 수 있는 공간은 더 이상 존재하지 않는다고 간주하는 과학기술 우위론자들 사이에서도 가능하다면 자연 그대로를 보전하는 것이 유용하다고 생각하는 분위기가 점차 자리를 잡아가고 있는 듯 하다. 무에서 유를 창조할 수 있는 것은 아니다. 즉 인공물의 개발을 위해서는 반드시 자연물의 파괴가 뒤따르게 되는데, 과학지술적 접근방법에 있어서 중요한 관건이 되는 것은 개발과 보전간의 균형을 어떻게 유지하느냐에 있다고 하겠다.

과학기술 중심주의적 입장에서는 환경오염을 과학기술 발달의 산물로 생겨난 것이 아니라 오히려 발전하지 못한 까닭에 나타난 현상으로 보고,오늘날의 환경위기는 생산력 또는 과학기술의 저급함에서 기인하는 문제이며 앞으로 환경오염을 제거할 수 있는 수준까지 과학기술이 발달하면 저절로 해결될 문제로 파악한다. 따라서 환경문제는 경제문제나 환경관리사의 문제로 단순화될 수 있으며, 경제학적 합리주의를 바탕으로 한 경제적 법칙들에 자연과학법칙을 포용하여 객관적 분석을 행하고 이에 맞추어 환경문제를 풀어 가려는 환경관리주의적 입장을 취한다.

결론적으로 말해서, 기술지향주의 역시 환경악화를 반대하지만 환경보존보다는 인가의 경제적 욕구를 더 중요시하며, 사실상 일어날 수 밖에 없는 환경악화에 대한 효율적인 환경관리의 방법을 택한다.

② 정치경제학적 접근방법

환경오염은 경제활동의 결과라고 볼 수 있다. 경제활동의 양태에 따라 환경의 질이 달라지게 된다. 정부의 경제에 대한 영향력이 큰 나라일 수록 정부의 경제정책은 국민 경제활동에 지대한 영향을 미치게 되는 것이다. 경제학적 접근방법은 공해를 단순한 환경문제로 보려는 과학기술적 접근방법의 잘못을 어느 정도 극복하고, 그 해결을 위해 공권력의 개입을 정당화하고 있다.

그러나 공해의 가해자와 피해자를 불특정 다수로 설정함으로서 공익의 사회적 불평등을 설명하지 않고, 다만 양적이고 계량적인 면에서의 개선만을 시도하고 있다. 또 공권력이 어느 입장에 설것인가 하는 정치.사회적 문제를 고려하지 않고 있음도 비판받고 있다.

서구사회를 풍미한 근대 경제학에서는 공해를 외부불경제, 마이너스의 공공재, 사회자본의 손실, 사회비용의 관점에서 본다. 경제학적 접근방법에서 주목되는 것은 외부 불경제란 개념에서 시작되는데, 이것은 영국의 경제학자 피구(Arthur cecil Pigou, 1877～1959)가 그의 스승 마샬의 경제학 원리에서 사용한 내부경제와 외부경제에서 끌어낸 것으로 시장경제에서 따로 떨어져 있으면서 대가의 지불없이 무상으로 다른 사람에게 불이익을 준다는 뜻이다. 즉 공해를 일으키는 사람이 그 대책비용을 치르지 않는데서 비롯된 것이다.

피구(Arthur cecil Pigou, 1877～1959)

이러한 외부불경제를 치료하기 위하여 정부가 개입하게 되는데, 개인이나 기업의 생산 또는 소비활동에 따른 사적 비용과 사회적 비용이 달라질 때 자원배분은 왜곡된다. 즉 외부경제를 가진 경제활동은 사회적으로 바람직한 수준보다 과소하게 이루어지고, 반면에 외부불경제를 가진 경제활동(환경오염)은 사회적으로 바람직한 수준보다 과대하게 투입된다는 것을 의미한다. 외부효과가 있는 경제활동에 정부가 개입하게 되는 것은 바로 이러한 자원배분의 왜곡성을 시정함으로써 자원배분의 효율성을 높이기 위한 것이다.

그러나 경제학자들은 규제의 영향에 대한 양적인 분석을 시도하는 동시에 경제적 효율성의 측면에서만 규제를 바라보기 때문에, 규제에서 핵심적인 내용이 되는 '누구에게 이득이 될 것인가?'라는 면을 간과하고 있는 경향이 있다. 경제학자들이 경제적 자율성,즉 시장원리 내지 가격이론에 지나치게 관심을 보이고 있음을 정치학자들은 지적하고 있다. 정치학자들은 시장질서가 제대로 작동되지 않을 때, 경제력의 집중과 그에 따르는 비효율, 중소기업과 대기업간의 불균형, 경쟁력에서 가장 나약한 공중(the public)의 불이익을 치유할 수 있는 방법은 정치력에 의해 해결될 수 있을 것이라고 보고 있다.

또한 정치학자들은 정부의 환경규제를 정치과정으로 파악하고 있다. 달리 표현한다면 환경규제는 본질적으로 정치적 분해장치라는 것이다 정부규제의 기능이 이와 같이 소득분배 및 소득 재분배적 기능과 효과를 발휘하는 것인 이상 정부규제를 둘러싸고 각종의 이익집단이 생성되거나 이합집산하는 것은 당연하다. 따라서 정부규제 또는 규제완화는 기본적으로 그것을 둘러싸고 벌어지는 이익집단의 세력관계에 따라 결정된다.

정치학자들과 경제학자들의 논리를 결합한 정치.경제학적 접근방법은 환경문제가 사회적 조건과 무관하게 규정될 수 없음을 주목하고 있다. 정치.경제학적 시각에서는 공해의 발생,현황, 피해 등 각 단계의 기는ㅇ적인 인과관계에 머무르지 않고 사회체제와 관련시켜 분석하고 있다. 즉 이미 경제체제 속에서 생산의 한 부분으로 속해진 환경을 체제면에서 완전히 독립시켜 기능적으로만 파악해서는 안된다는 것이다.

환경문제는 더 이상 기술적인 영역에 한정되어 있지는 않다. 정부는 무엇을 규제할 것인가? 어느 정도 해야 하며, 어떻게 규제해야 하고, 언제 규제 할 것인가?라는 복잡한 정치적 결정을 해야하며, 어느 정도의 비용을 투자하고 그 편익을 극대화시킬 수 있느냐 라는 경제적 측면도 고려해야 한다.

이러한 환경문제에 대한 정치.경제학적인 논의가 서구선진국에서는 많이 논의되고 있다. 우리나라에서도 역시 환경문제의 접근방법이 요즘 많은 관심의 대상이 되고 있기는 하다. 그렇지만 환경문제를 해결하고자 하는 접근방법은 과학기술적 논쟁의 관점에서 많이 다루어 지고 있는 편이며, 사회 · 정치 · 경제적인 측면에서의 연구는 미진한 실정이다.

③ 생태론적 진화방법

생태론적들의 환경관은 최근 서구 선진국들을 중심으로 급격하게 발전하였는데 철저히 자연주의적 · 생물학적인 입장을 가지고 있다. 그들은 환경문제는 기술적 산업주의로 인해 생겨난 것으로 보고 있다. 그리고 해결하는 방법에 있어서는 과학기술적 접근법을 철저히 부정하고, 정치 · 경제적 해결책에 대해서는 비판적인 관점에서 접근하면서 현재의 생산양식과 소비양식을 '양'이 아니라 '질'로 전환해야 함을 주장한다.

생태주의적 입장은 인간이 자연생태계에 미치는 직.간접적인 영향은 반드시 인가에게 돌아온다는 유기체적 세계관에 기초를 두고 있으며 이러한 철학세계는 대부분 동양철학헤서 비롯된는 것이다.

하지만 이들은 소비된 것의 재순환이라는 문제에 만족하지 않고 보다 근본적으로 소비를 줄이는 생활방식의 대전환과 의식의 코페루니쿠스적 전화을 창출할 것을 요구한다. 예를 들면 일회용 종이컵 대신 컵을, 우유팩 대신 우유병을 유대하는 등 자연을 근본적인 위협으로부터 해방시키자는 목적으로 실천적 행동을 주장한다. 인간은 다른 유형의 자연과 마찬가지로 생물학적 법칙에 순리적으로 따름으로써, 자신이 일부분을 구성하고 있는 전체 생태계와의 조화를 통한 안정에 기여해야만 한다. 기술진보는 엄청난 생산력의 증대를 이룩하여 대량생산,대량소비를 가능케 하였지만, 이들은 또한 기술지향주의의 부분적. 단편적접근법을 비판하여 생태계와의 조화를 강조한다.

④ 마르크스적 접근방법

마르크스주의의 정치 · 경제학적 시각에 뿌리를 둔 생산관계책임은 과학기숭의 발전이 환경오염문제 해결의 필요조건이기는 하지만, 필수조건은 아니라고 본다. 이 입장은 환경문제는 자원을 소유한 계급과 이의 소유를 원하는 계급간의 이해관계의 대립에서 비롯된다고 주장한다. 환경문제에 있어서 가해자는 주로 자본가 계층이며 피해자는 주로 노동자 계층이기 때문에, 환경문제는 자본주의 생산관계에 부수하여 발생하는 사회적 재해라고 할 수있다. 이러한 논리는 국가간에도 적용되며, 선진국이 자국의 환경규제를 피하기 휘해 저개발국가에 공해산업을 수출하는현상도 설명할 수 있다.

그런데 환경문제는 자본주의 국가뿐만 아니라 사회주의 국가에서도 발생한다는 사실에 대해, 이 관점은 생산수단의 형식적 소유가 아닌 생태계와 조화를 이룰 수 없는 생산구조가 환경문제의 원인이라고 본다.이 시각은 단순한 기술적-단편적 접근으로는 환경문제를 해결할 수 없으며, 사회체계의 근본적인 변화를 통해서만 해결이 가능하다고 본다.

5. 개발과 환경론

현대 환경정책의 근본 철학은 종전의 '개발과 보전의 조화' 라는 다소

선택적 입장에서 '지속 가능한 개발' 이라는 환경보전에 초점을 둔 양태로 전환되고 있다.

하지만 '지속 가능한 개발' 개념과 원칙에 대해서는 학자에 따라 그리고 선진국과 개발도상국 이에서도 그 해석이 다르기 때문에 다양한 해석과 원칙이 제시되고 있다.

현재까지 지구환경문제는 경제적 문제와 그 궤도를 같이 해 오고 있으나, 1980년대부터 ESSD(Environmentally Sound & Sustainable Development)개념이 제시되고 있으며, 이러한 '지속 가능한 개발' 에 대한 개념은 1983년 브란트란트 위원회(Brundtland Commission)의 보고서에 기초를 두고 있다.

이 보고서에서는 "미래세대에 피해를 주지 않으면서 현 세대가 필요로 하는 것을 얻는 개발(development the meets the needs of the present without compressing the ability of future generations to meet their own needs)" 이라고 정의하고 있으며, 두 가지 측면에서 중요한 의미를 내포하고 있다.

첫째, 가난한 사람들의 기본적인 필요를 충족시키기 위해서는 경제개발은 당연하지만, 둘째, 이와 같은 개발이 생태계의 수용능력, 즉 환경용량(環境容量, environmental burden)을 초과해서는 안 된다는 것이다. 다시 말하면 국가 또는 지역의 환경용량 내에서의 개발을 量보다는 質을 향상시키는 개발로 뿐만 아니라 삶의 질을 향상시키는 개발로 전환시켜야하며, 환경과 경제를 종합적으로 관리하여 예방적이고 효율적으로 환경과 자원을 관리해야 한다는 의미이다.

1972년 스웨덴 스톡홀름에서 열린 유엔인간환경회의 개최 20주년을 기념하여 1992년 6월에 지속가능한 개발을 범세계적으로 실현하기 위한 대규모 국제회의인 UN 환경개발회의(UNCED : UN Conference on Environment and Development)가 Brazil의 Rio de Janeiro에서 개최되었으며, 이 회의에서 채택한 리우 선언은 다음과 같이 다섯 가지 개념의 구체적 의미를 담고 있다.

① **인간중심적인 접근**(anthropogenic approach)

이 개념은 환경보호를 위한 노력은 인간의 생활여건을 향상시키는 데에 초점을 맞추어야 한다. 그리고 야생동물이나 기타 천연자원의 보호는 그 자체가 목적이 아니라 인간생활의 질을 보다 향상시키기 위한 필요에서 비롯된 것이다.

② **지속가능한 자원의 사용**(sustainable resource use)

이 개념은 천연자원의 개발은 장기적으로 자원의 감소를 초래하지 않고 미래의 고갈에 대비하는 방법으로 진행되어야 한다는 것이다.

③ **형평성의 원칙**(equity)

이 원칙은 천연자원은 공평한 방법으로 사용되고 분배되어야 한다는 것이다. 이 것은 다른 사용자들의 필요 및 현재와 미래세대의 필요를 모두 고려하여야 한다는 것을 의미한다.

④ **명료성과 공공참여**(transparency and public participation)

이 원칙은 국민들의 환경관련 의사 결정에 참여해야 하며 정보 및 법적, 행정적 과정에 적절히 접근 할 수 있어야 함을 의미한다.

⑤ **정책통합**(policy integration)

이 원칙은 경제적, 환경적 및 사회적 고려사항들은 통합된 방법으로 취급되어야하며, 환경보호는 개발과정의 일부분을 구성해야 한다는 것이다.

지구가 더워지고 있다

지구온난화

"2007년 1월 16일 미국의 저명한 일간지인 뉴욕타임스는 지구 온난화 현상이 진행되면서 북극 그린란드 빙하가 매년 알프스 빙하의 3배 크기만큼 사라지고 있다고 전문가들의 말을 인용해 보도했다. 이 신문은 북극을 탐사하는 이들이 매년 새로 생겨난 섬을 발견하는 일이 비일비재하다면서 이는 빙하 연결 부위가 녹아 없어지면서 새로운 빙산이 분리되기 때문이라고 지적했다. 노르웨이 스발바드 대학에서 눈과 얼음 물리학을 전공하는 칼 에제드 보길드 교수는 그린란드 빙하가 매년 128km^3씩 사라지고 있다면서 이는 알프스 전체 빙하의 3배에 해당하는 크기라고 말했다. 그린란드는 약 100만km^3의 얼음으로 덮여 있으며 이 빙하가 모두 녹을 경우 지구 해수면은 약 7m 상승하게 된다. 이 신문은 또 지구 온난화는 단지 북극 빙하를 녹이는데 그치지 않고 극 지방 해안선을 변화시키고 있으며 만과 해협 등 4만4천88m의 피요르드 해안을 가진 그린란드의 경우 새로운 지도가 나올 무렵이면 이미 새로운 해안선인 생겨날 정도라고 밝혔다. 북극 탐험가 윌 스티거는 "우리는 이미 새로운 지형의 시대에 진입했다" 면서 "없던 빙산이 갑자기 나타나거나 주변의 빙산이 사라지는 현상은 이미 일상적인 일이 되고 있다" 고 지적했다. 지난해 8월 슈티거씨는 노르웨이의 스발바드 섬 해안에서 새로 생겨난 섬을 발견했는데 불과 2년전 자신이 배를 타고 지나다 봤던 이 섬 주위의 빙산은 온데간데없었다. 새로운 섬들이 갑자기 생겨나는 현상은 대륙빙하 즉, 빙상(氷床)이 줄어들고 있다는 징후로 그린란드 빙하가 녹는 속도가 갑자기 빨라지고 있다는 사실에 과학자들은 놀라워하고 있다. 그린란드 전체에서 얼음을 깎아내고 있는 조수 빙하의 이동 속도가 최근 2~3배 빨라지고 있는 것으로 나타났다. 뉴욕타임스는 또 과학자들이 극 지방 빙상은 대기 온도 상승에 매우 느리게 반응하고 있어 앞으로 100년 동안은 극지 빙상 해빙의 충격은 미미하다는 입장이었고 2001년 지구변화회의에 제출된 보고서도 같은 취지였다. 그러나 최근 빙상이 녹아 없어지는 속도로 미뤄 볼 때 과학자들의 과거 생각은 더 이상 유효하지 않다고 펜실베이니아 주립대학의 지구과학 교수 리처드 앨리 박사는 지적했다."

2006년 미국 허리우드 대형 블록버스터 "Tomorrow"란 영화가 상영되면서 너나 할 것 없이 정말 지구 온난화로 수억 만년 전 빙하기처럼 지구전체가 하얀 얼음으로 덮여버리고 그로인해 인간을 비롯한 지구상 모든 생명체들이 죽을지도 모른 다는 공상에 사로잡힌 적이 있었다. 그러나 실제로 영하 40°C를 넘나드는 러시아에서 폭염으로 수십명의 사망자들이 발생하는 가하면 인도에서는 기상측정 이래로 대형폭설이 내려 수많은 동사자가 발생하고, 대형 해일과 해수면 상승으로 도시 전체가 물에 잠기는 가하면, 우리나라 여의도 면적의 20배에 달하는 극지방 빙하가 녹아버리는 등 최근 들어 지구온난화로 인한 기상재해가 세계 곳곳에서 일어나고 있다. 이와 같은 지구 온난화란 석유나 석탄과 같은 화석연료에서 발생되는 이산화탄소 등과 같은 온실기체에 의해 지구의 평균기온이 올라가는 현상을 말한다.

1. 자연 온실효과

공기를 구성하고 있는 성분은 질소(79%)와 산소(20%)가 대부분이며, 태양으로부터 지구에 충돌되는 총 광선중의 약 50%는 지구 표면에 도달하여 흡수된다. 태양 복사에너지와 지구 복사에너지 간에 파장의 차이 때문에 수증기를 비롯해 이산화탄소, 메탄, 질소산화물, 오존 등의 미량 희소가스들은 복사 에너지는 비교적 잘 통과시키는 반면, 지구로부터 우주로 내쏘는 적외선 복사에너지는 흡수하는 경향이 있다. 특히 태양으로부터 유입되는 광선의 20%는 기체(자외선)는 성층권에서, 적외선은 이산화탄소(CO_2)와 수증기(H_2O)에 의해 흡수되고, 나머지 30%는 구름과, 얼음, 눈, 모래 및 다른 반사체에 의해 흡수되지 않고 우주공간으로 반사된다. 대기 중의 몇몇의 기체는 일시적으로 특정한 파장을 가진 적외선을 흡수할 수 있으며, 지구의 표면과 대기로 부터 방출되는 적외선이 모두 우주공간으로 방출되는 것은 아니다. 이산화탄소(CO_2)와 같은 분자들에 의해 일부가 흡수된 후에 적외선은 다시 모든 방향으로 방출된다. 따라서 적외선 중 일부는 구 표면으로 다시 방출되거나, 다시 흡수되어 마치 온실처럼 지구 표면과 대기를 가열시키게 된다. 지구 전체가 두꺼운 얼음으로 완전히 뒤 덮혀 있지 않고, 지구 표면의 온도가 15°C가 되는 이유는 온실효과(greenhouse effect)에 있다.

만약 이와 같은 자연적인 온실효과가 없다면 지구표면에서 반사된

열들이 모두 외계로 방출되어 지구의 온도는 현재보다 34°C 정도 낮아져서 생물들이 서식하기에 부적절한 조건이 된다. 대기 중에 존재하면서 방출된 열을 흡수하여 온실효과에 가장 크게 기여하는 기체는 수증기이다. 이러한 지구 온난효과에 따른 지구온도 상승을 계산해보면

Heat Input : $\pi/4 \cdot D^2 \cdot Flux$

$= \pi/4 \cdot (12.75 \cdot 10^6 m)^2 \cdot 1.353 kW/m2 = 1.73 \cdot 10^{14} kW$

Heat Output : $\pi \cdot D^2 \cdot \sigma \cdot T^4$

$= \pi \cdot (12.75 \cdot 10^6 m)2 \cdot 5.672 \cdot 10^{-11} \cdot T4$

Heat Input은 절단면에 대하여, Output은 구의 표면에 대하여 계산한 것으로써 이것을 온도에 대하여 풀면 T＝5°C이다. 그러나 실제로는 Heat Input이 구름이나 기타 여러 가지 요인에 의하여 70% 정도만이 들어오므로 0.7을 곱하여 계산하면 -19°C 정도가 된다. 결국 지표온도가 15°C정도가 됨을 고려하면 34°C 정도가 상승하게 된다는 결론이다.

2. 온실가스

지구의 온도를 생물들이 서식하기에 적절한 수준으로 유지하기 위해서는 온실가스가 필요하지만 이 기체들이 필요한 양 이상으로 증가하게 되는 경우는 방출된 열이 과다하게 흡수되어 지구의 열균형에 변화가 생기고 결국 '자연적 온실효과'에 의한 적절한 온도보다 지구의 온도가 상승하게 된다. 이러한 온실효과로 인해 지구가 지나치게 더워지는 현상을 '지구온난화(global warming)'라고 한다.

이처럼 온실효과란 하층 대기권에서 수증기와 이산화탄소로 인하여 발생하는 일종의 절연효과라 할 수 있는데 이는 대기 중의 이산화탄소 함량이 증가함에 따라 발생하는 변화의 하나이다. 즉 수증기와 이산화탄소는 지구로 유입되는 단파장의 태양복사광선은 차단하지 못하므로 지표까지 도달한 광선에너지는 지표를 데우는 지열의 일부가 되고, 나머지 에너지는 지표에서 재복사 되어 우주로 되돌아간다. 이때 재복사 광선은 장파이기 때문에 수증기나 이산화탄소를 투과하지 못하고 흡수되는데 에너지를 흡수한 수증기나 이산화탄소 분자는

이 에너지를 재복사 하여 일부는 우주로 내보내고 나머지는 대기 중에 분산시키거나 지구로 되돌려 보낸다. 이와 같이 복잡한 복사광선의 복사와 재복사가 반복되면서 대기를 가열하는데 마치 온실 안의 공기가 더워지는 현상과 같다. 이처럼 지구를 둘러싼 대기 중에 이산화탄소와 수증기의 양이 증가함으로써 마치 온실의 유리나 비닐처럼 막을 형성하면 더운 공기를 분산시키지 못하여 기온이 상승하는데, 이와 같은 현상을 '온실효과'라고 한다. 좁은 의미에서의 지구온난화란 산업혁명 이후 인간의 활동에 의해 대기중으로 배출되는 온실가스들이 적절한 양 이상으로 존재하여 발생하는 지나친 온실효과를 가리킨다.

온실가스는 이산화탄소(CO_2), 메탄(CH_4), 아산화질소(N_2O), 프레온가스(CFCs), 육불화황(SF_6) 및 대류권의 오존(O_3)을 대표적으로 꼽을 수 있다. 온실가스는 화합물이 가지고 있는 구조상 종류별로 열축적 능력에 차이가 있고, 이로 인해 온실효과를 일으키는 잠재력이 달라진다. 이를 지구온난화지수(global warming potential : GWP)라 하며 이산화탄소(CO_2)를 1로 기준할 때 메탄 21, 아산화질소 310, 수소불화탄소 1,300, 과불화탄소 7,000, 육불화황 23,900으로 산출된다. 즉, 메탄은 온실효과를 일으키는 잠재능력이 이산화탄소보다 21배 크며 육불화황은 무려 23,900배나 크다는 것이다. 특히 이산화탄소에 의한 영향을 55%라 하면, 염화불화탄소 24%, 메탄 15%, 이산화질소(질산암모늄을 열분해할 때 생기는 무색 투명한 기체)가 6%의 영향을 미친다. 이중 메탄과 이산화질소는 많은 양이 자연계에서 방출되기 때문에 배출을 억제하기가 어려우나 이산화탄소 · 염화불화탄소 등은 산업화와 밀접한 관련이 있다. 특히 염화불화탄소는 오존층(주로 성층권 상층의 오존이 밀집해 있는 층)을 파괴하는 물질로 잘 알려져 있다. 이산화탄소가 수증기보다 중요한 지구 온난화의 요인으로 간주되는 것은, 수증기는 자연적으로 대기 중에 풍부하게 존재해 대기 중 함유량이 크게 변하지 않는 반면, 이산화탄소는 인위적인 영향으로 인해 대기 중 함유량이 최근 급속하게 증가하고 있기 때문이다.

탄소(carbon) 성분을 포함한 화석연료의 연소 등에 의해 배출되는 이산화탄소는 자연계의 탄소순환에 참여하여 물리적, 생물학적 과정 즉, 대기의 이산화탄소를 제거하는 자연적인 흡수원(sinks)에 의해 균형을 유지하게 된다. 예를 들어 바다에 용해되거나 식물의 성장과정에 흡수될 수 있다. 인위적으로 배출된 양이 많지 않을 경우에는 흡수원과의 자연적인 균형에 의해 대기 중의 이산화탄소 농도는 적정 수준을 유지하게 된다. 그러나 연간 인위적 배출량이 자연배출량의 3%만 초과하여도 흡수원과의 균형효과가 파괴되고 대기 중에 과도한 이산화탄소가 축적되어 지구온난화가 일어나는 것으로 알려져 있다.

3. 지구 온난화 연구

지구온난화는 1972년 로마클럽의 보고서에서 공식적으로 지적된 이후 1985년 세계기상기구(WMO)와 국제연합환경계획(UNEP)이 이산화탄소가 온난화의 주범임을 공식 선언하였다. 1988년에는 기후변화에 관한 정부간 패널이 구성되어 기후 변화에 관한 조사연구를 수행하며 대응전략을 제시하고 있다.

온실가스의 원인물질

원인 물질	기여도(%)
이산화탄소	55
프레온	17
메탄	15
기타 프레온	7
아산화질소	6
총계	100

온실가스층의 주요 구성성분

온실가스	1750년	현재	농도변화(%)	발생원
이산화탄소	280ppm	360ppm	29%	유기물 분해, 산불, 화산폭발, 화석연료 연소 등
메탄	0.70ppm	1.70ppm	143%	습지, 유기물 분해, 유류 분해, 농작물 경작 등
이산화질소	280ppm	310ppb	11%	초원, 해양, 토양, 비료, 화석연료 연소 등
염화불화탄소	0	900ppt	-	냉장고, 세척제 등
오존	-	대기권별로 차이가 없음	지표면 근처에서는 증가, 성층권에서는 감소	태양광선에 의한 광화학적 반응

2000년 7월 미국공항우주국(NASA)은 지구온난화로 그린랜드(북아메리카 북동부 대서양과 북극해 사이에 있는 세계 최대의 섬)빙원이 녹아내려 지난 100년 동안 해수면이 약 23cm 상승하였다고 발표하였다.

NASA 연구팀은 사이언스지에 게재한 논문에서 첨단 레이저 기술을 이용해 조사한 결과, 그린란드 빙원이 녹아 1년에 500억 t 이상의 물이 바다로 흘러 해수면이 0.13mm씩 상승하고 있으며, 이에 따라 그린란드의 빙하 두께는 매년 2m씩 얇아지고 있다고 지적했다.

어떤 과학자는 남극의 빙하만 녹아도 70cm 이상 수위가 높아지리라 예상하기도 하며, 만약 북극과 남극의 빙하가 모두 녹는다면 1m이상 높아진다고 주장 하기도 했다. 그러나 이러한 주장은 지금으로부터 1만 8천 년 전, 빙하기 때에는 지금보다 바다 수위가 100m가량 낮았다는 학설에 근거한 다면 대략 100cm 정도 수위가 높아질 것이라는 예상에 대해서 신뢰성이 떨어지는 것도 아니다.

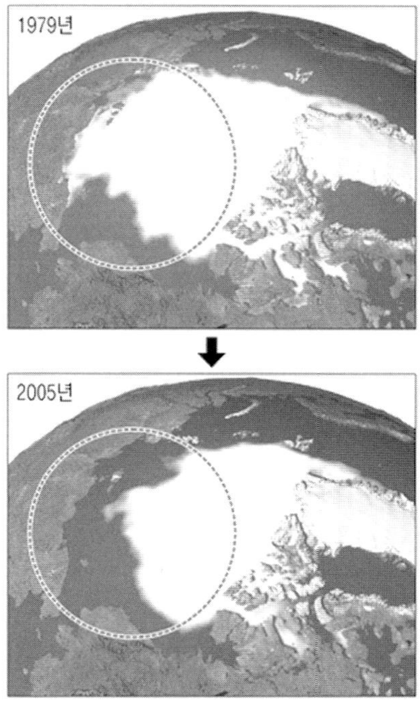

북극빙하(2005년 인공위성촬영사진)

이를 이론적으로 계산한다면 이렇다

지구상의 물의 총량은 $1389 \times 106km^3$라고 추정되고 있으며, 그중 약97.2%인 $1350 \times 106km^3$가 바다에 있다.

이외의 물 중에는 대륙빙하로 존재하는 양이 가장 많아 $29 \times 106km^3$이고, 대기 속에는 전체 물의 양의 0.001%인 $13 \times 10^3km^3$만 포함되어 있다. 여기서 지구의 표면적을 계산하면 $509904364km^2$이다. 이 중에 바다가 차지하는 면적은 지구 전체의 약 70%이므로, $356933055km^2$이다. 빙하가 전부 녹는 다고 가정했을 때

$29 \times 106 \times (1000m)^3/(3.5 \times 108 \times (1000m)^2) = 82.857m$

이다. 따라서 대략 계산하면 83m 정도의 해수면 상승을 예상할 수 있다.

이처럼 지구의 기온이 상승하면 바닷물이 따뜻해져 팽창하고 남극 및 북극의 빙하와 고산지대의 만년설이 녹아 해수면이 높아지게 된다. 최근 연구에서도 온난화가 바다보다 육지에서 더 급속히 나타나기 쉽다고 밝히고 있다. 이는 낮은 온도의 해수는 부가적인 열을 흡수함으로써 대기의 온난화를 감소시키기 때문이다. 그러나 해양이 흡수할 수 있는 이산화탄소의 양은 해수온도가 상승할수록 줄어들므로, 온난화에 의해 해양의 이산화탄소 흡수율이 더 낮은 상태에서 평형을 이루게 될 때 온난화는 가속될 수 있다.

지표수의 순환 기후변화는 지구상의 물순환 메카니즘을 변모시켜 수자원 이용에 큰 영향을 줄 것으로 예상되는데, 강수량변화는 지역에 따라 다르게 나타나고 그 영향도 차이가 크다. 건조지역에서는 특히 온도와 강우량이 조금만 변하여도 하천의 수량변화가 크게 나타난다. 고위도 지역에서는 강수량의 증가에 따라 하천수량 또한 증가하는 반면 저위도 지역에서는 강수량의 부족과 물의 증발이 활발하여 하천수가 감소할 것으로 예측되고 있다.

특히 그린란드 빙하는 최근 10년 사이에 절반이나 녹아내린 것으로 위성사진 판독 결과 나타났으며, 유럽의 빙하는 150년 전 산업혁명 때에 비해 현재는 절반 정도밖에 남지 않았다. 물론 시간적으로는 아직 인류에게 대처 방법은 가능할 수도 있지만 금세기 중에는 바다 수위가 90cm 정도는 올라갈 것이라는 전망이다.

지금 세계는 선진국들을 중심으로 지구 온난화 현상을 막기 위해 지난 1997년에 채택한 교토의정서를 내년 2월 16일부터 공식 발효시키기로 하는 등 환경 재앙을 막기 위한 조치를 뒤늦게나마 시작했다. 그러나 이에 대해 나라마다 강 건너 등불처럼 남의 일로 생각하고 소홀히 하고 있는 것이 현실이다. 대표적으로 미국은 온실가스 최대 배출국이면서도 교토의정서에 참여하지 않고 있어 국제적 비난을 받고 있다. 한국도 교토의정서에 따른 온실가스 감축을 위한 별다른 대비책을 아직 세우지 못하고 있다.

미국 해양대기청(NOAA)은 지난 2005년 한 해 동안 이산화탄소와 이산화질소 등 온실가스를 비롯, 지난 한해의 연간 온실가스지수(AGGI)가 지난 1990년과 비교해 전반적으로 1.25% 증가했으며 온실가스가 지난 15년간 꾸준히 증가한 것으로 나타났다고 밝혔다.

유엔산하 전문가 그룹인 기후변화에 관한 정부간위원회'(IPCC)는 지난 2001년 1월 대기권내 이산화탄소량이 지난 250년 사이 무려 31% 증가, 42만년만에 최고치를 기록했다고 밝힌 바 있다. IPCC보고서는 이산화탄소 증가에 따른 지구 온난화로 20세기 들어 지구의 평균 기온이 섭씨 0.6도 오른데 이어 1990~2100년에는 섭씨 1.4~5.8도 추가 상승할 것 같다고 예측한 바 있다.

이산화탄소의 농도는 산업혁명 이후 280ppm에서 현재 약 376ppm으로 30%이상 증가했다. 그러나 증가추세를 시기별로 보면 산업혁명 이후 1950년까지 10%(약30ppm) 증가하고, 1980년까지 10%, 다시 2000년까지 10% 정도 증가하고 있다. 즉, 이산화탄소의 농도는 과거보다는 지금 더 빨리 증가한다는 것이다. 최근에는 이산화탄소의 농도가 매년 약 2ppm씩 증가해 1990년대의 1.5ppm보다 증가폭이 크다. 그러므로 온난화도 선형적으로 나타나지 않을 것이다. 또한 과거 1천년간 기온변화를 보면, 19세기 중반까지 미약하게나마 기온이 감소하는 추세를 보인다. 과거의 기온변화는 ±0.2도의 범위에서 변화했다. 그러나 20세기 지구의 평균기온은 0.6±0.2도 상승했다. 여기서 ±0.2도는 불확실성을 표현하는 방법이다. 그러므로 19세기까지 지구의 평균기온이 '크게' 낮았고 20세기에 기온이 '다소' 상승했다는 표현은 이러한 사실과 일치하지 않는다.

특히 남극 보스톡기지에서 채취한 빙하시료에서 기온, 이산화탄소 및 메탄의 농도를 분석한 결과는 빙하기와 간빙기에 이산화탄소(메탄)의 농도와 기온이 같은 추세를 가진다는 것을 알 수 있다. 즉 이산화탄소의 농도가 높으면 기온이 높고, 낮으면 기온이 낮다는 것을 유추할 수 있으며, 이산화탄소의 농도가 증가하고 이것이 인간활동에 의한 것이라는 것에는 이견이 없을 것이다. 그렇다면 지금의 기온 상승이 자연적인 기온 상승이라고 주장하기는 어려울 것이다.

세계기상기구(WMO)는 14일 지구 대기중의 온실가스 가운데 약 62%를 차지하는 이산화탄소(CO_2)의 농도가 지난 2004년 377.1 PPM을 기록했다고 밝혔다. 이는 2003년 보다 0.47%가 증가한 것이며 산업혁명 이전인 1750년 당시와 비교하면 35%가 늘어난 셈으로써 지구 대기중의 온실가스 농도가 2004년 사상 최고 수준을 기록했다. 특히 이산화탄소 배출을 당장 멈춘다 해도 산업혁명 이전 수준으로 돌아가는 데는 50~200년이 걸릴 것이며, 이산화탄소의 농도는 꾸준히 증가하고 있으며 멈출 조짐은 전혀 없다고 밝힌 바 있다.

동물학자들은 동물들이 변화하는 환경에 맞춰 적응해 나가는 데에 보통 100년 이상이 걸리는 만큼 이처럼 기온이 급격히 변화할 경우 많은 종의 생물들은 이에 대처하지 못할 수 있다고 우려했다.

온실가스의 대기 중 농도는 산업혁명 이후 꾸준히 증가되어 왔으며 특히 이산화탄소는 매년 1.5ppmv(부피로 백만분의 1)씩 증가하고 있고, 1980년 이후 그 증가속도가 현저히 높아지고 있는 것으로 관찰되었다.

즉, 대기 중 이산화탄소의 평균 농도 변화정도는 산업화 이전 10만 년 동안에는 10% 이내였으나, 1800년대 이후 200년 만에 산업화 이전에 비해 거의 30%가 증가되었다. 앞으로도 세계인구, 경제, 기술 및 사회적인 추세에 따라 대기 중 온실가스 농도에는 상당한 변화가 예상된다.

가장 큰 영향을 미치는 이산화탄소에 대해 '기후변화에 관한 정부간 패널기구' 인 PCC(Intergovernmental Panel on Climate Change)가 예측한 바에 의하면 2100년에 세계인구가 2배가 되고 경제성장률이 연평균 2~3%를 유지하는 조건하에서, 1990년 70억 톤에 달하는 총 이산화탄소 배출량이 2100년에는 200억톤으로 증가하고, 대기 중의 농도는 2030년에는 산업혁명 이전보다 2배로, 2100년에는 3배로 증가할 것이다.

또한 1990년 수준으로 이산화탄소 배출량을 동결할 경우 대기 중 이산화탄소 농도가 2배가 되는 시기를 2030년에서 2100년으로 연기시킬 수는 있으나 대기중의 농도는 향후 2세기 동안 계속 증가할 것이라고 보고하였다.

이 같은 대기 중 이산화탄소의 증가로 산업혁명이 시작된 1860년대부터 1990년까지 이미 대기온도가 0.3~0.6°C 상승했으며, 해수면도 10~25cm 정도 상승했다.

또한 이러한 변화가 1900년 이전보다는 그 이후에 급격히 심화되고 있는 것으로 관측되었다. IPCC 예측에 따르면 1990년에서 2100년 사이에 대기온도는 평균 2°C(1.0~3.5°C) 상승하고, 해수면은 평균 50cm(15~95cm) 상승하게 된다.

산업혁명 이전 1만 년 동안 대기온도가 1°C 미만 내에서 변했다는 점을 고려하면 지구온난화로 인한 이러한 기후체계 변화의 심각성은 매우 크다고 하겠다.

미국의 지구정책연구소(EPI)는 전세계의 지난 2005년 지표면의 평균 기온이 섭씨 14.77도를 기록, 공식 집계를 시작한 지난 1880년 이래 가장 높은 기온을 보였다고 발표했다. 특히 지구 표면 기온의 역대 1~6위가 지난 8년 동안에 모두 수립된 것으로 나타나 지구온난화 현상이 심각하게 진행되고 있음을 입증했다. 지난 20세기에는 평균 기온이 0.8도 상승했으나, 이 중 마지막 30년 동안 무려 0.6도가 올라 지난 1천년을 통틀어 가장 가파른 기온상승을 기록했다고 연구소는 설명했다. 또한 지난 1970년대 평균 기온은 14.02도였고, 1980년대엔 14.26도, 1990년대 14.40도, 2000년대 들어 지난 6년간은 14.62도를 각각 기록, 꾸준한 상승 추세를 보여왔다. 이 같은 기온상승은 온실효과가 두드러지게 나타남으로써, 특히 화석연료를 사용할 때 나오는 이산화탄소량이 대기 중에 크게 증가한데 따른 것으로 분석됐다. 그러나 지난해를 제외하면 가장 뜨거운 해는 1988년이었다. 당시 평균 기온은 14.71도를 기록한 것으로 조사됐다. 그러나 1988년과 2005년에는 근본적인 차이가 있다고 연구소측은 지적했다. 적도 무역풍이 약해지면서 적도부근 중태평양의 해수면 온도가 정상온도인 23~27°C보다 높아지는데 따른 엘니뇨 현상이 최근 자주 발생하는 것도 강화된 온실효과와 관련이 깊은 것으로 알려져 있다. 1988년에는 100년만에 찾아온 강력한 엘니뇨 현상으로 평균 기온이 0.2도나 올라간 것 때문이다.

5. 화석연료

이상기온과 해수면 상승은 자연계에서는 대단한 변화로써 현재까지 유지하여 왔던 지구상의 모든 물리적, 생태학적 균형을 파괴하여 일찍이 인류가 경험하지 못했던 수많은 변화를 초래할 수 있다. 이러한 예견은 온실가스가 대기 중에서 오랜 기간(12년~200년) 체류하기 때문에 인간활동에 의한 온실가스 배출을 지금 당장 중지하여도 과거 방출로 인한 축적영향은 몇 세기 동안 지속될 것으로 예상되기 때문이다.

이산화탄소와 기온간의 밀접한 상관관계는 이미 남극의 빙하에 2000m 깊이의 구멍을 뚫어 16만년 치의 얼음을 1m 깊이마다 분석한 결과에 밝혀 진 것 처럼 현재처럼 화석 연료를 많이 사용하고 온실 가스를 배출하게 되면, 대기 중의 이산화탄소 가스는 계속 증가하여 100년 이내에 평균 기온이 2.5~5.5℃ 증가할 것으로 예측된다. 이정도의 상승이라면 양극지방(남극, 북극)의 빙하가 다량 녹기 때문

스모그(Smog)

에 지역에 따라 0.5∼2.0m 정도의 해수면 상승이 예상되고 있다.

해수면 상승이 1m라고 가정할 때 침수되는 면적은 전세계 육지의 3%를 차지하게 된다. 이 3%는 대부분 물과 가까운 경작지가 되기 때문에 전세계 경작지의 30%이상이 침수되게 되는 것이다. 따라서 전세계 인구를 60억이라고 한다면 100년 후인 2100년경에는 20억의 인구가 먹을 것을 잃는 다는 것이다.

1700년대 시작과 더불어 거대한 산업 화석연료의 연소가 시작되었다. 이것은 조성된 산림의 파괴와 불충분한 대체와 더불어 대기중의 이산화탄소 수준을 매년 73-91억 평방 톤 정도 증가시켰다. 이산화탄소 자체는 지구 온난화의 거의 60%정도를 영향을 주고 있다고 생각된다.

아래 표는 1825년부터 현재까지 저층 대기중의 이산화탄소의 함량이 증가하는 것을 보여주고 있다. 그리고 미래에 대한 추정치도 제시하고 있다. 1990년대의 이산화탄소는 연당 0.4%의 비율로 증가하고 있다. 이 증가는 장기간 자연적 기후 변화를 압도하기에 충분하게 보인다. 그것은 또한 다음세기에 지구온난화를 만들어 내기에 충분하게 보인다.

대기중 이산화탄소 농도변화

Lower Atmosphere Concentration of Carbon Dioxide(CO_2)		
Year	CO_2 Concentration(%)	Parts Per Million
1825	0.021	210
1888	0.028	280
1970	0.032	320
1985	0.035	350
1995(estimate)	0.037	370
2020(estimate)	0.055	550
2050(estimate)	0.060	600

화석 연료 중에서 석탄은 석탄의 분포는 석유처럼 중동에 밀집해 부존해 있지 않고 전세계적으로 가장 풍부하게 존재하는 자원이다. 현재 세계의 많은 나라가 그들의 에너지 수요를 석탄으로 충당하고 있다. 앞으로도 이 추세는 계속될 것 같고, 중국이나 동남아시아 여러 나라들은 발전용 에너지원으로 석탄을 중·장기 계획 속에 넣고 있

다. 실상 석탄은 궁극적인 에너지원이 도래할 21세기 어느 시기까지는 우리가 가지고 있는 에너지 중간해결책 가운데 가장 유효한 것 중의 하나이다.

화석연료 중 어떤 종류의 화석연료가 가장 많은 탄산가스를 발생하고 있느냐 하는 것이다. 실은 다 같은 화석연료이지만 그 물질의 구성에 따라 차이가 있다. 단위 칼로리(Calorie)를 생산할 때에 발생하는 탄산가스의 양은 예컨대 천연가스를 1.0으로 할 때에 석유는 1.4이고 석탄은 2.0정도 된다는 것을 계산할 수 있다. 즉 석탄을 천연가스와 똑같은 효율로 이용한다고 했을 때, 실제 이것은 기술적으로 매우 어려운 일이지만, 석탄은 천연가스에 비해 2배의 탄산가스를 배출하는 것이다.

이렇듯 문제가 되는 것은 석탄이 지구 환경문제를 가장 어렵게 하고 있는 에너지원이라는 점이다. 그 이유 중의 하나가 석탄에서 나오는 탄산가스 때문인데, 그 대기 중 농도가 현재는 350ppm정도지만 이 수치는 19세기에 비해 20%가 증가한 수치이다. 이 수치는 꽤 빨리 가속적으로 증가하고 있고, 이런 속도로 계속 증가한다면 21세기 중반에 가면 19세기의 2배 이상에 도달할 것이 예측되고 있다.

에너지원 종류에 따른 탄소방출량

에너지원	1989		2030	
	에너지사용량 (mtoe)	탄소방출량 (백만톤)	에너지사용량 (mtoe)	탄소방출량 (백만톤)
석유	3098	2393	1500	1160
석탄	2231	2396	240	430
천연가스	1707	975	1750	1000
재생가능에너지	1813		7000	
핵	451		0	0
계	9300	5764	10490	2590

*mtoe : 석유 백만톤에 해당(TOE, Ton of oil equivalent : 석유환산톤) 정의

6. 온실 가스 배출현황

산업혁명 이후 방출된 이산화탄소(CO_2)가 원인이 되서 발생한 지구 온도상승의 77%는 미국을 비롯한 선진국에 책임이 있는 것으로 분석됐다고 도쿄신문이 13일 미국 지구기후변화 퓨센터의 보고서를 인용, 보도했다. 퓨센터는 1850년부터 2000년까지 각국의 에너지 소비

량을 토대로 이산화탄소 배출량을 산출한 후 CO_2의 대기중 수명 등을 고려해 기온상승에 대한 각국의 책임도를 추정했다. 보고서에 따르면 CO_2에 의한 기온 상승의 29.5%는 미국이 배출한 이산화탄소가 원인인 것으로 분석됐다. 2위는 러시아 8.7%, 3위 독일 7.4%, 4위 중국 7.2%, 5위 영국 6.1%, 6위 일본 4.2%, 7위 프랑스 2.9%의 순이다. 선진국 전체로는 77%에 달했으며 개발도상국은 전체의 22%에 그쳤다. 미국은 현재 배출량에서 차지하는 비율도 20.6%로 세계에서 가장 많은 것으로 분석됐다. 현재 배출량 2위는 중국으로 14.8%였고 3위 러시아 5.7%, 4위 일본 4.0%, 5위독일 2.9%, 6위 영국 2.0%, 7위 프랑스 1.5%의 순이었다. 퓨센터는 앞으로는 개발도상국의 이산화탄소 배출량이 늘어 2055~2065년께면 기온상승에 대한 선진국과 개발도상국의 책임비율이 거의 같아질 것으로 내다봤다. 산불과 벌목 등을 이산화탄소 배출량으로 환산하면 브라질과 인도네시아의 책임도가 높아지는 것으로 분석됐다. 한편 아이슬란드, 알래스카, 그린란드 등 눈과 어름속에서 사는 이누잇트(에스키모) 민족 대표기구인 `북극지방 이누잇트회의'(ICC)는 "지구온난화의 영향으로 생존을 위협받고 있다"며 온실가스 최대 배출국인 미국을 상대로 오는 4월 미주기구(OAS) 산하 인권위원회에 청원을 제출할 계획이라고 아사히신문이 전했다.

특히 유럽연합(EU)는 기후변화협약의 이행을 위한 교토의정서상의 이행목표(온실가스 배출량을 2008~2012년까지 1990년 대시 8%감축)의 달성을 위한 하나의 방편으로 EU 역내 25개국에 걸쳐 약 11,500개소의 개별시설(발전소 등)에 대한 온실가스 배출할당량(allowance)을 설정하고 배출권을 거래한 결과 2006. 4. 30 현재까지 접수된 21개국의 보고를 취합하면(약99%상당) 2005년의 온실가스 배출량은 17억85백만 톤으로 할당량인 18억29백만 톤의 약 97.6%의 수준인 것으로 나타났다. 주요 배출국 현황을 보면 독일(배출량/할당량 : 473/495백만 톤), 영국(22/209), 이태리(215/207), 스페인(181/162), 프랑스(131/150) 등으로 이라고 발표 하였다

7. 지구온난화에 대처하는 국제적 노력

지구환경보전을 위한 국제적 노력으로서 화석연료의 사용량 억제, 깨끗한 재생성 대체 에너지의 개발, 에너지 효율의 향상 및 청정석탄기

술의 개발 등 온갖 슬기가 총동원되고 있다. 전력절약형 가전제품, 건물냉난방기법, 저오염자동차 · 무오염농약 · 저오염대용품 등의 개발이 여기에 포함된다. 하나뿐인 지구를 살리기 위한 노력이 세계 각국에서 전개되어 1992년 6월에 세계환경회의가 개최되었고, 바젤협약, 기후변화협약, 생물성 다양성협약 등이 체결되어 국제적인 노력이 계속되고 있다. 1992년 환경과 개발에 관한 유엔회의(UNCED)가 열려 '의제 21'이 채택되었으며, 이의 실시를 위해 유엔지속개발위원회(CSD), 유엔공업개발기구(UNIDO), 국제표준화기구(ISO) 등이 설립되어 각종 환경관련 활동을 활발히 전개하고 있다. 우리나라는 2013년 적용되는 '2차 온실가스 감축 대상 국가'에 포함될 것이 유력하다. 그렇게 된다면 2013년 온실가스 배출량이 올해 배출량의 70% 수준이 되도록 맞춰야 한다. 이 경우 한국전력은 2013년 총 발전량의 30%를 줄여야 할 것으로 추산했다. 총 발전량의 30%는 서울, 부산, 대구 등 6대 도시가 한 해 쓰는 전기에 해당한다. 정유, 철강, 시멘트 업종은 생산량을 거의 절반으로 감축해야 할 것으로 분석됐다.

지구온난화에 대한 국제사회의 공동 노력은 약 20년 전부터 시작되었다. 이러한 노력은 인간의 활동으로 인한 자연의 변화를 관측하고 자연의 변화가 인간 생활에 미치는 영향을 이해하는 것에서부터 출발한다. 1979년 개최된 제1차 국제 기후총회에서는 기후변화 문제의 심각성을 서로 공유하였고, 1988년 11월에는 유엔환경계획(UNEP)과 세계기상기구(WMO)가 공동주관으로 전 세계 2,000여 명의 과학자가 참여하여 기후변화 현상 규명, 영향 및 대응전략 분석 등 광범위한 검토를 위해 '기후변화에 관한 정부 간 패널기구(IPCC)'를 설립하였다. IPCC에서 1990년 채택한 제1차 보고서는 지구가 더워지고 있다는 과학적 증거를 확인했으며, 온실가스 배출을 억제하기 위한 각국의 노력을 촉구하는 국제적 협약을 발족하는 결정적 계기로 작용하였다. 현 추세라면 21세기말까지 대기온도가 보다 상승할 것이라고 예측하고 온실가스 배출을 억제하기 위한 각국의 노력을 촉구하는 국제적 대응을 본격화시켰다. 이러한 배경 하에 국제사회는 지구 온난화 현상에 대한 과학적인 규명 및 장기전망에 관한 연구활동과 공동의 온실가스 감축목표를 이행하기 위해 '기후변화협약(UNFCCC)'이라는 국제협약을 채택하게 되었다. 우리나라는 1993년 47번째로 가입하였다. 기후변화협약은 "인간이 유발하는 지구 기후 시스템의 교란을 방지할 수 있는 수준으로 대기 중의 온실가스를 안정화시키는 것"을 목적으로 하여, 3가지 대응 원칙 즉, 예방, 공동의 차별화된 책임, 형평성의 원칙을 표방하고 있다. 기후변화협약은 그 자체가 완결된 조약은 아니며 기후변화에 관한 과학적인 증거의 확실성 정도에 따라 의무사항을 점진적으로 강화해 나갈 수 있는 조약이다.

의무강화는 국가의 추가적인 부담을 의미하므로, 각국은 가능한 한 의무부담을 지연하거나 완화시키기 위해 노력하게 된다. 이러한 국가 간 이해관계 대립이 기후변화협약의 구체적 · 본격적 실행을 저지하는 주요 걸림돌로 작용하고 있다. 기후변화협약이 공식적으로 발효된 후 1995년 발간된 IPCC의 제2차 보고서는 과연 기후변화가 인간의 행위 때문인가 라는 그 동안의 논란에 대해, "인간의 영향이 뚜렷하다"는 결론을 내림으로써 지구온난화에 대한 국제사회의 공동대책 수립에 대한 걸림돌을 제거하는 데 기여하였다. 1994년 기후변화협약 발효이후 해마다 당사국 총회가 개최되어 왔으며 온실가스 배출을 줄이기 위한 각국의 의무 규정 및 강화를 위해서는 법적 구속력이 있는 장치를 마련할 필요가 있다는 논의 결과에 따라 마침내 '교토의정서'가 채택되었다. 교토의정서는 지난 1997년 교토에서 열린 제3차 당사국총회에서 채택되었으며, 교토의정서는 그 동안의 선언적 의미를 넘어서 협약의 목적을 실현하기 위한 온실가스 감축의 구체적 수치와 방안을 마련하였다는 데 그 의의가 있는 교토의정서는 선진국의 구속력 있는 감축목표를 설정, 공약이행을 보조하기 위한 제도로서 배출권거래제도, 공동이행 및 청정개발체제 등 혁신적인 신축성 체제의 도입, 국가 간 연합을 통한 공동감축 목표 달성을 허용 등을 골자로 하고 있으며, 온실가스 배출에 관한 권리를 상품으로서 사고 팔 수 있게 되어 향후 에너지절약 및 이용효율 향상, 신 재생에너지 개발 등 온실가스 배출량을 줄일 수 있는 새로운 기술 분야에 대한 투자 및 무역이 확대될 수 있는 계기가 마련한 것으로 판단된다. 교토의정서는 지구온난화방지를 위한 기틀을 마련하는 데 크게 기여하였으나, 가입국간의 이해관계 대립으로 개발도상국 참여, 신축성 체제의 도입을 위한 구체적이고 제도적 장치 등과 관련된 문제는 합의에 이르지 못한 한계점을 가지고 있다. 2001년 3월 최대 온실가스 배출국인 미국이 의정서가 자국의 경제에 심각한 피해를 줄 수 있고 중국, 인도 등 개발도상국들이 의무감축대상에서 제외되어 있다는 이유를 내세워 반대 입장을 표명하였었다. 이에 교토의정서는 그 실효성에 큰 타격을 입었지만, EU와 일본 등이 중심이 되어 협상을 지속하였고 마침내 2004년 11월 러시아가 비준서를 제출함에 따라 교토의정서의 발효조건이 충족되어 정해진 규정(의정서 25조)에 의해 2005년 2월 교토의정서는 발효되었다. 교토의정서의 주요 제도는 배출권거래제도, 공동이행, 청정개발체제가 있다. 배출권거래제도는 온실가스 감축의무가 있는 선진국에 배출쿼터를 부여한 후, 선진국가 간에 배출쿼터의 거래를 허용하는 제도이며 공동이행은 선진국(A)과 선진국(B)간에 이루어지는 제도로서 A국이 B국에 투자하여 발생된 온실가스 감축분의 일정분을 A국의 배출저감 실적으로 인정하는 제도이고, 청정개발체제는 선진국이 구체적 감축의무가 설정되어 있지 않은 개발도상국에 투자하여 발생된 온실가스 배출 감축분을 자국의 감축실적에 반영하고, 이 때 선진국은 사업수익에서 일정비율의 수수료를 납부하고, 이렇게 마련된 기금은 개발도상국의 기후변화방지를 위한 자금으로 활용하도록 하는 제도이다. 하지만 이러한 교토의정서는 실효를 거두지 못하고 있는 것이 실정이다. 교토의정서 서명 국가들이 온실가스 감축 목표에서 멀어지고 있다고 미국 경제지가 보도한바 있다. 2012년까지 온실가스 배출량을 1990년 대비 6% 감축해야 하는 캐나다는 오히려 배출량이 24%나 늘었다. 이는 교토의정서 비준을 거부한 미국(15.8% 증가)보다 높은 수치다. 일본도 6% 감축에 합의했지만 배출량은 13% 증가했다. 교토의정서를 주도한 유럽연합(EU) 15개 회원국도 목표 달성이 쉽지 않아 보인다. 이들 국가는 배출량을 8% 감축해야 하지만 현재까지 1% 정도 줄었을 뿐이다. 이는 경제성장을 환경 문제보다 우위에 두기 때문이다. 독일 정부는 석탄 산업에 보조금을 계속 지급하고 있으며, 지난 6월 온실가스 배출기준을 오히려 완화했다. 경기가 되살아나고 있는 일본에서는 교토의정서 기준을 충족시키는 조치가 필요하다고 주장하는 사람을 찾아볼 수 없다. 이러한 각 국내의 반대와 국제적 의무의 충돌로 인하여 지구온난화를 해결하기 위한 문제가 실효성이 없는 것이 사실인 것이다.

참고문헌

강태훈, 국제정치의 패러다임과 지역질서. 오름, 1999

권이혁, 인구 보건 환경. 서울대학교출판부, 2005

김영식, 과학혁명: 근대과학의 출현과 그 배경, 민음사, 1984

김영식, 임경순, 과학사신론, 다산출판사, 2007

네이글, E. 지음, 전영삼 옮김, 과학의 구조, 아카넷, 2001

노자키 유시유키, 지구온난화와 바다, 동화출판사, 2000

리처드 웨스트폴 지음, 최상돈 옮김, 프린키피아의 천재, 사이언스북스, 2004

박성래 , 과학사서설, 한국외국어대학교 출판부, 1979/1993

박헌렬, 지구온난화 그 영향과 예방, 우용출판사, 2003

브라운, H. I. 지음, 신중섭 옮김, 새로운 과학철학, 서광사, 1987

송상용 , 교양과학사, 우성문화사, 1984

스티브 풀러지음 , 나현영 옮김, 과학과 사회/쿤/포퍼논쟁, 생각의 나무, 2007

스티븐 에프 메이슨 지음, 박성래 옮김, 과학의 역사 1-2, 까치, 1987

임경순 , 20세기 과학의 쟁점, 민음사, 1995

조이타 굽타, 너무나 뜨거운 지구, 두레출판사, 2005

조인래 , 현대 과학철학의 문제들, 아르케, 1999

차머스, A. 지음, 신중섭, 이상원 옮김, 과학이란 무엇인가, 서광사, 2003

찰스 C, 길리스피 지음, 이필렬 옮김, 객관성의 칼날, 새물결, 2005

카르납, R, 지음 윤용택 옮김, 과학철학입문, 서광사, 1993

캐서린쿨렌 지음, 곽영직,최미화,황신영옮김,천재들의 과학노트, 일출봉, 2007

쿤, 포퍼, 라카토스 외 지음, 조승옥 김동식 옮김, 현대과학철학 논쟁, 민음사, 1987

토마스 S. 쿤 지음, 김명자 옮김, 과학혁명의 구조, 까치글방, 2006

포퍼, K. 지음, 박우석 옮김, 과학적 발견의 논리, 고려원, 1994

G. E. R. 로이드, 그리스 과학사상사, 지성의 샘, 1996

H. 버터필드, 근대과학의 기원, 탐구당, 1986

M.홀랜더 지음, 환경 위기의 진실, 에코리브르, 2004

http://nobelprize.org/

http://en.wikipedia.org/

http://www.nndb.com/

http://www.britenica..com/

http://www.cam.ac.uk/

http://phps.snu.ac.kr/

http://www.kps.or,kr

http://encyber.com/

http://physicsworld.com/

http://osulibray.oregonstata.edu/

http://100.naver.com/nobel/

http://www.philosophersnet.com/magazine/

http://www.knef.or.kr/

http://co2.kemco.or.kr/

http://climatechange.re.kr/

http://www.me.go.kr/

http://cice.kfem.or.kr/

http://www.z9.or.kr/

etc.

노벨 물리학 수상자

1949 유카와 히데키[湯川秀樹](일본) …〈중간자의 존재 예견〉

1950 세실 파웰(미국) …〈핵과정에 대한 연구에 있어 사진적 방 법 : 중간자 발견〉

1951 존 코크로프트(영국)
어니스트 월턴(아일랜드) …〈가속 입자에 의한 원자핵의 변환 연구〉

1952 필릭스 블로흐(미국)
에드워드 퍼셀(미국) …〈고체에서 핵자기 공명에 대해 연구〉

1953 프리츠 제르니케(네덜란드) …〈위상차 현미경의 완성〉

1954 막스 보른(영국)
발터 보테(독일) …〈파동 함수에 대한 통계적 연구 동시 계수법 발명〉

1955 윌리스 램 2세(미국) …〈수소 스펙트럼의 구조에 관한 여러 발견〉
폴리카프 쿠시(미국) …〈전자의 자기 모멘트 측정〉

1956 윌리엄 쇼클리(미국)
존 바딘(미국) …〈반도체 연구 및 트랜지스터 효과의 발견〉
월터 브래튼(미국)

1957 리정다오[李政道](중국)
양전닝[楊振寧](중국) …〈패리티의 보전법칙에 위배되는 현상 발견〉

1958 파벨 A. 체렌코프(소련)
일리야 M. 프랑크(소련) …〈체렌코프 효과의 발견과 해석〉
이고르 Y. 탐(소련)

1959 에밀리오 세그레(미국)
오언 체임벌린(미국) …〈반양성자의 존재 확인〉

1960 도널드 글레이저(미국) …〈거품 상자의 개발〉

1961 로버트 호프스태터(미국) …〈원자핵의 형태와 크기를 규정〉
루돌프 뫼스바우어(독일) …〈뫼스바우어 효과 발견〉

1962 레프 D. 란다우(소련) …〈물질의 응축상태에 대한 이해에 공헌〉

1963 J. H. D. 옌젠(독일)
마리아 괴페르트 마이어(미국) …〈원자핵 내에서 양성자와 중성자의 상호작용을 지배하는 원자핵〉
유진 폴 위그너(미국) …〈원리의 구조에 대한 핵껍질 모델 이론을 개발〉

1964 찰스 H. 타운스(미국)
니콜라이 G. 바소프(소련) …〈메이저 레이저 원리에 기초를 둔 실험 장치 구성을 가능하게 한 양자 전자공학 분야의 업적〉
알렉산드르 M. 프로호로프(소련)

1965 줄리언 S. 슈윙거(미국)
리처드 P. 파인먼(미국) … 〈양자 전기역학의 기초원리 연구〉
도모나가 신이치로[朝永振一郎](일본)

1966 알프레드 카스틀레(프랑스) … 〈원자에서 헤르츠파 공명연구의 광학적 방법 발견〉

1967 한스 H. 베테(미국) … 〈별의 에너지 발생에 대한 연구〉

1968 루이스 W. 앨버레즈(미국) … 〈소립자에 대한 업적, 공명상태의 발견〉

1969 머리 겔 만(미국) … 〈소립자의 분류와 상호작용에 관한 발견〉

1970 한네스 알벤(스웨덴)
루이 넬(프랑스) … 〈자기유체역학 및 반강자성과 강자성 분야의 업적〉

1971 데니스 가보르(영국) … 〈홀로그래피 발명〉

1972 존 바딘(미국)
리언 N. 쿠퍼(미국) … 〈초전도 이론의 개발〉
존 R. 슈리퍼(미국)

1973 에사키 레오나[江崎玲於奈](일본)
이바르 예이베르(미국) … 〈반도체와 초전도체의 터널 효과〉
브라이언 조지프슨(영국)

1974 마틴 라일(영국)
앤터니 휴이시(영국) … 〈전파 천문학 분야의 연구〉

1975 오게 보어(덴마크)
벤 R. 모텔손(덴마크) … 〈핵융합의 길을 열어놓은 원자핵 이해에 대한 업적〉
L. 제임스 레인워터(미국)

1976 버튼 리히터(미국)
새뮤얼 C.C. 팅(미국) … 〈새로운 소립자 발견(제이, 프사이 입자 발견)〉

1977 필립 W. 앤더슨(미국)
네빌 모트(영국) … 〈비결정성 고체에서 나타나는 자기에 따른 전자의 반응에 대한 연구〉
존 H. 반 블렉(미국)

1978 표트르 L. 카피차(소련) … 〈헬륨 액화장치의 발명과 응용〉
아노 A. 펜지어스(미국) … 〈우주의 초단파 배경 복사 발견과 대폭발 이론에 공헌〉
로버트 W. 윌슨(미국)

1979 셸던 글래쇼(미국)
아브두스 살람(파키스탄림) … 〈전자기력과 원자구성 입자의 약한 상호작용간에 추론 확〉
스티븐 와인버그(미국)

1980 제임스 W. 크로닌(미국)
발 L. 피치(미국) … 〈하전공핵변환과 패리티 역전의 대칭성에 위반되는 현상 입증〉

1981 카이 M. 시그반(스웨덴)
니콜라스 블룸베르헨(미국) …〈화학적 분석에 전자분광학 적용〉
아서 L. 숄로(미국) …〈전자분광학에 레이저 응용〉

1982 케네스 G. 윌슨(미국) …〈상 전이 분석〉

1983 수브라마니안 찬드라세카르(미국)
윌리엄 A. 파울러(미국) …〈별의 생성과 소멸에 대한 이해에 공헌〉

1984 카를로 루비아(이탈리아)
시몬 반 데르 메르(네덜란드) …〈원자구성입자인 W와 Z 발견, 이는 전기 약력이론을 뒷받침〉

1985 클라우스 폰 클리칭(서독) …〈양자화된 홀(Hall) 효과 발견, 이는 전기 저항의 정확한 측정을 가능케 함〉

1986 에른스트 루스카(서독)
게르트 비니히(서독) …〈특수 전자현미경 개발〉
하인리히 로러(스위스)

1987 J. 게오르크 베드노르츠(서독)
K. 알렉스 뮐러(스위스) …〈새로운 초전도물질 발견〉

1988 리언 레더만(미국)
멜빈 슈바르츠(미국) …〈원자구성입자의 연구〉
잭 스타인버거(미국)

1989 노만 F. 램지(미국)
한스 G. 데멜트(미국) …〈원자시계 개발 고립원자와 원자 구성입자 들의 연구 방법 개발(패닝 트랩 의 개발)〉
볼프강 파울(독일)

1990 제롬 I. 프리드먼(미국)
헨리 W. 켄들(미국) …〈쿼크의 발견〉
리처드 E. 타일러(미국)

1991 피에르 질 드 젠(프랑스) …〈분자의 형태를 규정하는 일반 법칙 발견〉

1992 조르주 샤르파크(프랑스) …〈아원자 입자 추적 검출기 고안〉

1993 러셀 A. 헐스(미국)
조지프 H. 테일러(미국) …〈이중 맥동성(脈動星) 확인〉

1994 버트럼 N. 브록하우스(캐나다)
클리퍼드 G. 셜(미국) …〈중성자 산란 기술 개발〉

1995 프레더릭 라인스(미국)
마틴 L. 펄(미국) …〈원자구성입자인 중성미자와 타우 경입자 발견〉

1996 데이비드 M. 리 (미국)
더글러스 D. 오셔로프(미국) …〈초유동체 헬륨-3의 발견〉
로버트 D. 리처드슨(미국)

1997 윌리엄 필립스(미국)
클로드 코앙 타누지(프랑스) …〈레이저광으로 원자를 냉각해 포획〉
스티븐 추(미국)

1998 로버트 래플린(미국)
다니엘 추이(미국) … 〈극저온의 자기장하에서의 반도체 내 전자에 대한 연구〉
호르스트 슈퇴르머(독일)

1999 헤라르뒤스 토프트
마르티뉘스 J. G. 벨트만(네덜란드) … 〈전자기 및 약력의 양자역학적 구조 규명〉

2000 조레스 I. 알페로프(러시아)
허버트 크뢰머(미국) … 〈복합반도체 개발〉
잭 S. 킬비(미국) … 〈집적회로 개발〉

2001 칼 위먼(미국)
볼프강 케테를레(독일) … 〈보스-아인슈타인 응축(BEC) 이론 실증〉
에릭 코넬(미국)

2002 레이먼드 데이비스 2세(미국)
고시바 마사토시(일본) … 〈중성미자의 존재 입증, 우주의 X선원 발견〉
리카르도 지아코니 (이탈리아)

2003 알렉세이 A. 아브리코소프 (미국 · 러시아)
비탈리 L. 긴즈부르크(러시아) … 〈현대 초전도체와 초유체 현상에 대한 이론적 토대 확립〉
앤소니 J. 레깃(영국 · 미국)

2004 데이비드 J. 그로스(미국)
H. 데이비드 폴리처(미국) … 〈양성자 · 중성자를 구성하는 소립자 쿼크를 묶는 '강력'의 새로운 속성을 밝혀낸 공로〉
프랭크 윌첵 (미국)

2005 로이 J. 글라우버(미국)
존 L. 홀(미국) … 〈양자광학적 결맞음 이론으로 현대 양자광학의 토대 마련〉
테오도어 W. 헨슈(독일) … 〈광 주파수 빗 기술로 정밀 분광학 발전에 기여〉

2006 존 매더 (미국)
조지 스무트(미국) … 〈우주극초단파 배경복사의 흑체형태와 이방성에 대한 연구〉

2007 알베르 페르(프랑스)
페테르 그륀베르크(독일) … 〈거대자기저항(GMR)〉

노벨 화학상 수상자

1901 야코부스 반트 호프(네덜란드) … 〈화학동역학 법칙 및 삼투압 발견〉

1902 에밀 피셔(독일) … 〈당과 푸린 합성에 관한 연구〉

1903 스반테 아레니우스(스웨덴) … 〈전기해리 이론〉

1904 윌리엄 램지(영국) … 〈비활성 기체 원소 및 주기율표에서의 위치 발견〉

1905 아돌프 폰 바이어(독일) … 〈유기염료, 히드로방향족화합물에 관한 연구〉

1906 앙리 무아상(프랑스) … 〈플루오르 화합물 : 무아상로(爐) 도입〉

1907 에두아르트 부흐너 (독일) … 〈비세포적 발효 발견〉

1908 E. 러더퍼드 (영국) … 〈원소 붕괴 및 방사성 물질의 화학에 관한 연구〉

1909 빌헬름 오스트발트 (독일) … 〈촉매, 화학평형과 반응속도에 대한 선구적 연구〉

1910 오토 발라흐(독일) … 〈지방족 화합물의 결합에 관한 선구적 연구〉

1911 마리 퀴리(프랑스) … 〈라듐 및 폴로늄 발견 : 라듐 분리〉

1912 빅토르 그리냐르(프랑스) … 〈그리냐르 시약(試藥) 발견〉
폴 사바티에(프랑스) … 〈유기화합물의 수소화반응 방법〉

1913 알프레트 베르너(스위스) … 〈분자 내에서의 원자의 결합 연구〉

1914 시어도어 리처즈(미국) … 〈많은 원소의 원자량의 정밀 측정〉

1915 리하르트 빌슈테터(독일) … 〈식물 색소, 특히 클로로필에 대한 선구적 연구〉

1916 수상자 없음

1917 수상자 없음

1918 프리츠 하버(독일) … 〈암모니아 합성〉

1919 수상자 없음

1920 발터 네른스트(독일) … 〈열화학 분야에 관한 연구〉

1921 프레더릭 소디(영국) … 〈방사성 물질의 화학 : 동위원소의 산출과 성질〉

1922 프랜시스 애스턴(영국) … 〈질량분석사진기를 이용한 연구 : 원자량 정수의 법칙〉

1923 프리츠 프레글(오스트리아) … 〈유기물질의 미량분석법〉

1924 수상자 없음

1925 리하르트 지그몬디(오스트리아) … 〈콜로이드 용액의 불균일 특성의 설명〉

1926 테오도르 스베드베리(스웨덴) … 〈분산계 연구〉

1927 하인리히 빌란트(독일) … 〈담즙산의 조성에 관한 연구〉

1928 아돌프 빈다우스(독일) … 〈스테롤의 구조 및 비타민으로 전환될 수 있는 스테롤에 관한 연구〉

1929 아서 하든 (영국)
H. 폰 오일러 켈핀(스웨덴) … 〈당의 발효와 이 반응에 관여하는 효소작용에 대한 연구〉

1930 한스 피셔(독일) … 〈헤민, 클로로필 연구 : 헤민 합성〉

1931 카를 보슈(독일)
프리드리히 베르기우스(독일) … 〈화학적 고압방법의 발명과 개발〉

1932 어빙 랭뮤어(미국) … 〈표면 화학에서의 발견과 연구〉

1933 수상자 없음

1934 해롤드 유리(미국) … 〈중수소 발견〉

1935 F. 졸리오 퀴리(프랑스)
I. 졸리오 퀴리(프랑스) … 〈새로운 방사성 원소 합성〉

1936 P. 드베이어(네덜란드) … 〈기체속의 X선과 전자의 쌍극자 모멘트 및 회절에 관한 연구〉

1937 월터 호어스(영국)
파울 카러(스위스) … 〈탄수화물 및 비타민 C 연구 카로티노이드, 플라빈, 비타민 연구〉

1938 리하르트 쿤(수상 거부)(독일) … 〈카로티노이드 및 비타민 연구〉

1939 아돌프 부테난트(수상 거부)(독일) … 〈성 호르몬 연구〉
레오폴드 루지치카(스위스) … 〈폴리메틸렌 및 고테르펜 연구〉

1943 조르주 드 헤베시(헝가리) … 〈화학 연구에 방사성 동위원소를 추적자로 이용〉

1944 오토 한(독일) … 〈중핵분열 발견〉

1945 아르투리 비르타넨(핀란드) … 〈사료보존법 개발〉

1946 제임스 섬너(미국) … 〈효소의 결정화 발견〉
존 노스롭(미국)
웬델 스탠리(미국) … 〈순수 형태의 효소 및 바이러스 단백질 제법〉

1947 로버트 로빈슨(영국) … 〈알칼로이드 및 기타 식물 생성물 연구〉

1948 아르네 티셀리우스(스웨덴) … 〈전기이동 및 흡착 분석법 연구 : 혈청 단백질〉

1949 윌리엄 지오크(미국) … 〈극저온에서의 물질의 운동〉

1950 오토 딜스(독일)
쿠르트 알더(독일) … 〈디엔 합성 발견 및 개발〉

1951 에드윈 맥밀런(미국)
글렌 시보그(미국)

1952 아처 마틴(영국)
리처드 싱(영국) … 〈분배 크로마토그래피 개발〉

1953 헤르만 슈타우딩거(독일) … 〈거대분자 연구〉

1954 라이너스 폴링(미국) … 〈화학적 결합의 특성 연구〉

1955 빈센트 뒤 비뇨(미국) … 〈폴리펩티드 호르몬 합성〉

1956 시릴 힌셜우드(영국)
니콜라이 세묘노프(소련) … 〈화학반응의 동역학 연구〉

1957 알렉산더 토드(영국) … 〈뉴클레오티드류와 뉴클레오티드 조효소에 관한 연구〉

1958 프레더릭 생어(영국) … 〈인슐린 분자의 구조 결정〉

1959 야로슬라프 헤이로프스키(구 체코슬로바키아) … 〈폴라로그래피의 발견과 개발〉

1960 윌라드 리비(미국) … 〈방사성 탄소연대측정법 개발〉

1961 멜빈 캘빈(미국) … 〈광합성 중에 발생하는 화학적 단계 연구〉

1962 존 C. 켄드루(영국)
막스 F. 페루츠(영국) … 〈헴단백질(hemoprotein)의 구조 결정〉

1963 줄리오 나타(이탈리아)
카를 치글러(독일) … 〈플라스틱 분야에서 중합체의 구조와 그 합성〉

1964 도로시 M. C. 호지킨(영국) … 〈악성빈혈 퇴치에 꼭 필요한 생화학적 화합물의 구조 결정〉

1965 로버트 B. 우드워드(미국) … 〈과거 생물에 의해서만 산출된다고 여겼던 스테롤, 클로로필의 합성〉

1966 로버트 S. 멀리컨(미국) … 〈분자의 화학결합 및 전기적 구조에 관한 연구〉

1967 만프레트 아이겐(독일)
로널드 G. W. 노리시(영국) … 〈초고속 화학반응에 관한 연구〉
조지 포터(영국)

1968 라르스 온사거(미국) … 〈비가역과정의 열역학 이론 연구〉

1969 디릭 H. R. 바턴(영국)
오드 하셀(노르웨이) … 〈특정 유기화합물의 3차원적 형태결정에 대한 연구〉

1970 루이스 F. 를루아르(아르헨티나) … 〈탄수화물의 생합성(生合成)에서 당(糖) 뉴클레오티드와 그 역할 발견〉

1971 게르하르트 헤르츠베르크(캐나다) … 〈분자 구조에 대한 연구〉

1972 크리스천 B. 앤펀슨(미국)
스탠퍼드 무어(미국) … 〈효소 화학에 기초 공헌〉
윌리엄 H. 스타인(미국)

1973 에른스트 피셔(독일)
제프리 윌킨슨(영국) … 〈유기금속 화학〉

1974 폴 J. 플로리 (미국) … 〈긴 사슬을 가진 분자에 관한 연구〉

1975 J. W. 콘퍼스(영국)
블라지미르 프렐로그(스위스) … 〈입체화학 연구〉

1976 윌리엄 N. 립스콤(미국) … 〈보란의 구조〉

1977 일리야 프리고지네(벨기에) … 〈열역학의 영역 확대〉

1978 피터 D. 미첼(영국) … 〈생물계에서 에너지 이동과정 이론을 공식화〉

1979 허버트 C. 브라운(미국)
게오르크 비티히(서독) … 〈유기물질의 합성에서 붕소(硼素)와 인(燐) 화합물 도입〉

1980 폴 버그(미국) … 〈최초로 혼성 DNA 제조〉
월터 길버트(미국)
프레더릭 생어(영국) … 〈DNA구조의 생물학적, 화학적 분석법 개발〉

1981 후쿠이 겐이치(일본)
로알드 호프만(미국) … 〈화학반응의 궤도함수 대칭 해〉

1982 아론 클루그(영국) … 〈생물학적 물질의 구조 결정〉

1983 헨리 타우비(캐나다) … 〈전자이동 연구〉

1984 브루스 메리필드(미국) … 〈폴리펩티드 합성방법 개발〉

1985 헤르트 A. 하우프트먼(미국)
제롬 카를(미국) … 〈작은 분자의 화학구조를 추론하는 수학적 방법 개발〉

1986 더들리 R. 허시박(미국)
리위안저[李遠哲](미국) … 〈기초 화학반응을 분석하기 위한 방법 개발〉
존 C. 폴라니(캐나다)

1987 도널드 J. 크램(영국)
찰스 J. 페더슨(미국) … 〈다른 분자와 결합할 수 있는 분자 개발〉
장 마리 랭(프랑스)

1988 요한 다이젠호퍼(서독)
로베르트 후버(서독) … 〈광합성에 필요한 단백질 구조 발견〉
하르트무트 미헬(서독)

1989 시드니 올트먼(미국)
토머스 R. 체크(미국) … 〈RNA의 기본적 성질 발견〉

1990 일라이어스 제임스 코리(미국) … 〈복잡한 분자를 합성하기 위한 역합성 분석법(retrosynthetic analysis)개발〉

1991 리하르트 R. 에른스트(스위스) … 〈핵자기 공명 분광학 개발〉

1992 루돌프 A. 마커스(미국) … 〈분자간 전자이동에 대한 설명〉

1993 캐리 B. 멀리스(미국)
마이클 스미스(캐나다) … 〈유전자 연구와 조작기술 고안〉

1994 조지 A. 올라(미국) … 〈탄화수소 분자의 연구기술 개발〉

1995 파울 크루첸(네덜란드)
F. 셔우드 롤런드(미국) … 〈오존층의 두께에 영향을 미치는 화학적 메커니즘을 설명〉
마리오 몰리나(미국)

1996 로버트 F. 컬 (미국)
해럴드 W. 크로토(영국) … 〈새로운 탄소화합물인 풀러렌의 발견〉
리처드 E. 스몰리(미국)

1997 존 워커(영국)
폴 보이어(미국) … 〈ATP 합성효소 발견〉

1998 월터 콘(영국)
존 포플(미국) … 〈컴퓨터를 사용한 분자반응 연구방법 고안〉

1999 아흐메드 H. 즈웨일(미국) … 〈초고속 레이저 분광학 기술을 이용한 화학반응 연구〉

2000 앨런 J. 히거(미국)
앨런 G. 맥더미드(미국) … 〈전도성 플라스틱 개발〉
시라카와 히데키[白川英樹](일본)

2001 노요리 료지 (일본)
윌리엄 놀스 (미국) … 〈촉매를 이용한 비대칭 합성기법 개발〉
배리 샤플리스(미국)

2002 존 B. 펜 (미국)
쿠르트 뷔트리히 (스위스) … 〈생물학적 거대분자의 질량 측정, 3차원 구조 규명
다나카 고이치(일본)〉

2003 피터 에이그리(미국) … 〈세포막에서 단백질 분리 성공〉
로더릭 매키넌 (미국) … 〈칼륨 이온 통로에 대한 입체구조 규명〉

2004 어원 로즈(미국)
아브람 헤르슈코(이스라엘) … 〈단백질 분해를 조절하는 세포 내 메커니즘 발견〉
아론 치카노베르 (이스라엘)

2005 이브 쇼뱅(프랑스)
로버트 H. 그럽스(미국) … 〈복분해 반응 및 복분해 반응을 유도하는 촉매물질 개발〉
리처드 R. 슈록 (미국)

2006 로저 콘버그(미국) … 〈유전자 정보 전사과정 연구〉

2007 게르하르트 에르틀(독일) … 〈표면화학〉

노벨 생리의학 수상자

1901 에밀 폰 베링(독일) … 〈혈청 치료요법 연구〉

1902 로널드 로스(영국) … 〈말라리아의 생체침투법 발견〉

1903 닐스 R. 핀센(덴마크) … 〈광선에 의한 피부질환 치료법〉

1904 이반 파블로프(러시아) … 〈소화생리학 연구〉

1905 로베르트 코흐(독일) … 〈결핵 연구〉

1906 카밀로 골지(이탈리아)
S. 라몬 이 카할(스페인) … 〈신경계 구조 연구〉

1907 알퐁스 라베랑(프랑스) … 〈질병유발 원생동물의 습성 발견〉

1908 파울 에를리히(독일)
일리야 메치니코프(러시아) … 〈면역 연구〉

1909 에밀 코허(스위스) … 〈생리학, 병리학, 갑상선 외과 수술〉

1910 알브레히트 코셀(독일) … 〈세포 화학 연구〉

1911 알바르 굴스트란드(스웨덴) … 〈혈관 봉합, 기관 이식 연구〉

1912 알렉시스 카렐(프랑스) … 〈눈의 굴절광학 연구〉

1913 샤를 리셰(프랑스) … 〈과민증 연구〉

1914 로베르트 바라니(오스트리아) … 〈내이(內耳)의 전정기관 연구〉

1915 수상자 없음

1916 수상자 없음

1917 수상자 없음

1918 수상자 없음

1919 쥘 보르데(벨기에) … 〈면역에 대한 여러 가지 발견〉

1920 아우구스트 크로그(덴마크) … 〈모세관운동 조절 메커니즘 연구〉

1921 수상자 없음

1922 아치볼드 힐(영국) … 〈근육내 열생산에 관한 발견〉
오토 마이어호프 (독일) … 〈근육내 젖산대사 연구〉

1923 F. G. 밴팅(캐나다)
J. J. R. 맥클리오드(영국) … 〈인슐린 발견〉

1924 빌렘 에인트호벤(네덜란드) … 〈심전도 메커니즘 발견〉

1925 수상자 없음

1926 요하네스 피비게르(덴마크) … 〈암 연구에 공헌〉

1927 J. 바그너 야우레크(오스트리아) … 〈마비성 치매에 대한 말라리아 접종 연구〉

1928 샤를 니콜(프랑스) … 〈티푸스 연구〉

1929 크리스티안 에이크만(네덜란드) … 〈신경치료 비타민 연구〉
F. 홉킨스(영국) … 〈성장자극 비타민 발견〉

1930 카를 란트슈타이너(미국) … 〈인체 혈액 분류〉

1931 오토 바르부르크(독일) … 〈호흡효소의 성질과 작용 발견〉

1932 에드거 D. 에이드리언(영국)
C. 셰링턴(영국) … 〈뉴런의 기능에 관한 여러 가지 발견〉

1933 토머스 헌트 모건(미국) … 〈염색체 유전기능〉

1934 조지 R. 미넛(미국)
윌리엄 P. 머피(미국) … 〈빈혈에 관한 간장 치료법 재발견〉
조지 H. 휘플(미국)

1935 한스 슈페만(독일) … 〈배(胚)에서의 형성체의 역할〉

1936 H. H. 데일(영국)
오토 뢰비(독일) … 〈신경충격의 화학적 전달 연구〉

1937 알베르트 센트 디외르디(헝가리) … 〈생물학적 연소 연구〉

1938 코르네유 헤이만스(벨기에) … 〈호흡조절에서 정맥동(靜脈洞)과 대동맥 작용 메커니즘의 역할〉

1939 게르하르트 도마크(수상거부)(독일) … 〈프론토질의 항균 효과〉

1943 헨릭 담(덴마크) … 〈비타민 K 발견〉
에스워드 A. 도이지(미국) … 〈비타민 K의 화학적 성질 발견〉

1944 조지프 얼랜저(미국)
허버트 S. 개서(미국) … 〈신경섬유의 분화된 기능 연구〉

1945 A. 플레밍(영국)
언스트 보리스 체인(영국) … 〈페니실린과 그 치료 가치의 발견〉
H. W. 플로리(오스트레일리아)

1946 허먼 J. 멀러(미국) … 〈X선 조사에 의한 돌연 변이 유발〉

1947 칼 F. 코리(미국)
거티 T. 코리(미국) … 〈글리코겐의 촉매작용에 의한 전환방법 발견〉
베르나르도 우사이(아르헨티나) … 〈당 대사에서 뇌하수체 호르몬 기능〉

1948 파울 뮐러(스위스) … 〈DDT 특성〉

1949 발터 루돌프 헤스(스위스) … 〈중뇌의 기능 발견〉
안토니오 에가스 모니스(포르투갈) … 〈정신병에서 백질절단 술의 치료적 가치

1950 필립 S. 헨치(미국)
에드워드 켄들(미국) … 〈부신피질 호르몬과 그 구조, 생물학적 효과 연구〉
타도이스 라이히슈타인(스위스)

1951 막스 타일러
남아프리카공화국 … 〈황열병 발견〉

1952 셀먼 A. 왁스먼(미국) … 〈스트렙토마이신 연구〉

1953 프리츠 A. 리프만(미국)
H. A. 크레브스(미국) … 〈탄수화물 대사작용에서 조효소 A 시트르산 회로(사이클)발견〉

1954 존 F. 엔더스(미국)
토머스 H. 웰러(미국) … 〈조직배양에서 척추성 소아마비 바이러스 배양〉
프레더릭 로빈스(미국)

1955 악셀 후고 테오렐(스웨덴) … 〈산화효소의 작용 성질과 형태〉

1956 베르너 포르스만(독일)
디킨슨 리처즈(미국) … 〈심장 카테터법과 순환계 변화에 관한 발견〉
앙드레 F. 쿠르낭(미국)

1957 다니엘 보베트(이탈리아) … 〈합성 큐라레 생산〉

1958 조지 W. 비들(미국)
에드워드 L. 테이텀(미국) … 〈화학적 과정의 유전적 조절, 유전적 재결합〉
조슈아 리더버그(미국)

1959 세베로 오초아(미국)
아서 콘버그(미국) … 〈인공 핵산 생산 연구〉

1960 맥팔레인 버닛(오스트레일리아)
피터 B. 메더워(영국) … 〈조직이식에서 발생 하는 후천적 면역성 연구〉

1961 게오르크 폰 베케시(미국) … 〈내이(內耳)의 기능〉

1962 프랜시스 H. C. 크릭(영국)
제임스 D. 웟슨(미국) … 〈디옥시리보핵산의 분자구조에 관한 발견〉
모리스 윌킨스(영국)

1963 존 에클스(오스트레일리아)
앨런 로이드 호지킨(영국) … 〈신경섬유를 통한 신경충격의 전달 연구〉
앤드루 헉슬리(영국)

1964 콘래드 블로흐(미국)
페오드르 리넨(독일) … 〈콜레스테롤과 지방산 대사작용에 관한 발견〉

1965 프랑수아 자코브(프랑스)
자크 모노(프랑스) … 〈세균의 조절작용 발견〉
앙드레 르보프(프랑스)

1966 찰스 B. 허긴스(미국)
프랜시스 페이턴 루스(미국) … 〈암의 원인과 치료에 관한 연구〉

1967 핼던 케퍼 하틀라인(미국)
랑나르 A. 그라니트(스웨덴) … 〈눈의 화학적, 물리학적 시각과정에 관한 발견〉
조지 월드(미국)

1968 로버트 W. 홀리(미국)
H. 고빈드 코라나(미국) … 〈유전 암호 해독〉
마셜 W.니런버그(미국)

1969
막스 델브뤼크(미국)
앨프레드 D. 허시(미국) … 〈바이러스와 바이러스 질병에 관한 연구와 발견〉
살바도르 E. 루리아(미국)

1970 줄리어스 액설로드(미국)
버나드 카츠(영국) … 〈신경전달의 화학에 관한 발견〉
울프 폰 오일러(스웨덴)

1971 얼 W. 서덜런드(미국) … 〈호르몬 작용〉

1972 제럴드 M. 에들먼(미국)
로드니 포터(영국) … 〈항체의 화학적 구조 연구〉

1973 카를 폰 프리슈(오스트리아)
콘라트 로렌츠(오스트리아) … 〈동물의 행동 유형 연구〉
니콜라스 틴베르헨(네덜란드)

1974 알베르 클로드(미국)
크리스티앙 R. 드 뒤브(벨기에) … 〈세포의 구조적, 기능적 체제 연구〉
조지 E. 펄라디(미국)

1975 레나토 둘베코(미국)
하워드 M. 테민(미국) … 〈종양 바이러스와 세포의 유전 물질 사이의 관계〉
데이비드 볼티모어(미국)

1976 버룩 S. 블럼버그(미국)
D. 칼턴 가이두섹(미국) … 〈전염병의 기원과 확대 연구〉

1977 로절린 Y. 앨로(미국)
로제 기유맹(미국) … 〈방사성면역측정법의 개발 : 뇌하수체 호르몬 연구〉
앤드루 섈리(미국)

1978 베르너 아르버(스위스)
다니엘 네이선스(미국) … 〈디옥시리보핵산 분해효소의 발견과 응용〉
해밀턴 O. 스미스(미국)

1979 앨런 M. 코맥(미국) … 〈CAT의 개발(컴퓨터에 의한 단층 촬영) : 주사(走査), 방사선 진단술〉

1980 바루지 베나세라프(미국)
조지 D. 스넬(미국) … 〈이물질에 대한 면역계 반응의 유전적 조절 연구〉
장 도세(프랑스)

1981 로저 W. 스페리(미국) … 〈대뇌 반구(半球)의 기능〉
토르스튼 N. 위즐(스웨덴) … 〈뇌에 의한 시각 정보화 과정〉
데이비드 H. 허블(미국)

1982 수네 K. 베리스트룀(스웨덴)
벵트 I. 사무엘손(스웨덴) … 〈프로스타글란딘의 생화학 및 생리학〉
존 R. 베인(영국)

1983 바버라 매클린턱(미국) … 〈유전 영향을 미치는 전이성 식물유전자 발견〉

1984 넬스 K. 예르네(영국-덴마크)
게오르게스 J. F. 쾰러(서독) … 〈단일클론 항체 생산기술에 관한 이론 및 개발〉
체자르 밀슈타인(아르헨티나)

1985 마이클 S. 브라운(미국)
조지프 L. 골드스타인(미국) … 〈콜레스테롤 대사에 관련된 세포 수용체의 발견〉

1986 스탠리 코언(미국)
리타 레비 몬탈치니(이탈리아) … 〈세포성장의 조절을 돕는 화학적 인자 발견〉

1987 도네가와 스스무[利根川進](일본) … 〈항체의 유전적 측면 연구〉

1988 제임스 W. 블랙(영국)
조지 H. 히칭스(미국) … 〈질병퇴치를 위한 새로운 종류의 약제 개발〉
거트루드 B. 엘리온(미국)

1989 J. 마이클 비숍(미국)
해럴드 E. 바머스(미국) … 〈암유발 유전자 연구〉

1990 조지프 E. 머리(미국)
E. 도널 토머스(미국) … 〈신장과 골수 이식 개발〉

1991 에르빈 네어(독일)
베르트 자크만(독일) … 〈세포의 정보교환 발견〉

1992 에드먼드 H. 피셔(미국)
에드윈 G. 크레브스(미국) … 〈가역단백질의 인산화 발견〉

1993 리처드 J. 로버츠(영국)
필립 A. 샤프(미국) … 〈절단유전자 발견〉

1994 앨프레드 G. 길먼(미국)
마틴 로드벨(미국) … 〈G-단백질이라는 신호 세포 발견〉

1995 에드워드 루이스(미국)
에릭 위샤우스(미국) … 〈몸 구조를 결정하는 배(胚)의 마스터 유전자 무리 발견〉
크리스티안네 뉘슬라인 폴하르트(독일)

1996 피터 C. 도어티(오스트레일리아)
롤프 M. 칭커나겔(스위스) … 〈면역체계가 바이러스에 감염된 세포를 인식하는 방법의 발견〉

1997 스탠리 프루시너(미국) … 〈질병을 유발하는 새로운 매개물질인 프리온 발견〉

1998 로버트 퍼치고트(미국)
루이스 이그나로(미국) … 〈신경전달물질로서 일산화질소의 역할에 대한 연구〉
페리드 뮤라드(미국)

1999 귄터 블로벨(미국) … 〈세포 내 단백질 이동 경로를 규정하는 특정 신호체계 발견〉

2000 아비드 칼슨(스웨덴)
폴 그린가드(미국) … 〈신경전달물질과 그 작용 원리 발견〉
에릭 캔들(미국)

2001 릴런드 하트웰 (미국)
폴 너스(영국) … 〈세포 주기를 조절하는 분자 구조 발견〉
티머시 헌트(영국)

2002 시드니 브레너(영국)
존 E. 설스턴(영국) … 〈세포의 자살 메커니즘 규명〉
H. 로버트 호비츠(미국)

2003 폴 C. 로터버(미국)
피터 맨스필드(영국) … 〈세포의 자살 메커니즘 규명〉

2004 리처드 액설(미국)
린다 B. 벅(미국) … 〈후각수용체와 후각 메커니즘 발견〉

2005 배리 J. 마셜(오스트레일리아)
J. 로빈 워런(오스트레일리아) … 〈위염.위궤양의 원인균인 헬리코박터 파일로리균 발견 및 발병 메커니즘 규명〉

2006 앤드루 파이어(미국)
크레이그 멜로(미국) … 〈RNA 간섭 현상 발견〉

2007 마리오 카페키(미국)
올리버 스미시스(미국) … 〈유전자 적중 생쥐〉
마틴 에반스(영국)

찾아보기

ㄹ

ㅁ

ㅂ

ㅅ

ㅇ

자연과학입문

2008년 3월 15일 초판인쇄
2008년 3월 20일 초판발행

저　자 | 박 기 학
펴낸이 | 김 중 현
펴낸곳 | 녹 문 당

주　소 | 서울특별시 마포구 염리동 36-249 202호
전　화 | (02) 713-2711
F A X | (02) 713-2710
등　록 | 서울 제 19-100호

ISBN : 978-89-88684-61-0　　93530　　　값 18,000원